中学基礎がため100%

できた！中3数学

図形・データの活用

KUMON

図形・データの活用

本書の特長と使い方

本シリーズは，十分な学習量による繰り返し学習を大切にしているので，
中3数学は「計算・関数」と「図形・データの活用」の2冊構成となっています。

1 例などを見て，解き方を理解	新しい解き方が出てくるところには「例」がついています。 1問目は「例」を見ながら，解き方を覚えましょう。
2 1問ごとにステップアップ	問題は1問ごとに少しずつレベルアップしていきます。 わからないときには，「例」や少し前の問題などをよく見て考えましょう。
3 答え合わせをして，考え方を確認	別冊解答には，「答えと考え方」が示してあります。 解けなかったところは「考え方」を読んで，もう一度やってみましょう。

▼ 問題ページ

やさしい
問題からスタート。

答えを直接書き込む
《書き込み式》

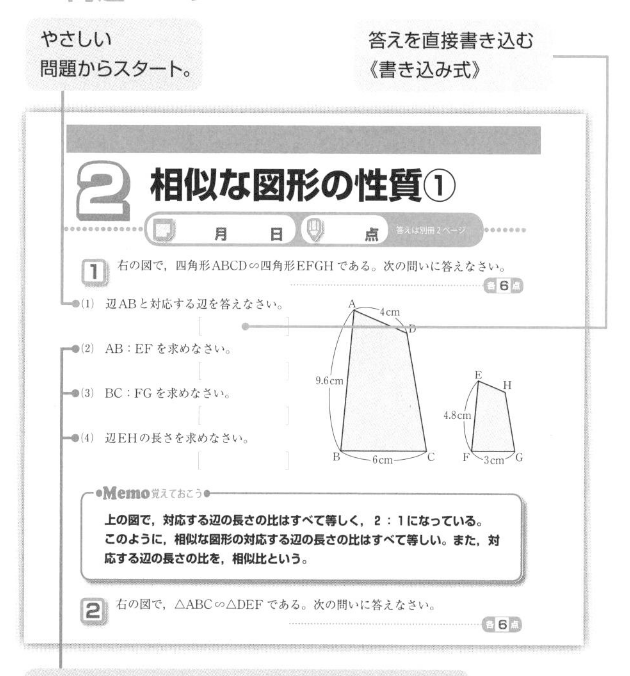

問題は1問ごと，1回ごとに少しずつステップアップ。

▼ 別冊解答

わからなかったところは別冊解答の
「答」と「考え方」を読んで直す。

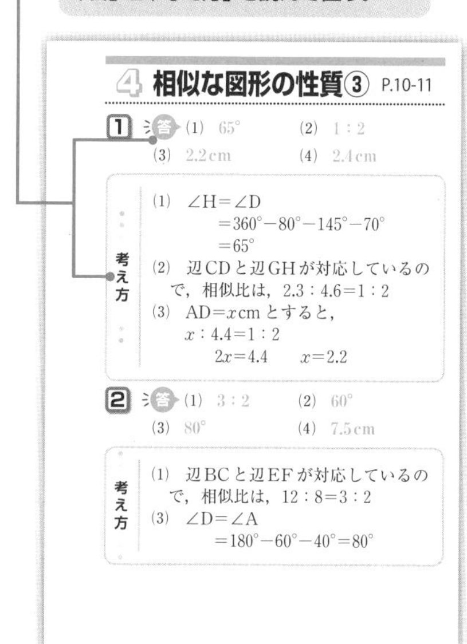

問題の途中に，下記マークが出てきます。
それぞれには，たいせつなことがらが書かれていますから役立てましょう。

Memo ………… は暗記しておくべき公式など
ポイント ………… はここで学習する重要なポイント
ヒント ………… は問題を解くためのヒント
注意 ………… は間違えやすい点

＼テスト前に、4択問題で最終チェック！／
テスト前 5科4択
4択問題アプリ「中学基礎100」

・くもん出版アプリガイドページへ
〉〉〉各ストアからダウンロード

「中3数学」パスワード 3967528

＊「中学基礎100」アプリは無料ですが，ネット接続の際の通話料金は別途発生いたします。

図形・データの活用 目次

中3数学 計算・関数のご案内

多項式の計算，因数分解，式の計算の利用，平方根，
有理数と無理数，近似値，平方根の計算，2次方程式の解き方，
2乗に比例する関数，$y=ax^2$のグラフ，変化の割合，
放物線と直線，いろいろな関数，中学計算・関数の復習

▼回数　ページ▼

『教科書との内容対応表』から，自分の教科書の部分を切りとってここにはりつけ，学習するときのページ合わせに活用してください。

1 相似

Memo 覚えておこう

- **1つの図形を形を変えずに，一定の割合で拡大または縮小した図形と，もとの図形は相似（そうじ）であるという。**
- **相似な図形では，対応する辺の長さの比はすべて等しい。**
- **相似な図形では，対応する角の大きさはそれぞれ等しい。**
- **相似な図形は，記号“∽”を使って表す。**

1 下の図において，Oは平面上の点，A′はOAの延長上にOA′＝2OAとなるようにとった点である。同様にして，点B′，C′，D′をとり，四角形ABCDを2倍に拡大した四角形A′B′C′D′をかきなさい。　20点

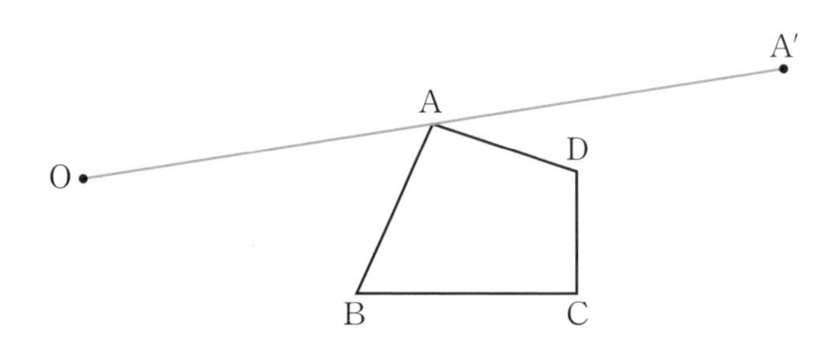

2 次の□の中をうめなさい。　(1)，(2) 各10点　(3) 各5点

(1)　1つの図形を形を変えずに，一定の割合で拡大または縮小した図形と，もとの図形は□であるという。

(2)　1の図で，四角形ABCDと四角形A′B′C′D′は相似である。このことを記号を使って

四角形ABCD □ 四角形A′B′C′D′

のように表す。

(3)　1の図で，それぞれ対応する点は，AとA′，BとB′，Cと□，Dと□である。

下の図の三角形ABCについて，(1)は点Oを中心として2倍に拡大した三角形，(2)は点Oを中心として$\frac{1}{2}$に縮小した三角形をかきなさい。 各10点

(1)

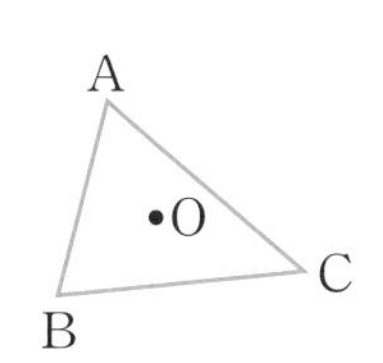

(2)

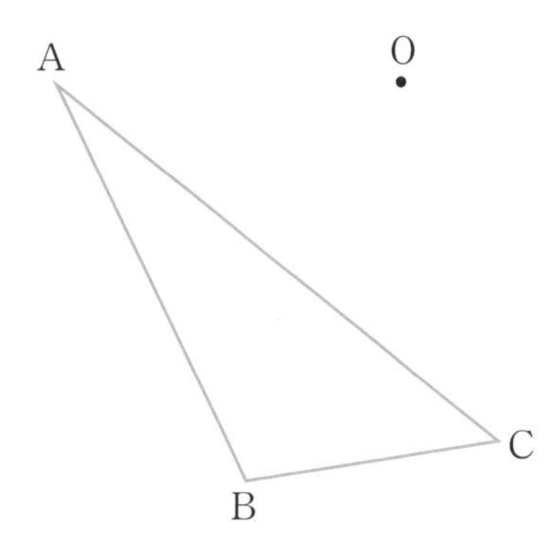

4 下の図で，五角形FGHIJは五角形ABCDEを拡大した図形を裏返したものである。次の問いに答えなさい。 各6点

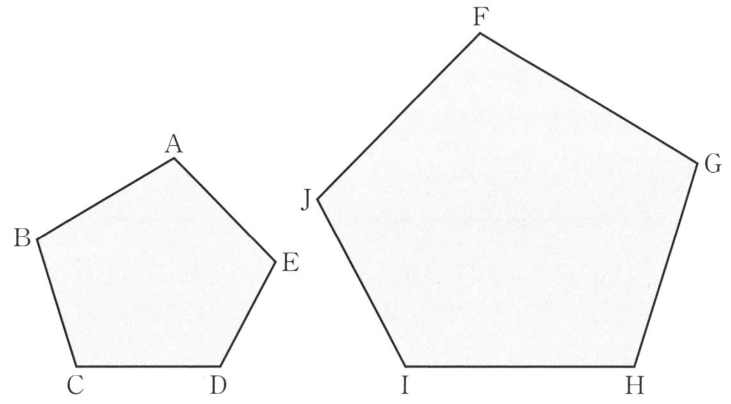

(1) 点Aに対応する点を答えなさい。

[ ]

(2) ∠Bに対応する角を答えなさい。

[ ]

(3) ∠Hに対応する角を答えなさい。

[ ]

(4) 辺DEに対応する辺を答えなさい。

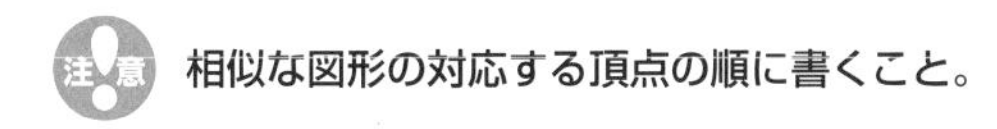

[ ]

(5) 辺GHに対応する辺を答えなさい。

[ ]

相似な図形の性質①

1 右の図で，四角形ABCD∽四角形EFGHである。次の問いに答えなさい。

各6点

(1) 辺ABと対応する辺を答えなさい。

[　　　　]

(2) AB：EF を求めなさい。

[　　　　]

(3) BC：FG を求めなさい。

[　　　　]

(4) 辺EHの長さを求めなさい。

[　　　　]

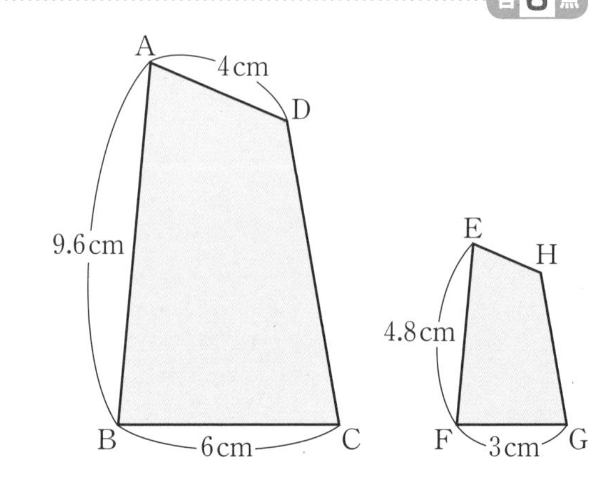

上の図で，対応する辺の長さの比はすべて等しく，2：1になっている。このように，相似な図形の対応する辺の長さの比はすべて等しい。また，対応する辺の長さの比を，相似比という。

2 右の図で，△ABC∽△DEFである。次の問いに答えなさい。

各6点

(1) △ABCと△DEFの相似比を求めなさい。

ヒント BCとEFが対応する。

[　　　　]

(2) 辺DEの長さを求めなさい。

[　　　　]

相似な図形では，対応する辺の長さの比は，すべて等しい。

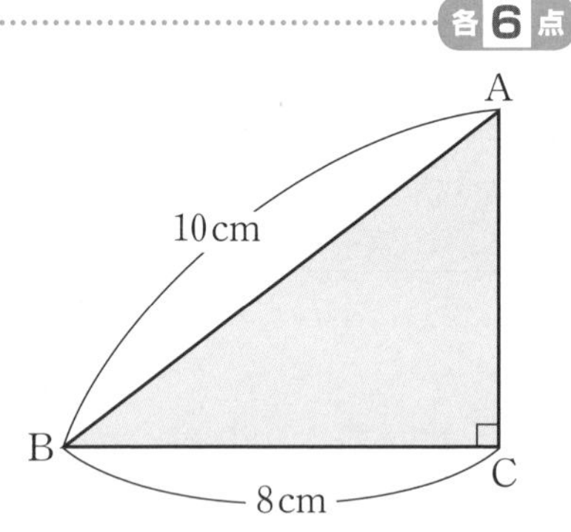

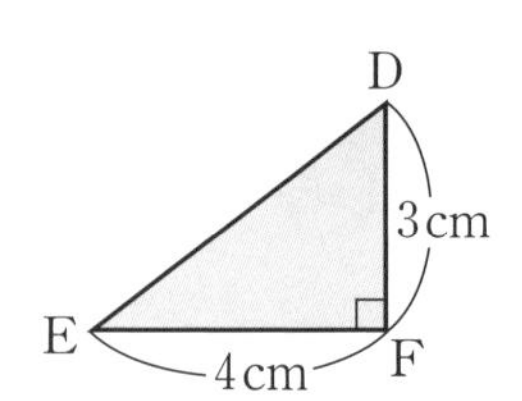

(3) 辺ACの長さを求めなさい。

[　　　　]

3 右の図で，△ABC∽△A′B′C′ である。このとき，辺A′B′，A′C′の長さを，次のように求めた。□の中をうめなさい。 ……………… □各**4**点

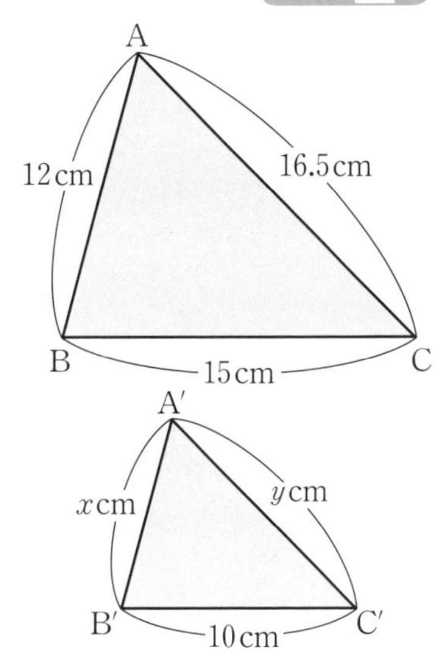

(1) 辺BCとB′C′が対応するから，

相似比は，BC：B′C′＝□：□

(2) AB：A′B′ が相似比に等しいから，

A′B′＝$x$cm とすると，

12：x＝□：□

$3x$＝□

x＝□

(3) AC：A′C′ が相似比に等しいから，

A′C′＝$y$cm とすると，

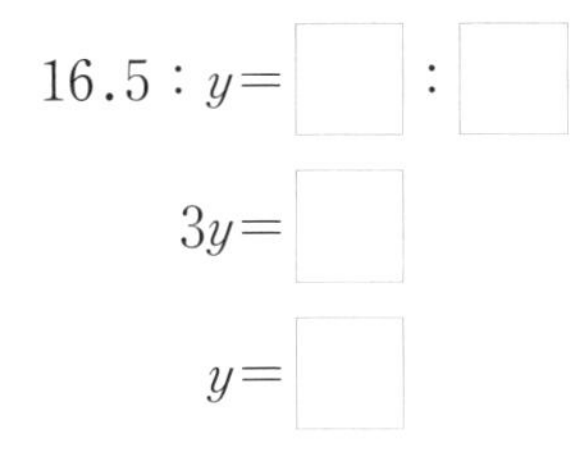

16.5：y＝□：□

$3y$＝□

y＝□

4 右の図で，△ABC∽△A′B′C′ である。次の問いに答えなさい。 ……………… 各**6**点

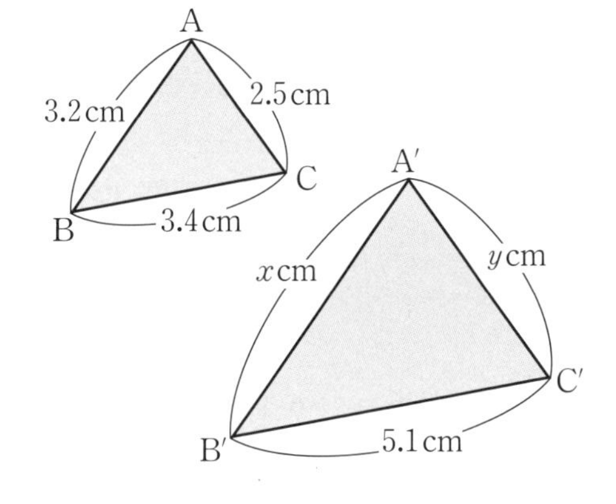

(1) △ABCと△A′B′C′の相似比を求めなさい。

[　　　　]

(2) xの値を求めなさい。

[　　　　]

(3) yの値を求めなさい。

[　　　　]

3 相似な図形の性質②

1 右の図で，四角形ABCD∽四角形EFGHである。次の問いに答えなさい。 各6点

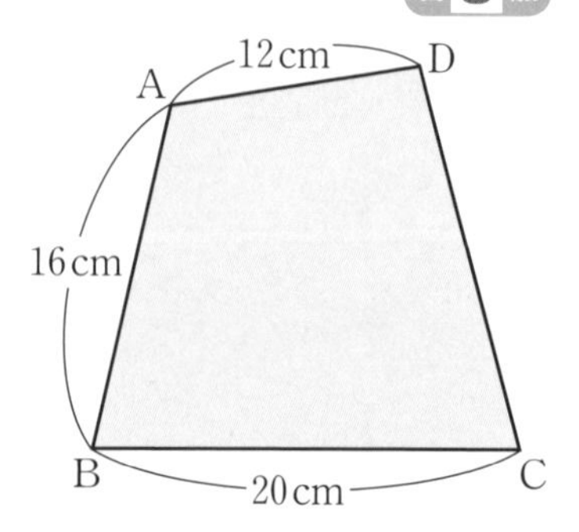

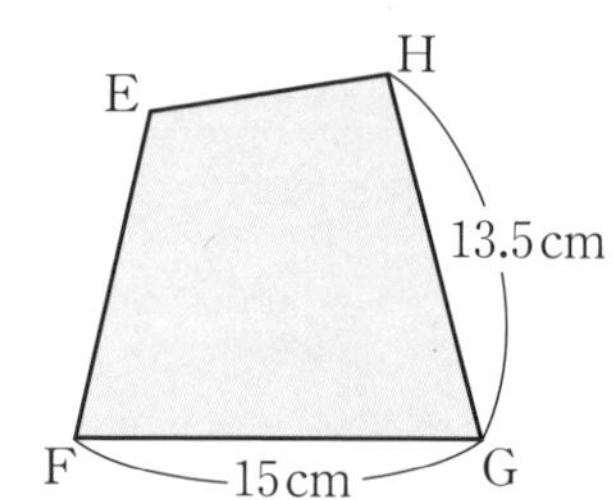

(1) 四角形ABCDと四角形EFGHの相似比を求めなさい。

[　　　　　　]

(2) 辺EFの長さを求めなさい。

[　　　　　　]

(3) 辺EHの長さを求めなさい。

[　　　　　　]

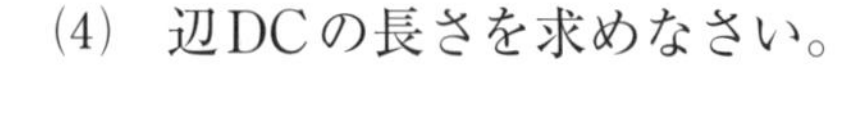

(4) 辺DCの長さを求めなさい。

[　　　　　　]

2 右の図で，△OA′B′は，△OABを点Oを中心として拡大したものである。次の問いに答えなさい。 各6点

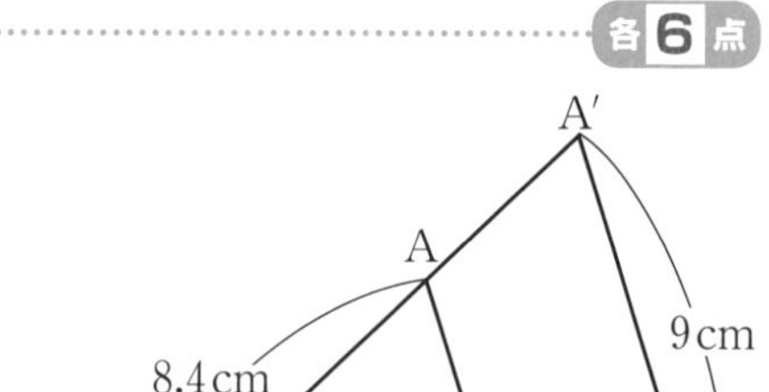

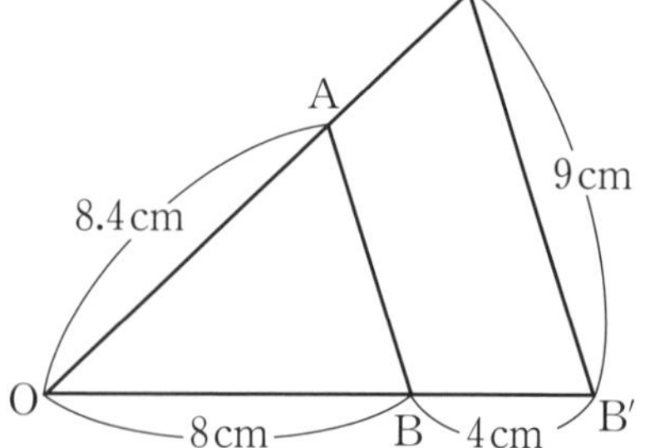

(1) △OABと△OA′B′の相似比を求めなさい。

[　　　　　　]

(2) 辺OA′の長さを求めなさい。

[　　　　　　]

(3) 辺ABの長さを求めなさい。

[　　　　　　]

3 右の図で，△ABC∽△DEF で，相似比が 2：3 であるとき，次の問いに答えなさい。 各6点

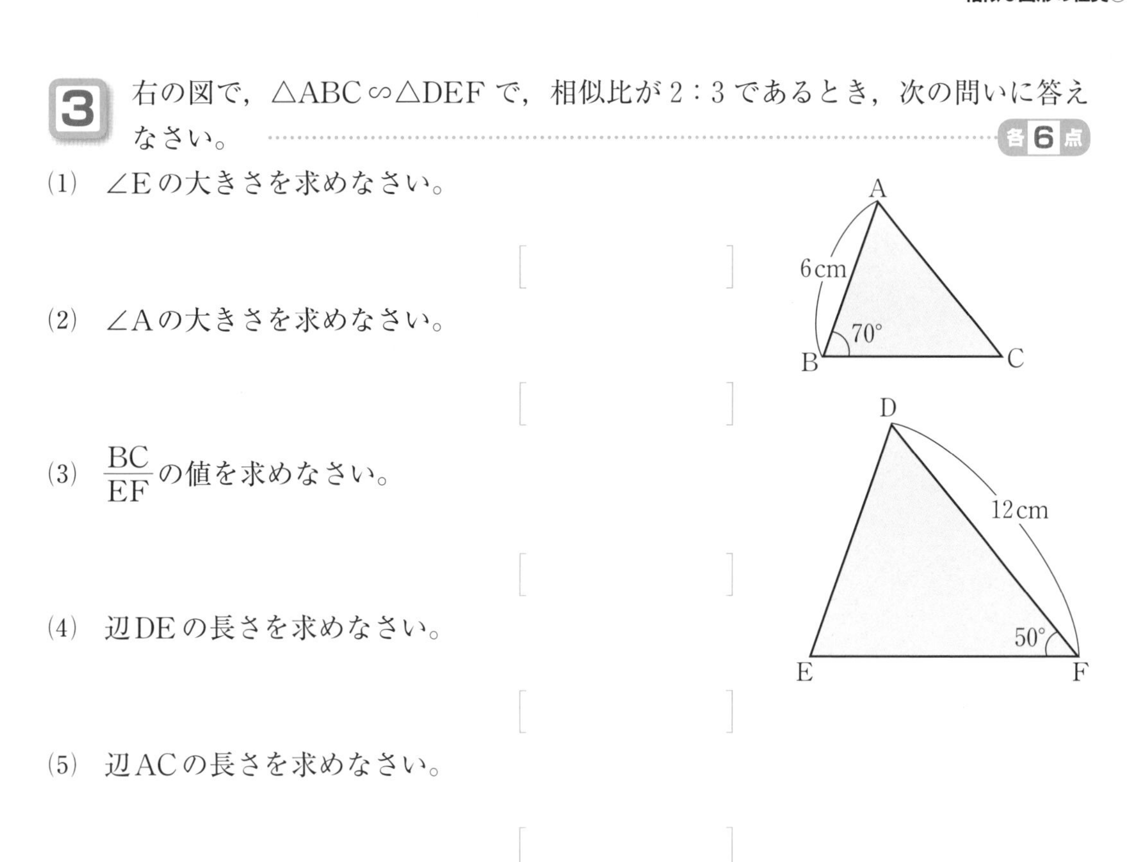

(1) ∠E の大きさを求めなさい。

[　　　　　]

(2) ∠A の大きさを求めなさい。

[　　　　　]

(3) $\dfrac{\mathrm{BC}}{\mathrm{EF}}$ の値を求めなさい。

[　　　　　]

(4) 辺DE の長さを求めなさい。

[　　　　　]

(5) 辺AC の長さを求めなさい。

[　　　　　]

4 右の図で，四角形ABCD∽四角形EFCG である。次の問いに答えなさい。 各7点

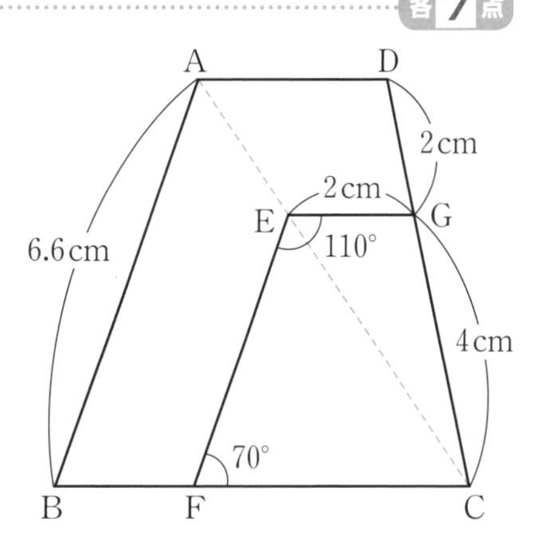

(1) 四角形ABCD と四角形EFCG の相似比を求めなさい。

ヒント DC：GC が相似比となる。

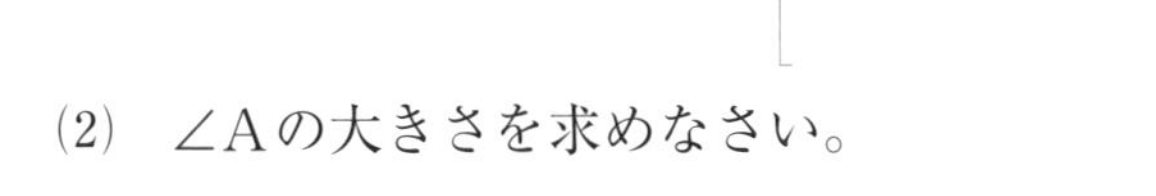

[　　　　　]

(2) ∠A の大きさを求めなさい。

[　　　　　]

(3) 辺AD の長さを求めなさい。

[　　　　　]

(4) 辺EF の長さを求めなさい。

[　　　　　]

相似な図形の性質③

月　日　点　答えは別冊3ページ

1 右の図で，四角形ABCD∽四角形EFGHである。次の問いに答えなさい。 各5点

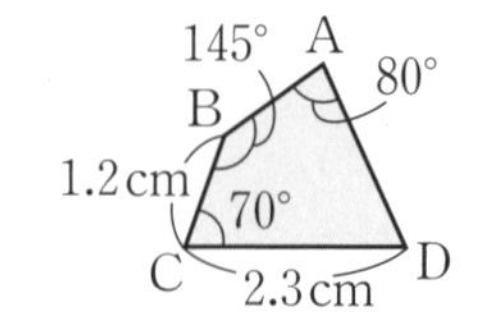

(1) ∠Hの大きさを求めなさい。

［　　　　］

(2) 四角形ABCDと四角形EFGHの相似比を求めなさい。

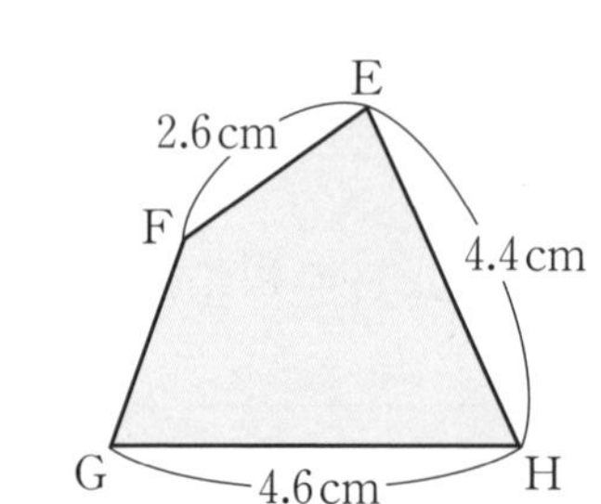

［　　　　］

(3) 辺ADの長さを求めなさい。

［　　　　］

(4) 辺FGの長さを求めなさい。

［　　　　］

2 右の図で，△ABC∽△DEFである。次の問いに答えなさい。 各5点

(1) △ABCと△DEFの相似比を求めなさい。

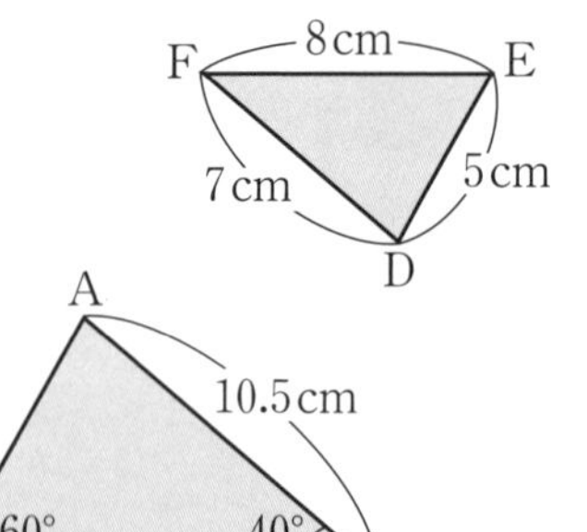

［　　　　］

(2) ∠Eの大きさを求めなさい。

［　　　　］

(3) ∠Dの大きさを求めなさい。

［　　　　］

(4) 辺ABの長さを求めなさい。

［　　　　］

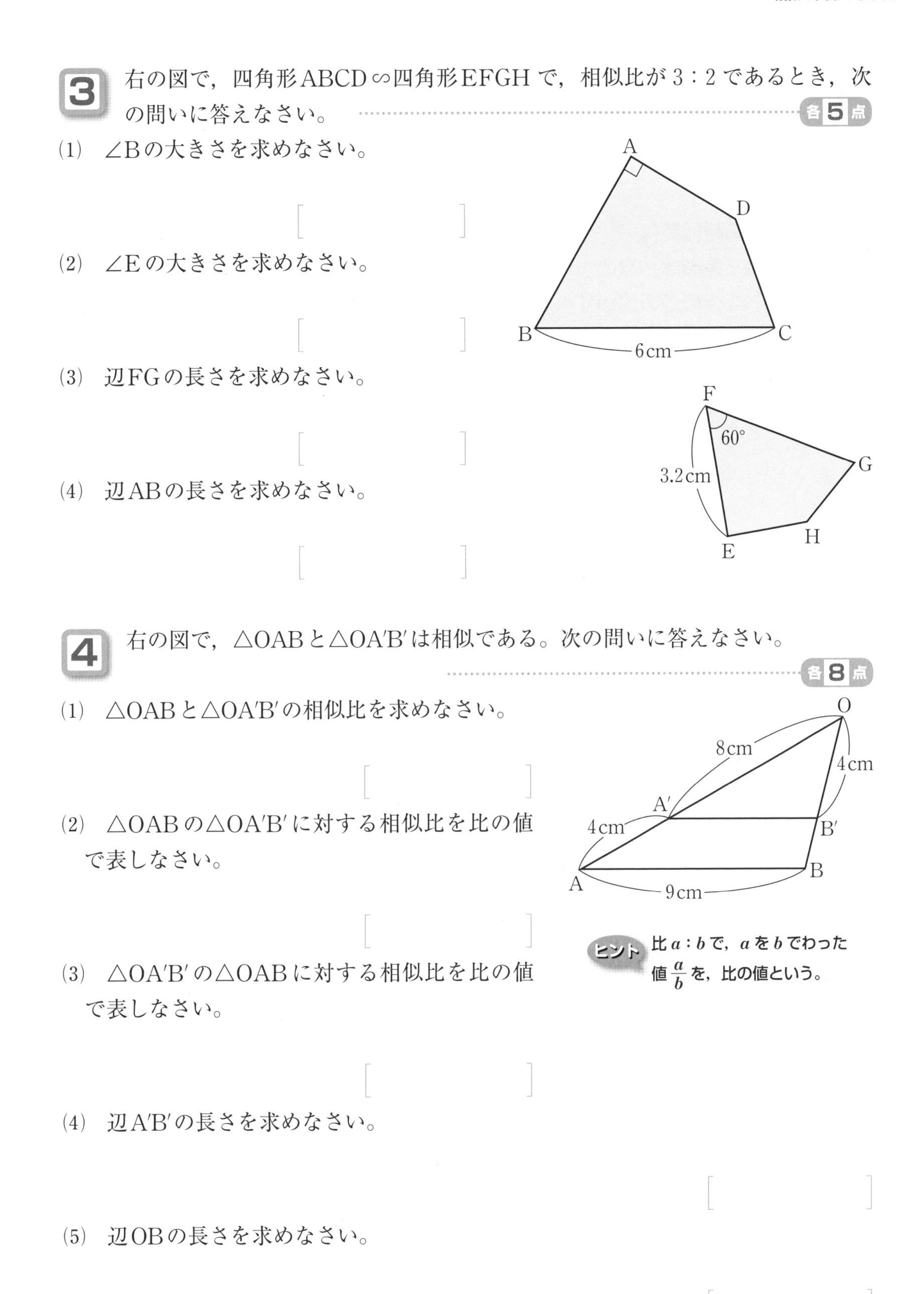

3 右の図で，四角形ABCD∽四角形EFGHで，相似比が3：2であるとき，次の問いに答えなさい。 **各5点**

(1) ∠Bの大きさを求めなさい。

［　　　　］

(2) ∠Eの大きさを求めなさい。

［　　　　］

(3) 辺FGの長さを求めなさい。

［　　　　］

(4) 辺ABの長さを求めなさい。

［　　　　］

4 右の図で，△OABと△OA′B′は相似である。次の問いに答えなさい。 **各8点**

(1) △OABと△OA′B′の相似比を求めなさい。

［　　　　］

(2) △OABの△OA′B′に対する相似比を比の値で表しなさい。

［　　　　］

(3) △OA′B′の△OABに対する相似比を比の値で表しなさい。

［　　　　］

(4) 辺A′B′の長さを求めなさい。

［　　　　］

(5) 辺OBの長さを求めなさい。

［　　　　］

ヒント 比 $a:b$ で，a を b でわった値 $\frac{a}{b}$ を，比の値という。

5 三角形の相似条件①

月　日　点　答えは別冊 3 ページ

Memo 覚えておこう

●三角形の相似条件

2 つの三角形は，次の①～③のどれかが成り立つとき相似である。

① 3 組の辺の比がすべて等しい。

② 2 組の辺の比とその間の角がそれぞれ等しい。

③ 2 組の角がそれぞれ等しい。

1 下の図の①～⑥の三角形について，次の問いに答えなさい。　[ ] 各 7 点

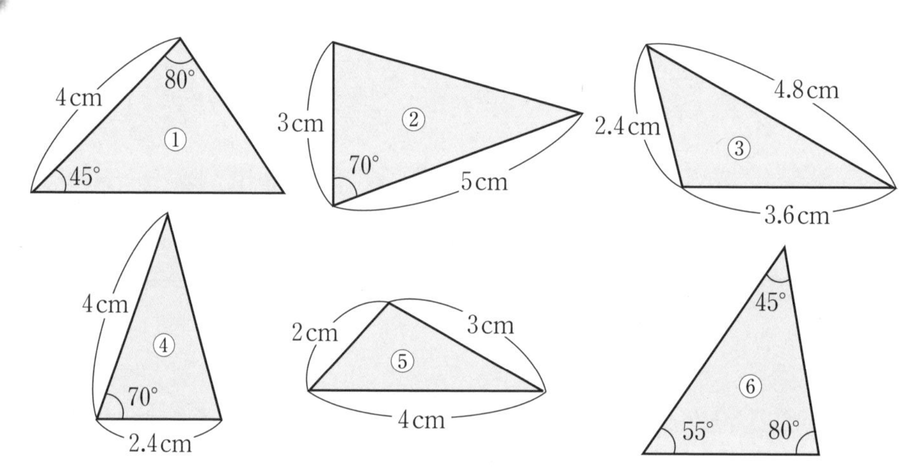

(1) ①と相似な三角形を答えなさい。また，そのときに使った相似条件を答えなさい。

相似な三角形 [ ]

相似条件 [ ]

(2) ②と相似な三角形を答えなさい。また，そのときに使った相似条件を答えなさい。

相似な三角形 [ ]

相似条件 [ ]

(3) ③と相似な三角形を答えなさい。また，そのときに使った相似条件を答えなさい。

相似な三角形 [ ]

相似条件 [ ]

2 次の問いに答えなさい。 [ ] 各7点

(1) 下の図で，△ABC と相似な三角形を①～③から選び，記号で答えなさい。また，そのときに使った相似条件を答えなさい。

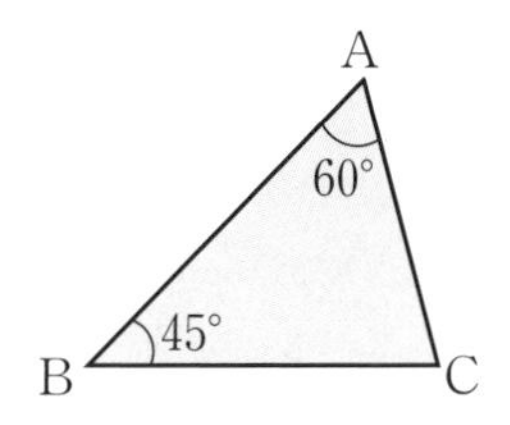

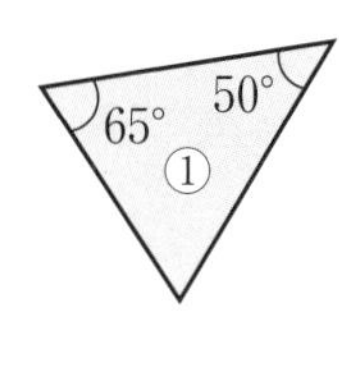

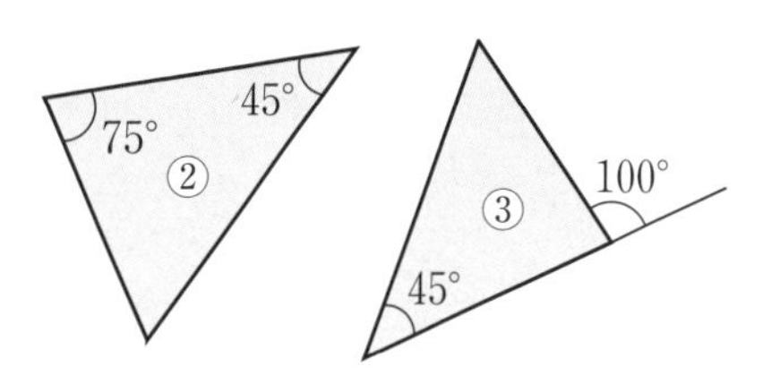

相似な三角形 [ ]

相似条件 [ ]

(2) 下の図で，△ABC と相似な三角形を①～③から選び，記号で答えなさい。また，そのときに使った相似条件を答えなさい。

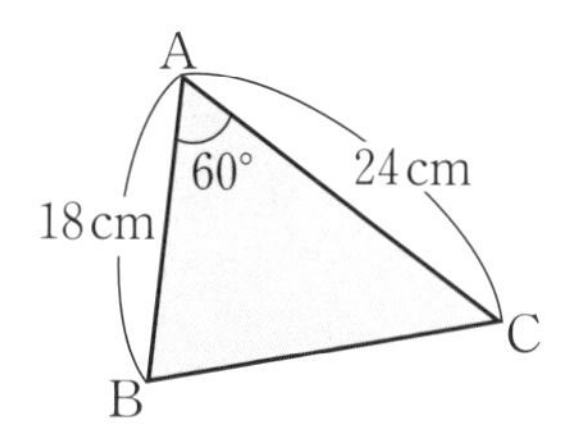

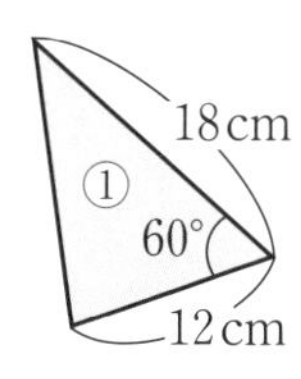

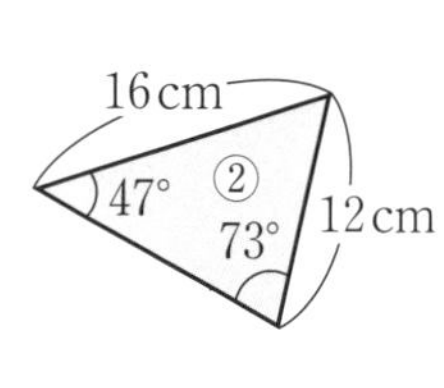

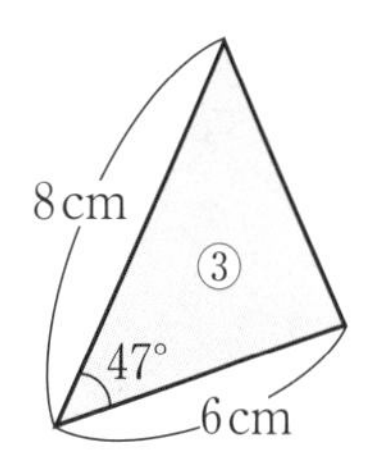

相似な三角形 [ ]

相似条件 [ ]

3 右の図の△ABC と△DEF について，次の問いに答えなさい。 各15点

(1) AB：DE＝AC：DF のほかに，どんな条件を 1 つ加えれば，△ABC∽△DEF になるか答えなさい。

[ ]

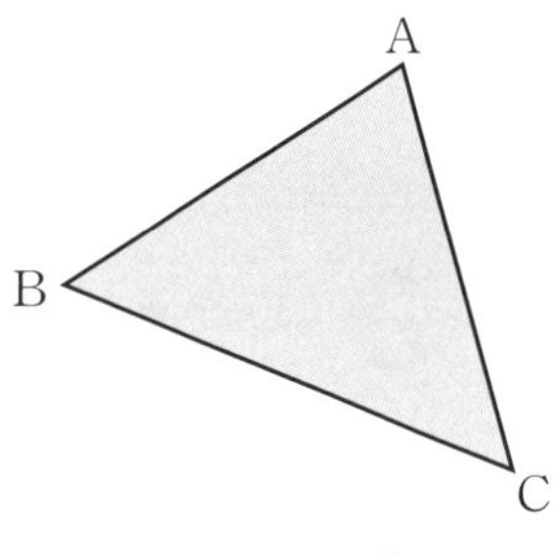

(2) ∠A＝∠D のほかに，どんな条件を 1 つ加えれば，△ABC∽△DEF になるか答えなさい。

[ ]

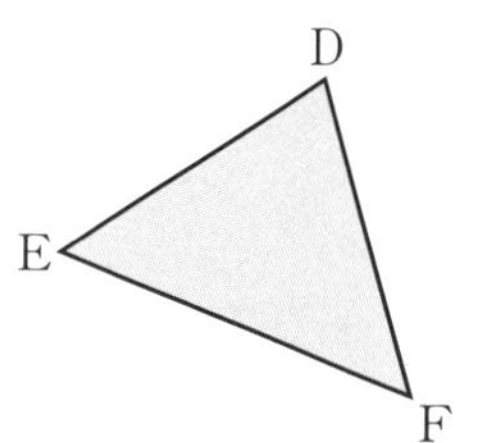

6 三角形の相似条件②

月　　日　　点　答えは別冊 4 ページ

1 右の図について，次の問いに答えなさい。　各5点

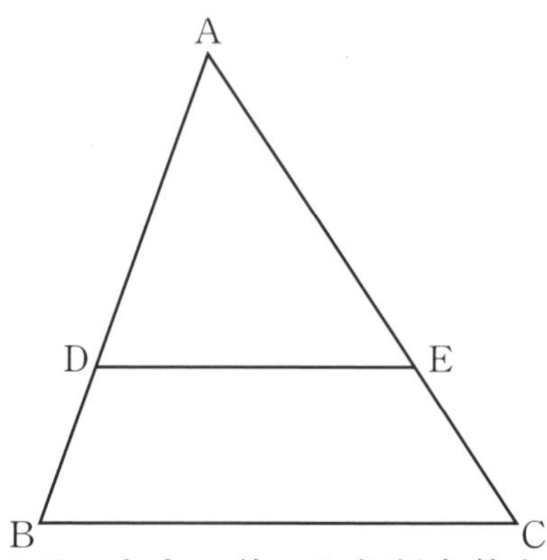

(1) AD：DB＝AE：EC＝2：1 であるとき，△ABC∽△ADE である。そのときに使った相似条件を答えなさい。

[　　　　]

(2) AD：DB＝AE：EC＝2：1 のとき，△ABC と△ADE の相似比を答えなさい。

[　　　　]

(3) DE∥BC であるとき，△ABC∽△ADE である。そのときに使った相似条件を答えなさい。

[　　　　]

2 右の図について，次の問いに答えなさい。　各5点

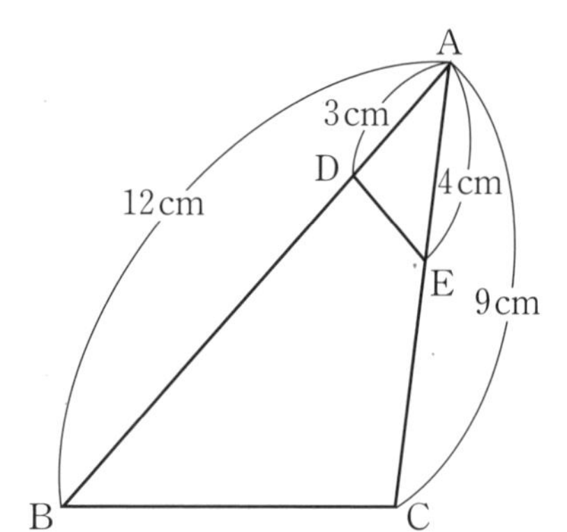

(1) AB：AE を求めなさい。

[　　　　]

(2) AC：AD を求めなさい。

[　　　　]

(3) △ABC と相似な三角形を答えなさい。

注意 相似な図形の対応する頂点の順に書くこと。

[　　　　]

(4) (3)で使った相似条件を答えなさい。

[　　　　]

(5) △ABC と(3)で答えた三角形の相似比を求めなさい。

[　　　　]

3 右の図について，次の問いに答えなさい。 各6点

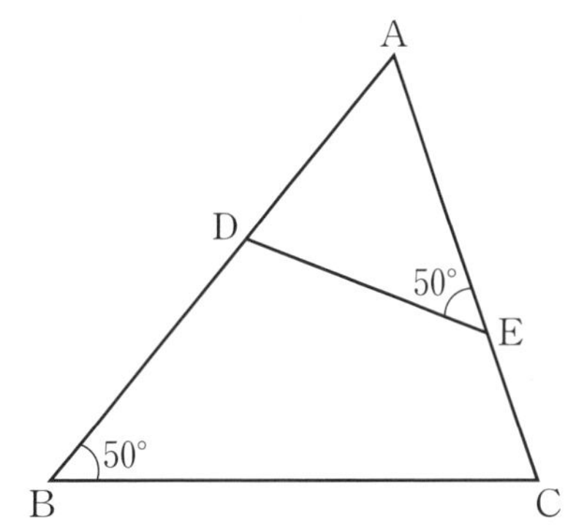

(1) ∠ADE と等しい角を答えなさい。

[　　　　]

(2) △ABC と相似な三角形を答えなさい。

注意 相似な図形の対応する頂点の順に書くこと。

[　　　　]

(3) (2)で使った相似条件を答えなさい。

[　　　　]

4 右の図について，次の問いに答えなさい。 各6点

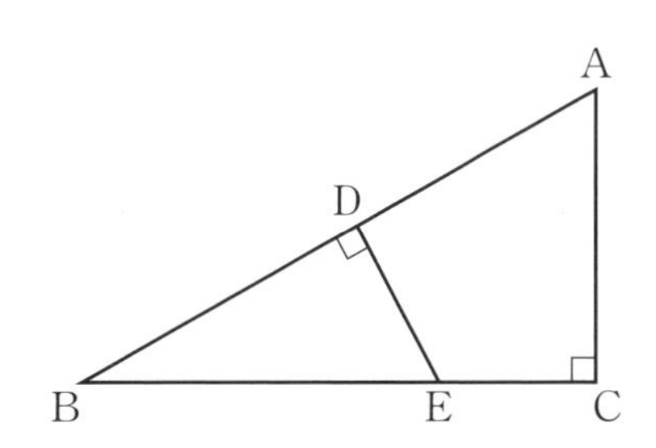

(1) ∠BAC と等しい角を答えなさい。

[　　　　]

(2) △ABC と相似な三角形を答えなさい。

[　　　　]

(3) (2)で使った相似条件を答えなさい。

[　　　　]

5 右の図の△ABC で，BD⊥AC，CE⊥AB であるとき，次の問いに答えなさい。 各6点

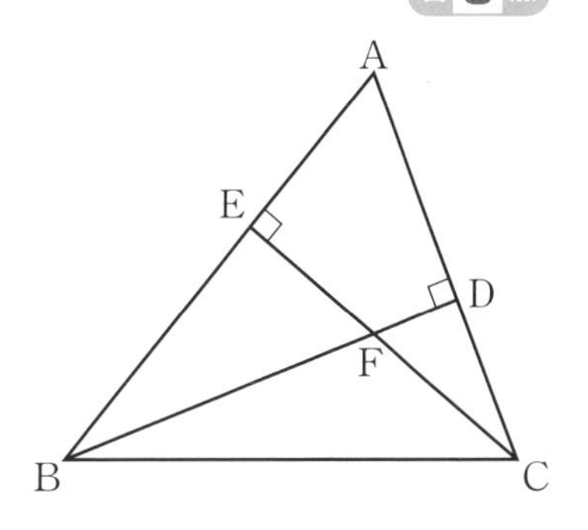

(1) ∠ABD と等しい角を答えなさい。

[　　　　]

(2) ∠BAC と等しい角をすべて答えなさい。

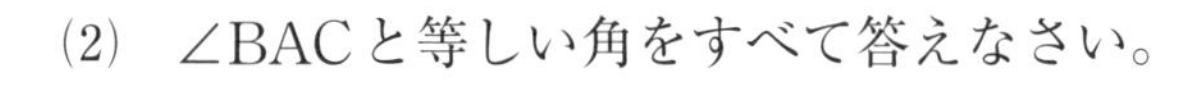

[　　　　]

(3) △ABD と相似な三角形をすべて答えなさい。

[　　　　]

(4) (3)で使った相似条件を答えなさい。

[　　　　]

7 三角形と相似①

答えは別冊 4 ページ

1 右の図で，AO＝2CO，DO＝2BO のとき，△AOD∽△COB であることを，次のように証明した。□の中をうめなさい。 ……… 各3点

ヒント　2 組の辺の比とその間の角がそれぞれ等しいことをいう。

△AOD と△COB において，

AO：CO＝□：□，DO：BO＝□：□

よって，AO：CO＝□：□ ……①

対頂角は等しいから，

∠AOD＝∠□ ……②

①，②より，□

がそれぞれ等しいから，

△AOD∽△□

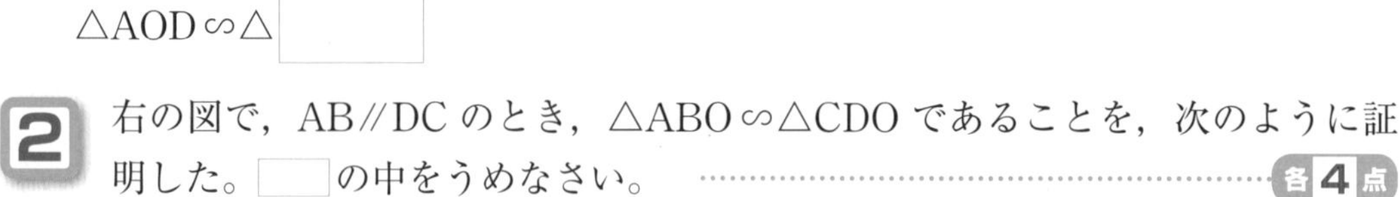
2 右の図で，AB∥DC のとき，△ABO∽△CDO であることを，次のように証明した。□の中をうめなさい。 ……… 各4点

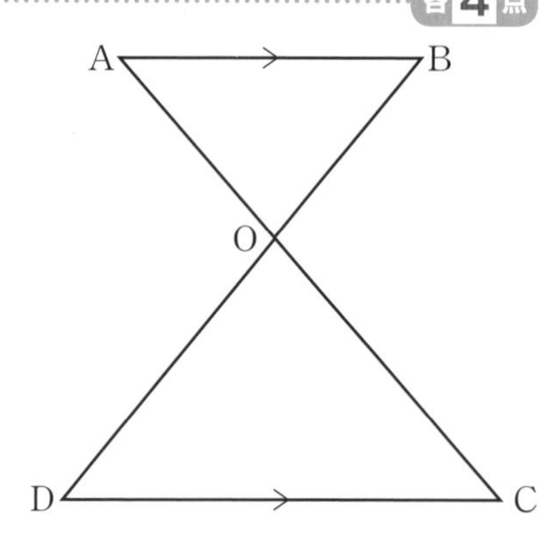

△ABO と△CDO において，

AB∥DC より，錯角（さっかく）は等しいから，

∠BAO＝∠□ ……①

対頂角は等しいから，

∠AOB＝∠□ ……②

①，②より，□ がそれぞれ等しいから，

△ABO∽△□

ポイント

三角形の相似の証明では，① 3 組の辺の比，② 2 組の辺の比とその間の角，③ 2 組の角　のいずれかが等しいことをいえばよい。その中でも，③ 2 組の角　が等しいことをいう場合が特に多い。

3 右の図で，AC∥DE を次のように証明した。□の中をうめなさい。

各3点

ヒント　3組の辺の比がすべて等しいことより，△ABCと△EBDの相似がいえる。錯角が等しいことより，AC∥DE をいう。

△ABCと△EBDにおいて，

AB：EB＝□：□，CB：DB＝□：□

AC：ED＝□：□

よって，

AB：EB＝□：□＝□：□

□がすべて等しいから，

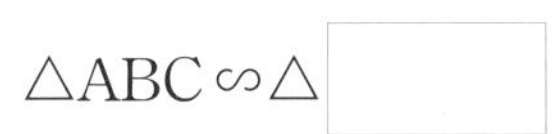

△ABC∽△□

相似な図形の対応する角は等しいから，∠CAB＝∠□

よって，□が等しいから，AC∥DE

4 右の図で，∠ABO＝∠CDO である。次の問いに答えなさい。

(1) 10点　(2) 5点

(1)　△ABO∽△CDO を証明しなさい。

ヒント　前ページの 2 参照。

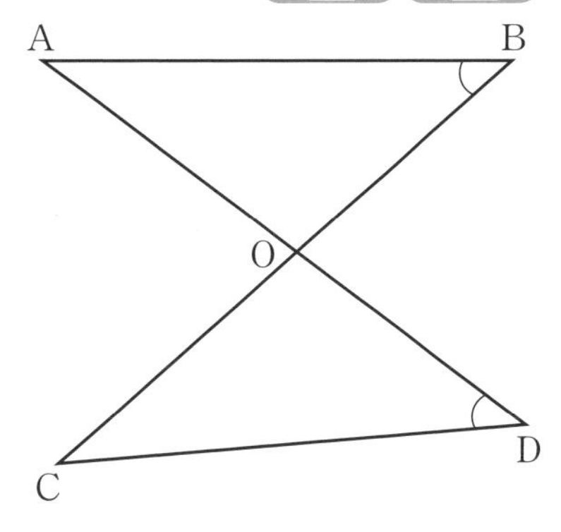

(証明)

(2)　AO＝9 cm，BO＝6 cm，DO＝8 cm のとき，線分COの長さを求めなさい。

［　　　　］

8 三角形と相似②

月　日　点　答えは別冊5ページ

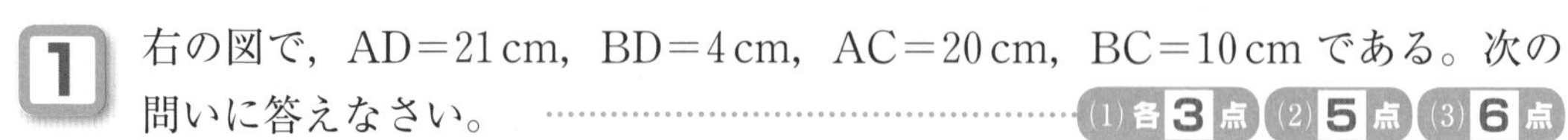

1 右の図で，AD＝21 cm，BD＝4 cm，AC＝20 cm，BC＝10 cm である。次の問いに答えなさい。　(1)各3点　(2)5点　(3)6点

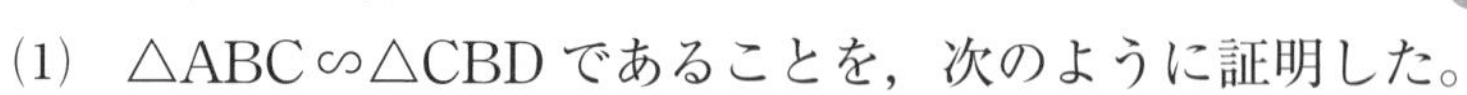

(1) △ABC∽△CBD であることを，次のように証明した。
☐の中をうめなさい。

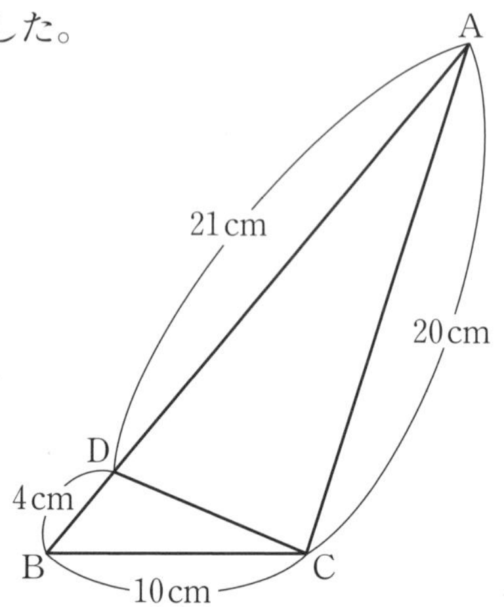

△ABC と△CBD において，

AB：CB＝☐：☐，

BC：BD＝☐：☐

よって，AB：CB＝☐：☐ ……①

∠B は共通 ……②

①，②より，☐が

それぞれ等しいから，△ABC∽△☐

(2) △ABC と△CBD の相似比を求めなさい。

ヒント 辺 AB と辺 CB が対応している。

[　　　　]

(3) 辺 DC の長さを求めなさい。

[　　　　]

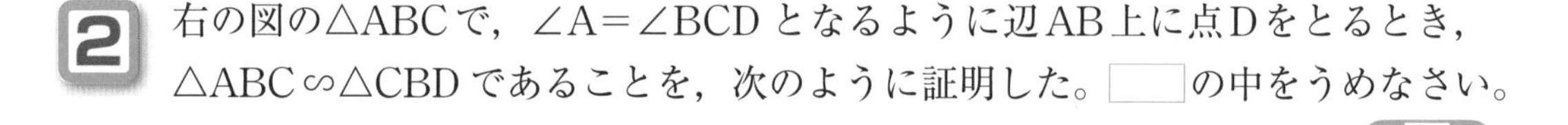

2 右の図の△ABC で，∠A＝∠BCD となるように辺 AB 上に点 D をとるとき，△ABC∽△CBD であることを，次のように証明した。☐の中をうめなさい。　各7点

△ABC と△☐において，

仮定より，∠A＝∠☐ ……①

∠☐は共通 ……②

①，②より，☐がそれぞれ等しいから，

△ABC∽△☐

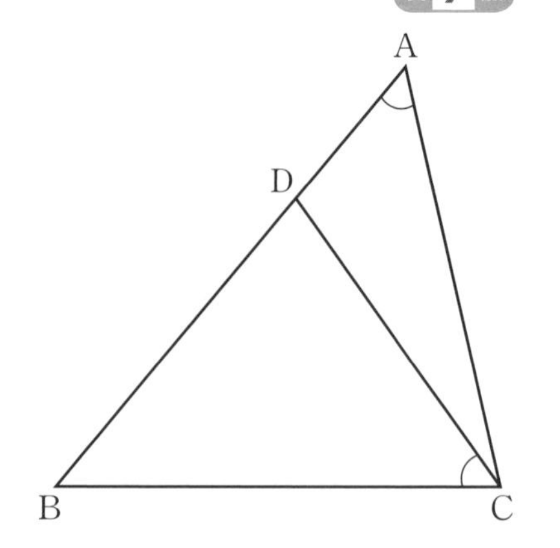

3 下の図で，x の値を求めなさい。 各5点

(1) $\angle ADE = \angle ACB$

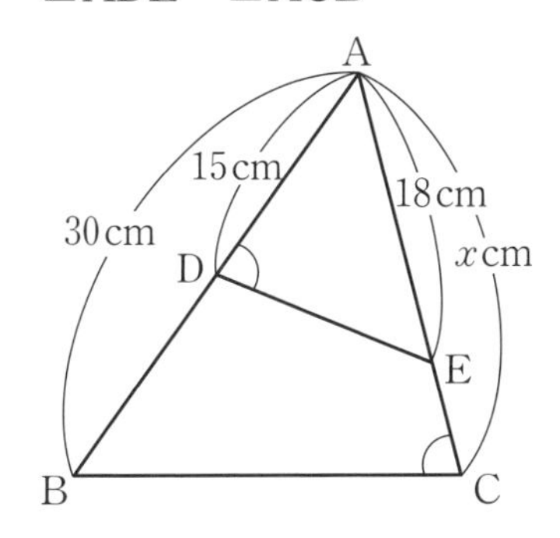

[　　　　]

(2) $\angle BAC = \angle DBC$

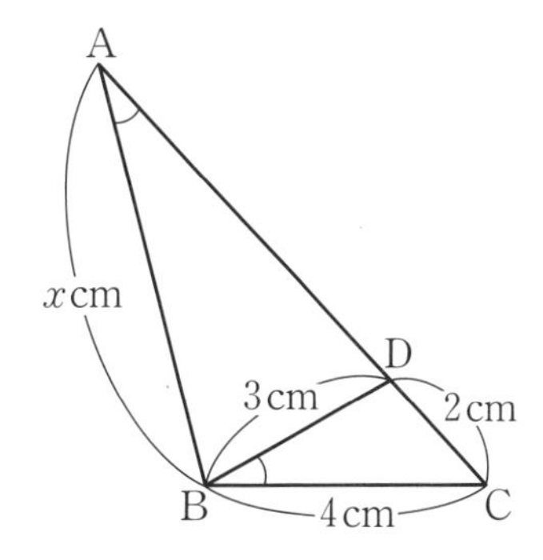

[　　　　]

(3) $\angle C = \angle BED = 90°$

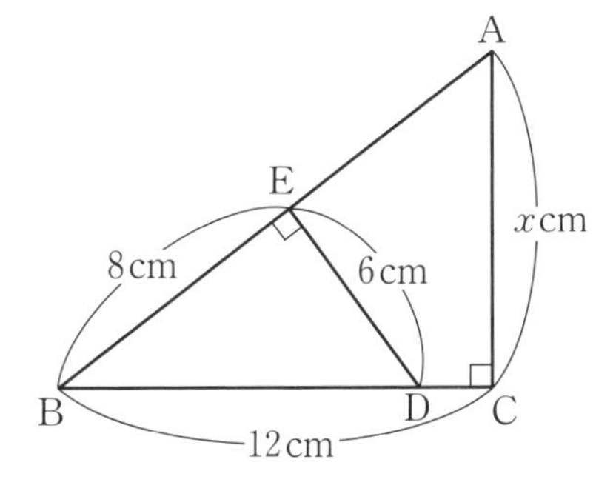

[　　　　]

(4)

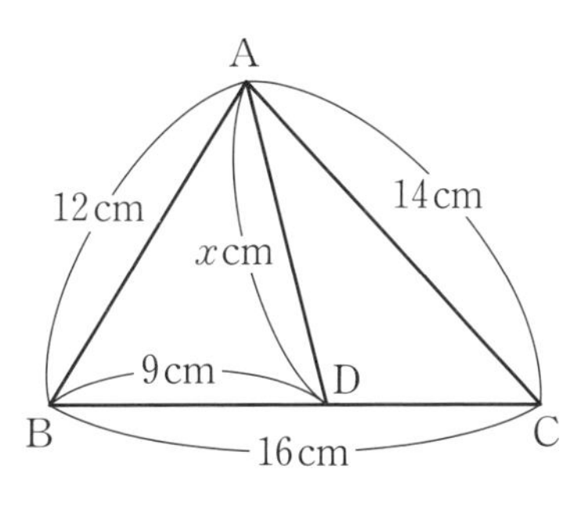

[　　　　]

(5) $\angle B = \angle AED = 90°$

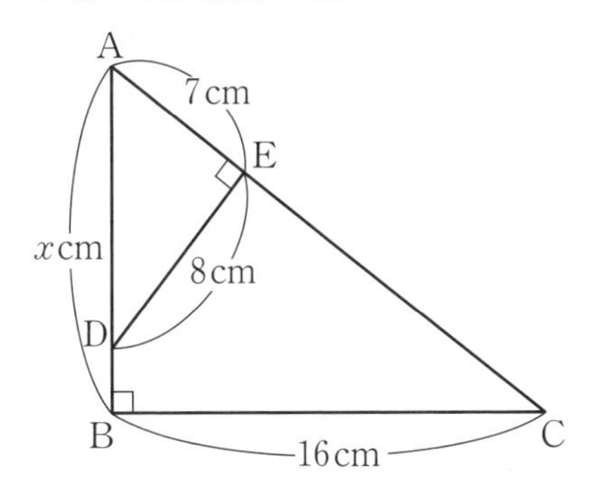

[　　　　]

(6) $\angle ABC = \angle DAC$

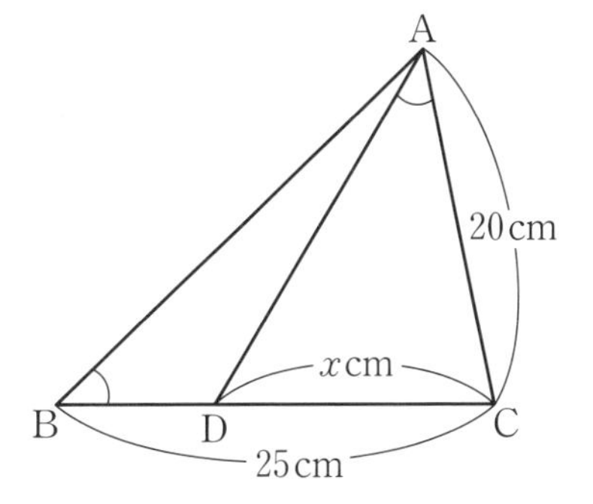

[　　　　]

9 三角形と相似③

答えは別冊 5 ページ

1 右の図のように，∠A＝90° の直角三角形ABCの頂点Aから辺BCに垂線ADをひいたとき，△ABC∽△DBA であることを，次のように証明した。□の中をうめなさい。 ……各5点

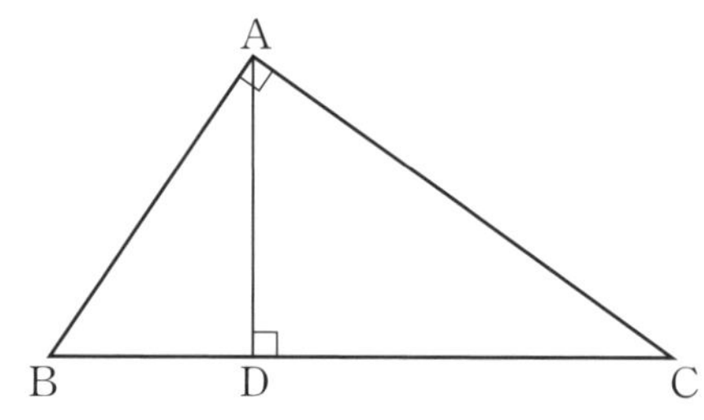

△ABCと△DBAにおいて，

∠BAC＝∠□＝90° ……①

∠□は共通 ……②

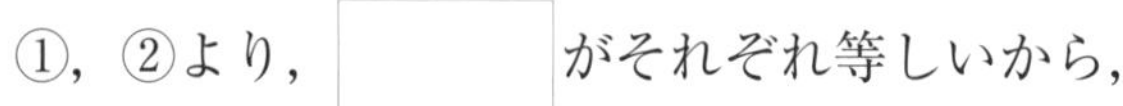

①，②より，□がそれぞれ等しいから，

△ABC∽△□

2 右の図で，∠A＝90°，AD⊥BC である。AB＝a，BD＝b，BC＝c とするとき，次の問いに答えなさい。 ……□，［ ］各5点

(1) $a^2=bc$ となることを，次のように証明した。□の中をうめなさい。

ヒント 1より，△ABC∽△DBA
△ABCのBCと△DBAのBA，
△ABCのABと△DBAのDB
が対応する。

1より，△ABC∽△DBA だから，対応する辺の比は等しく，BC：BA＝AB：DB だから，

c：□＝a：b

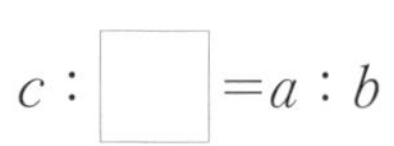

よって，a^2＝□

(2) AB＝6 cm，BD＝3 cm のとき，辺BCの長さを求めなさい。

ヒント $a^2=bc$ を使う。

［　　　］

(3) BD＝5 cm，BC＝20 cm のとき，辺ABの長さを求めなさい。

［　　　］

3 右の図のように，$\angle A=90^\circ$ の直角三角形ABCの頂点Aから辺BCに垂線ADをひいた。次の問いに答えなさい。 …………………………………… 各10点

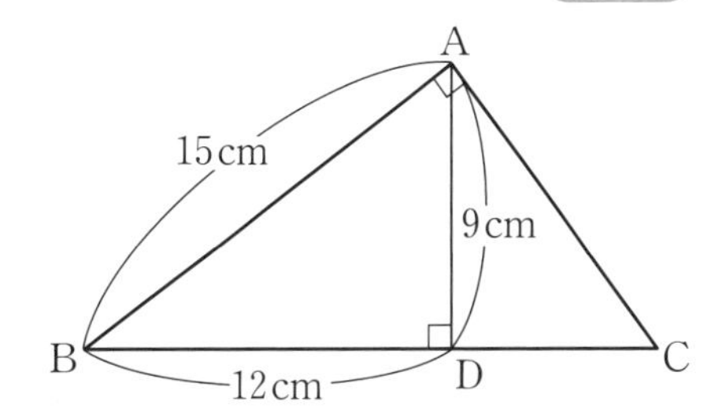

(1) △ABC∽△DBA である。△ABCの辺BCに対応する△DBAの辺を答えなさい。

[　　　　]

(2) △ABC∽△DBA である。△ABCの辺ABに対応する△DBAの辺を答えなさい。

[　　　　]

(3) 右の図で，AB＝15cm，BD＝12cm，AD＝9cm のとき，辺BCの長さを求めなさい。

ヒント 対応する辺の比を等しいとおく。

[　　　　]

4 右の図のように，△ABCの頂点A，Bから，それぞれ辺BC，CAに垂線AD，BEをひいた。次の問いに答えなさい。 …………………………………… □，[ ] 各6点

(1) △ADC∽△BEC であることを，次のように証明した。□の中をうめなさい。

△ADCと△BECにおいて，

∠ADC＝∠□＝90° ……①

∠□は共通 ……②

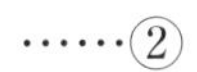

①，②より，□がそれぞれ等しいから，

△ADC∽△□

(2) AC＝6cm，BC＝8cm，EC＝4cm のとき，辺DCの長さを求めなさい。

ヒント △ADCと△BECで，対応する辺の比が等しい。

[　　　　]

10 三角形と相似④

1 右の図で，△ABC∽△A′B′C′ である。辺BC，B′C′の中点をそれぞれM，M′とするとき，△ABM∽△A′B′M′ であることを，次のように証明した。□の中をうめなさい。 各5点

△ABMと△A′B′M′において，
△ABC∽△A′B′C′ だから，
対応する角は等しい。

よって，　∠B＝∠□　……①

また，対応する辺の比は等しいから

AB：A′B′＝BC：□

＝2BM：□

＝BM：□　……②

①，②より，□

がそれぞれ等しいから，

△ABM∽△□

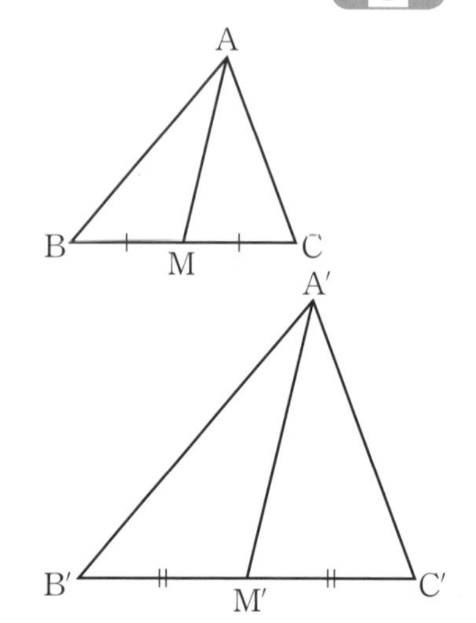

2 右の図について，次の問いに答えなさい。 各5点

(1) △ABC∽△EBD である。そのときに使った相似条件を答えなさい。

［　　　　　］

(2) △ABCと△EBDの相似比を求めなさい。

［　　　　　］

(3) 辺DEの長さを求めなさい。

［　　　　　］

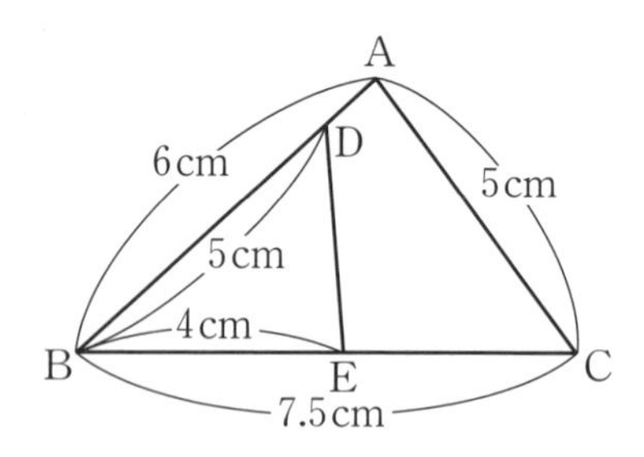

3 右の図の△ABCにおいて，∠B＝60°，∠C＝40°で，ADは∠BACの二等分線である。次の問いに答えなさい。 各5点

(1) ∠BADの大きさを求めなさい。

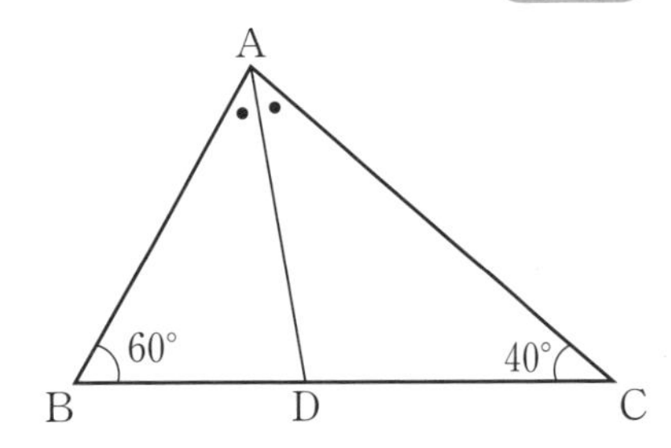

［　　　　］

(2) △ABCと相似な三角形を答えなさい。

［　　　　］

4 右の図の△ABCで，AB＝AC，∠A＝36°である。∠ABCの二等分線と，辺ACとの交点をDとするとき，BC^2＝AC×DCであることを，次のように証明した。□の中をうめなさい。 各5点

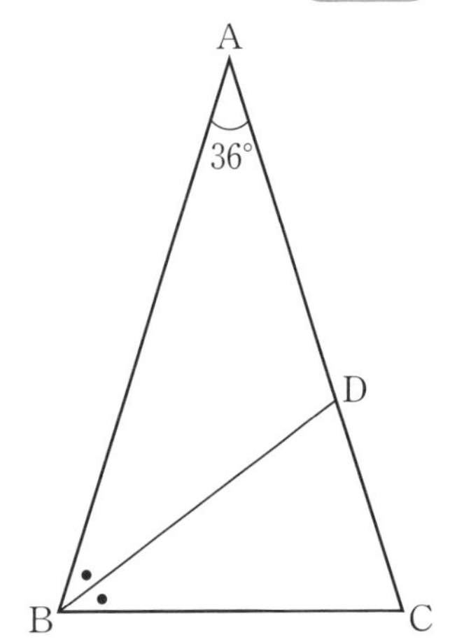

△ABCと△BDCにおいて，

△ABCは二等辺三角形だから，

∠ABC＝□°

仮定より，∠DBC＝$\frac{1}{2}$∠ABC＝□°

よって，∠BAC＝∠□ ……①

∠□は共通 ……②

①，②より，□がそれぞれ等しいから，

△ABC∽△□

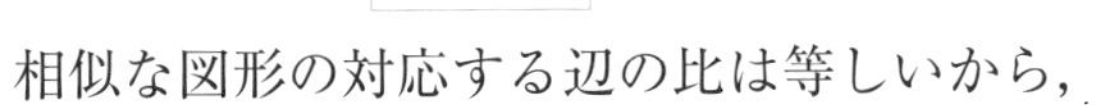
相似な図形の対応する辺の比は等しいから，

AC：□＝BC：□

よって，$□^2$＝AC×DC

11 三角形と相似⑤

月　日　点　答えは別冊6ページ

1 右の図の平行四辺形ABCDで，点Mは辺BCの中点，点Oは線分BDとAMの交点である。次の問いに答えなさい。　各4点

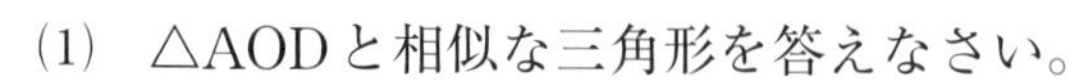

(1)　△AODと相似な三角形を答えなさい。

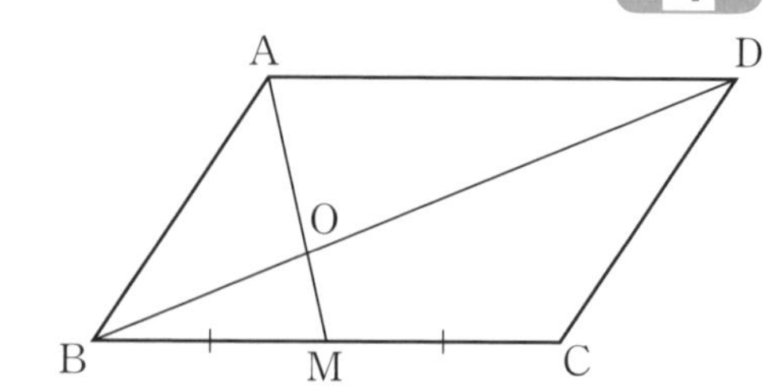

[　　　　]

(2)　(1)で使った相似条件を答えなさい。

[　　　　]

(3)　△AODと(1)で答えた三角形の相似比を求めなさい。

[　　　　]

(4)　OD：OBを求めなさい。

[　　　　]

(5)　BD＝9cmのとき，線分ODの長さを求めなさい。

[　　　　]

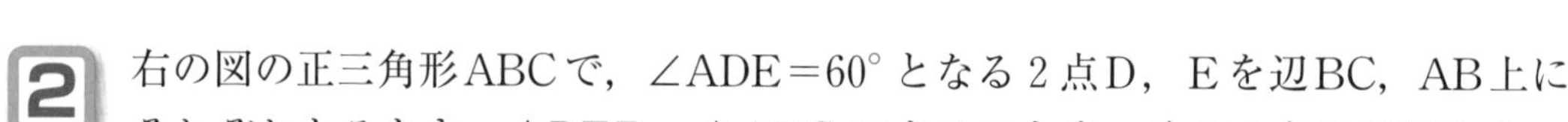

2 右の図の正三角形ABCで，∠ADE＝60°となる2点D，Eを辺BC，AB上にそれぞれとるとき，△DEB∽△ADCであることを，次のように証明した。□の中をうめなさい。　各4点

△DEBと△ADCにおいて，

△ABCは正三角形だから，

∠B＝∠□＝□°……①

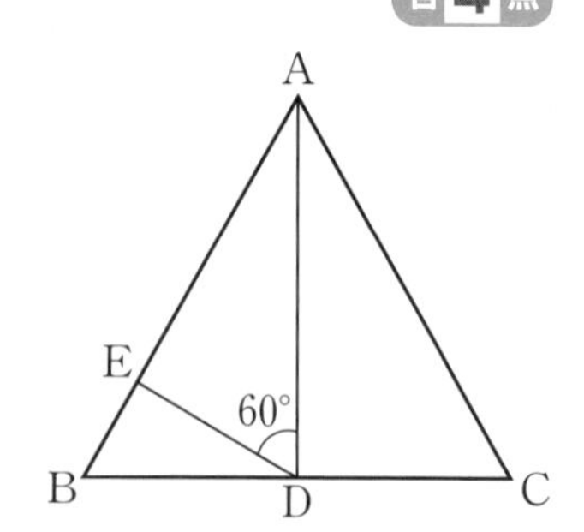

三角形の外角と内角の関係から，

∠B＋∠DEB＝∠□＝∠ADE＋∠ADC

∠B＝60°，∠ADE＝60°だから，

∠DEB＝∠□　……②

①，②より，□がそれぞれ等しいから，

△DEB∽△□

3 右の図は，AD∥BC の台形ABCDで，対角線AC，BDの交点をOとする。AD＝6 cm，BC＝12 cm，AC＝9 cm，BD＝13.5 cm のとき，次の問いに答えなさい。 …………………………………… 各8点

(1) 線分AOの長さを求めなさい。

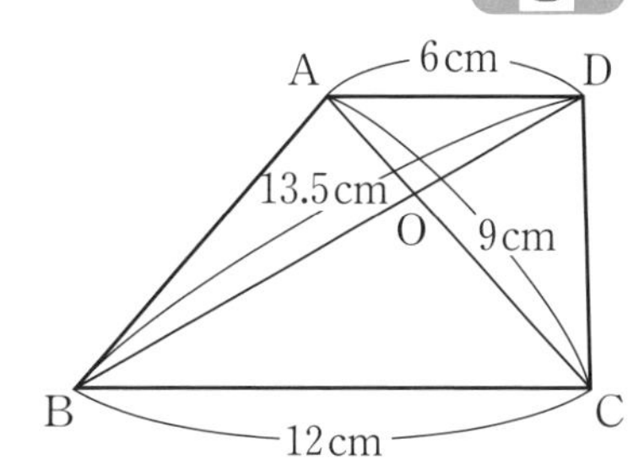

ヒント △AOD∽△COB である。

[　　　　　　]

(2) 線分BOの長さを求めなさい。

[　　　　　　]

4 右の図のように，長方形ABCDの頂点Dが辺BC上の点Eと重なるように折り返したときの折り目の線分をAFとする。このとき，△ABE∽△ECF であることを，次のように証明した。□の中をうめなさい。 …………………………………… 各4点

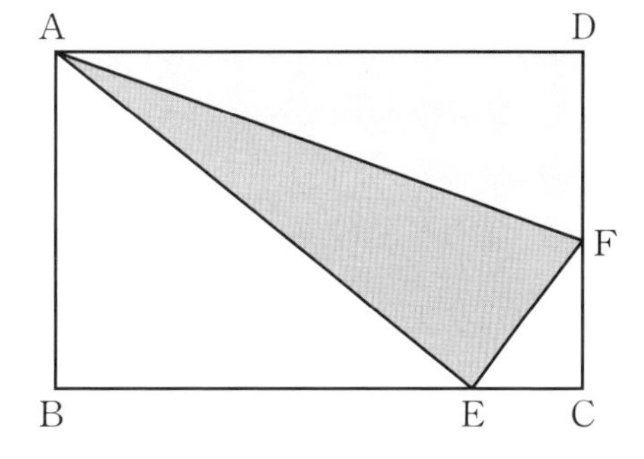

△ABE と△□において，

∠□＝∠□＝90° ……①

三角形の外角と内角の関係から，

∠B＋∠BAE＝∠□

＝∠AEF＋∠□

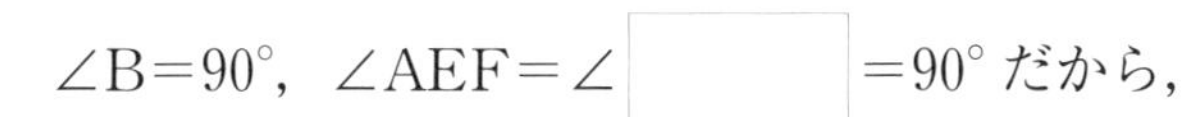

∠B＝90°，∠AEF＝∠□＝90° だから，

∠BAE＝∠□ ……②

①，②より，□がそれぞれ等しいから，

△□∽△□

Memo 覚えておこう

一般(いっぱん)に，１つの図形を形を変えずに，一定の割合で大きくすることを拡大する，小さくすることを縮小するという。
また，拡大した図形を拡大図，縮小した図形を縮図という。

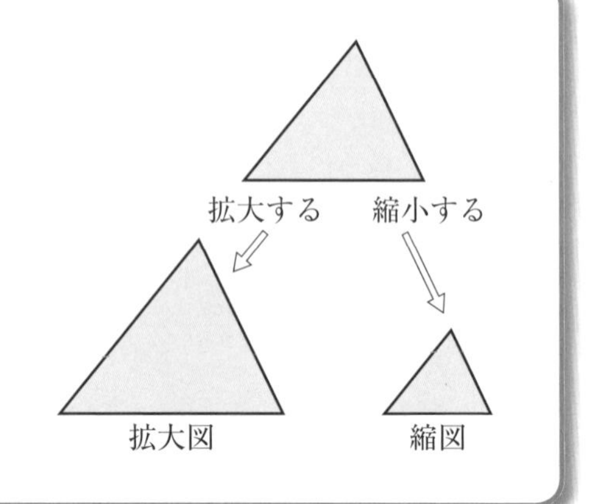

1 次の問いに答えなさい。 (1)，(2) 各8点 (3) 各7点

(1) △ABC の 2 倍の拡大図をかきなさい。

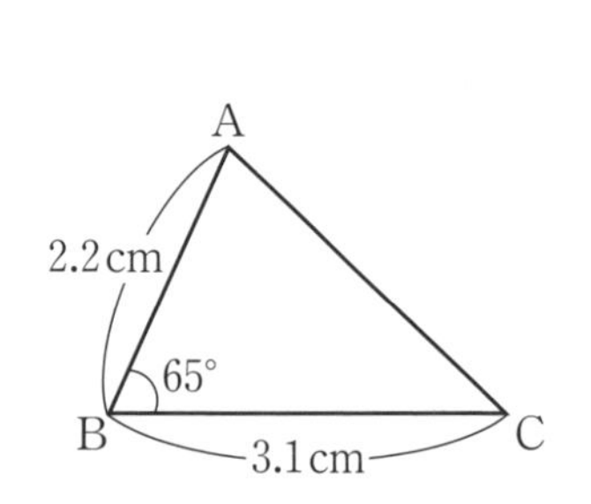

(2) 四角形 ABCD の $\frac{1}{2}$ の縮図をかきなさい。

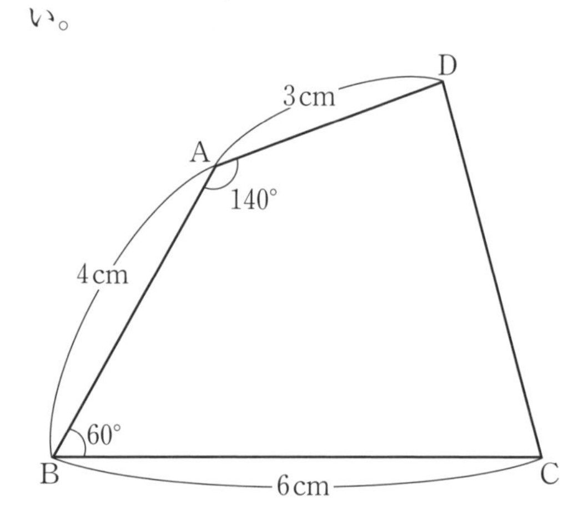

(3) 右の図のような長方形の土地がある。この土地の $\frac{1}{1000}$ の縮図をかくと，縦 AB の長さは何 cm になるか求めなさい。また，$\frac{1}{200}$ の縮図をかくと，横 BC の長さは何 cm になるか求めなさい。

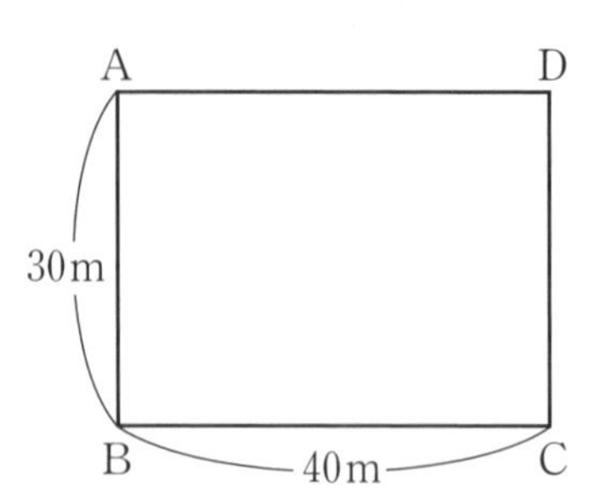

AB [ ]　　BC [ ]

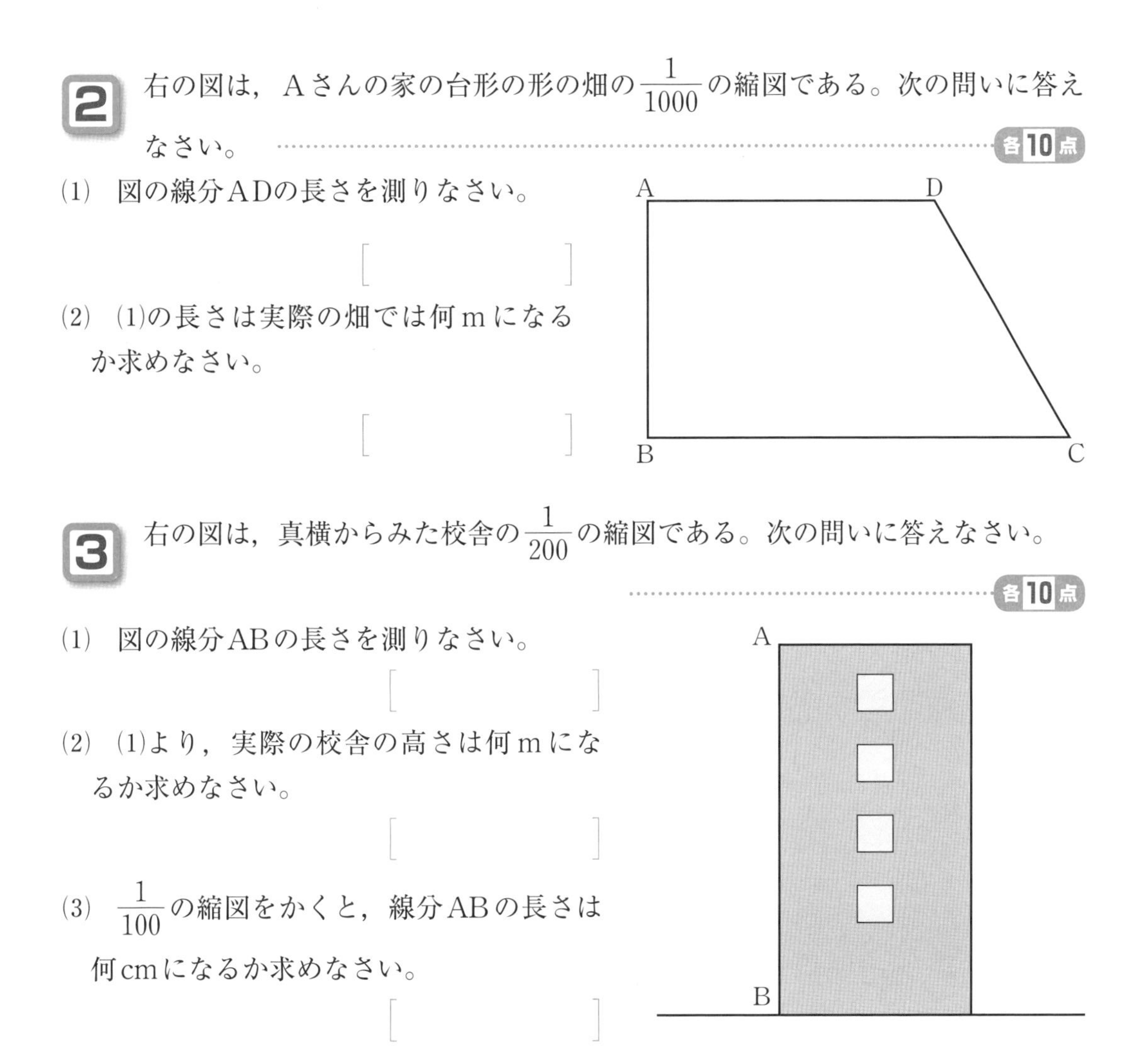

2 右の図は，Aさんの家の台形の形の畑の$\frac{1}{1000}$の縮図である。次の問いに答えなさい。 …… 各10点

(1) 図の線分ADの長さを測りなさい。

[　　　　　]

(2) (1)の長さは実際の畑では何mになるか求めなさい。

[　　　　　]

3 右の図は，真横からみた校舎の$\frac{1}{200}$の縮図である。次の問いに答えなさい。 …… 各10点

(1) 図の線分ABの長さを測りなさい。

[　　　　　]

(2) (1)より，実際の校舎の高さは何mになるか求めなさい。

[　　　　　]

(3) $\frac{1}{100}$の縮図をかくと，線分ABの長さは何cmになるか求めなさい。

[　　　　　]

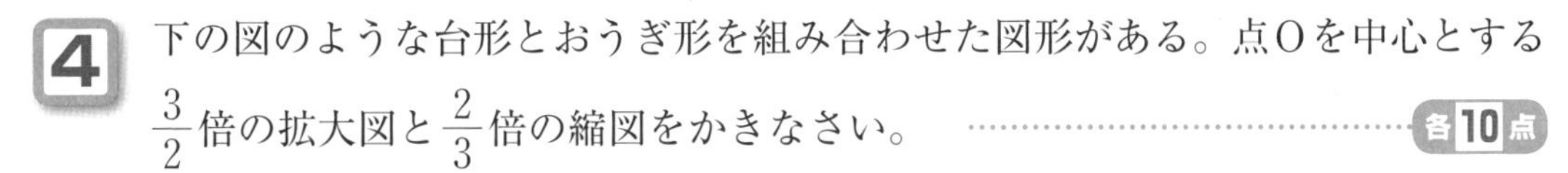

4 下の図のような台形とおうぎ形を組み合わせた図形がある。点Oを中心とする$\frac{3}{2}$倍の拡大図と$\frac{2}{3}$倍の縮図をかきなさい。 …… 各10点

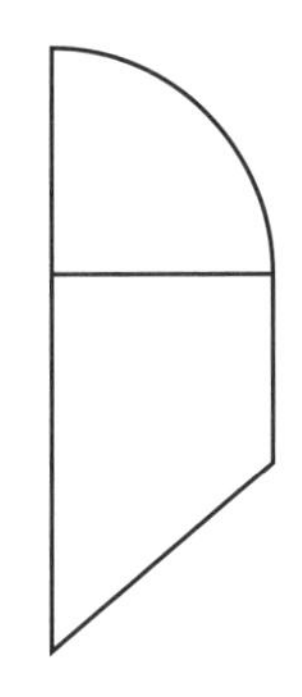

O

13 相似の利用②

1 川をはさむ2地点A，P間の距離(きょり)を求めるために，右の図のように，適当な地点Bを決めたところ，AB＝70 m，∠PAB＝70°，∠PBA＝60°であった。次の問いに答えなさい。 (1) 各10点 (2) 20点

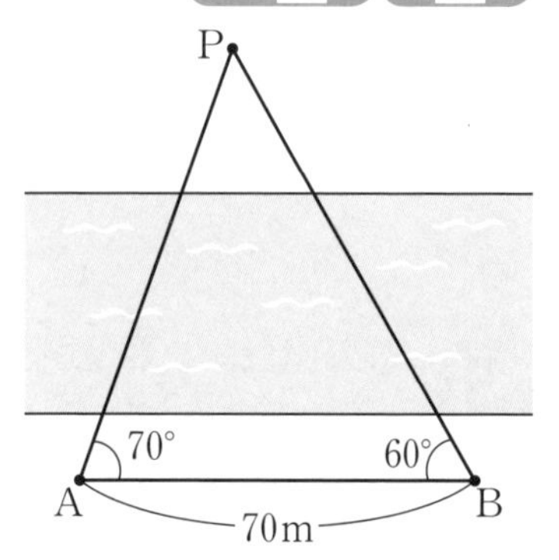

(1) △PABの$\frac{1}{1000}$の縮図では，辺ABの長さは何cmになるか求めなさい。また，$\frac{1}{2000}$の縮図では何cmになるか求めなさい。

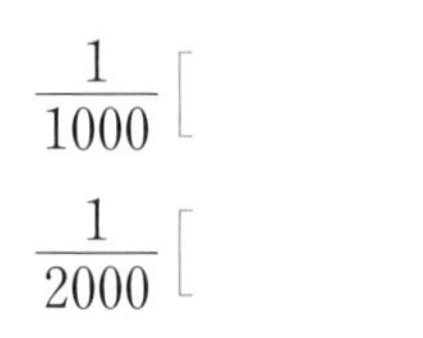

$\frac{1}{1000}$ [　　　　]

$\frac{1}{2000}$ [　　　　]

(2) △PABの$\frac{1}{2000}$の縮図をかいて距離APを求めなさい。

[　　　　]

2 海岸の地点Aから島の地点Pまでの距離APを求めるために，右の図のように，海岸に地点Bを決めたところ，AB＝60 m，∠PAB＝70°，∠PBA＝50°であった。$\frac{1}{1000}$の縮図をかいて距離APを求めなさい。 20点

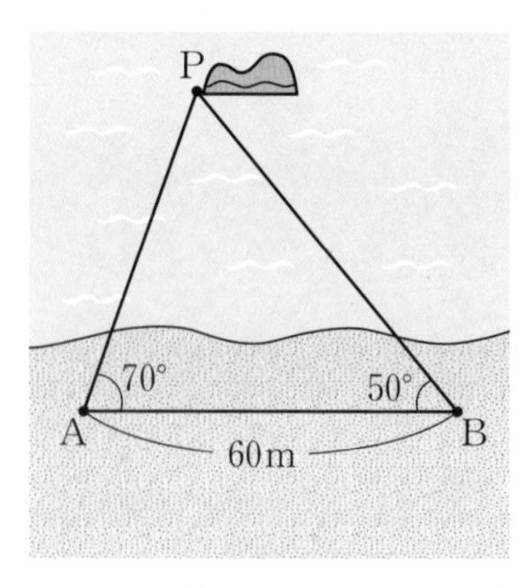

[　　　　]

3 池をはさむ２地点A，B間の距離を求めるために，右の図のように，適当な地点Cを決めたところ，CA＝12m，CB＝15m，∠C＝80°であった。$\frac{1}{200}$の縮図をかいて距離ABを求めなさい。 **20点**

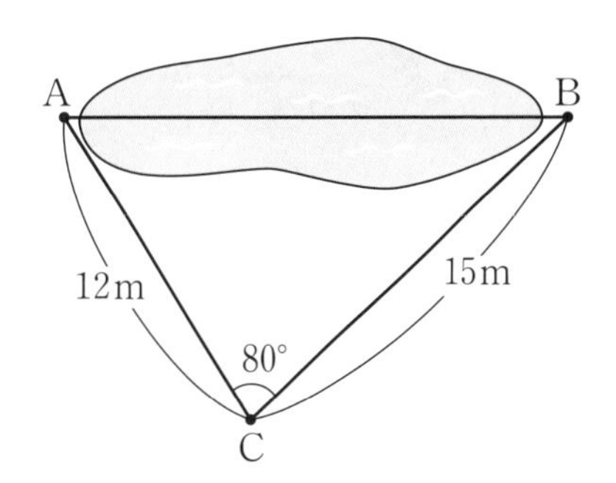

[　　　　　　]

4 川の向こう側の岸の２地点P，Q間の距離を求めるために，右の図のように，こちら側の岸に２地点A，Bを決めたところ，AB＝44m，∠PAB＝60°，∠PBA＝40°，∠QAB＝35°，∠QBA＝65°であった。$\frac{1}{1000}$の縮図をかいて距離PQを求めなさい。 **20点**

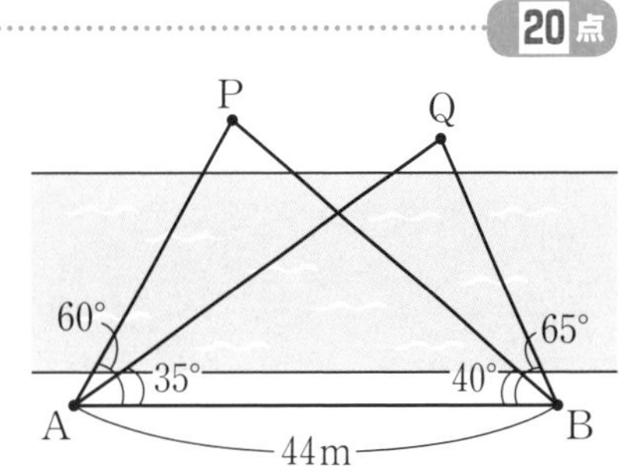

[　　　　　　]

14 相似の利用③

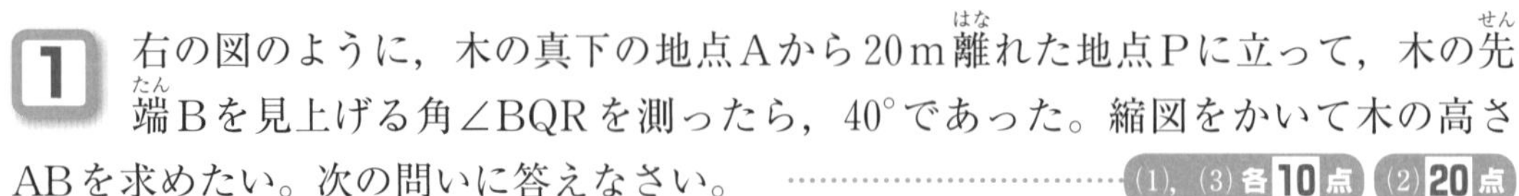

月　日　点　答えは別冊8ページ

1 右の図のように，木の真下の地点Aから20m離(はな)れた地点Pに立って，木の先端(せんたん)Bを見上げる角∠BQRを測ったら，40°であった。縮図をかいて木の高さABを求めたい。次の問いに答えなさい。 (1)，(3)各10点 (2)20点

(1) QRを5cmとした縮図の縮尺を答えなさい。

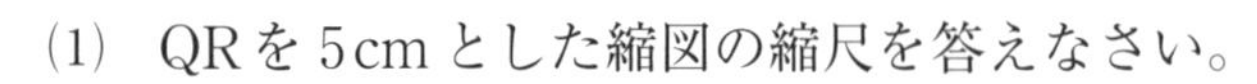

[　　　　]

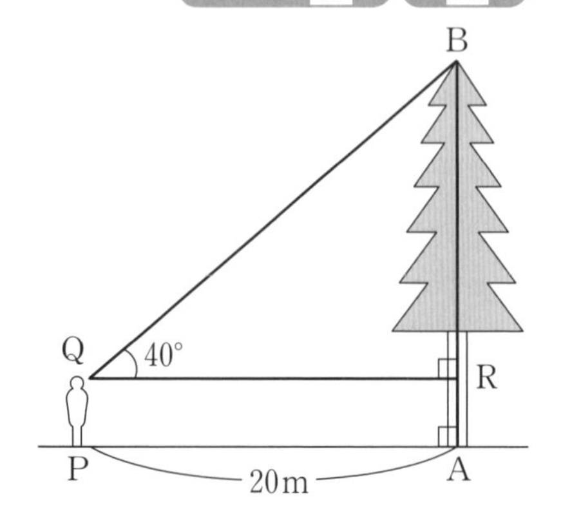

(2) (1)の縮尺で△BQRの縮図をかいて，長さBRを求めなさい。

[　　　　]

(3) 目の高さPQを1.5mとして，木の高さABを求めなさい。

[　　　　]

2 テレビ塔(とう)の真下の地点Aから40m離れた地点Pに立って，テレビ塔の先端Bを見上げる角∠BQRを測ったら，50°であった。目の高さPQを1.5mとして，$\frac{1}{1000}$の縮図をかいて，テレビ塔の高さABを求めなさい。 20点

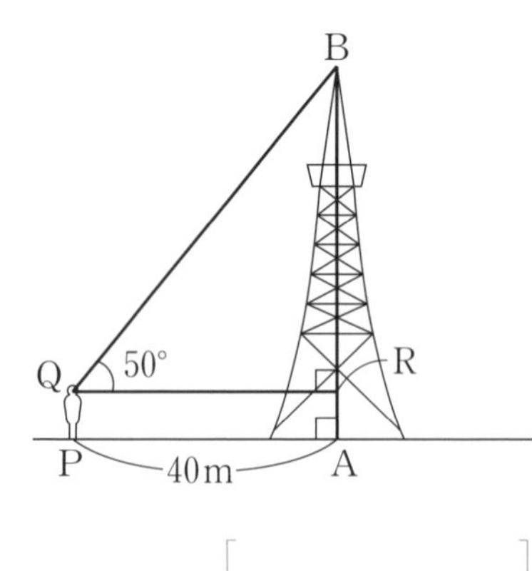

[　　　　]

3 木の高さを測ろうとして，木の真下の地点Aから適当に離れた地点Pに立って，木の先端Bを見上げる角∠BRTを測ったら，30°であった。次に，P地点から木の方向に10m近づいた地点Qでもう一度木の先端を見上げたら，∠BST＝50°であった。目の高さPRを1.5mとして，$\frac{1}{500}$の縮図をかいて，木の高さABを求めなさい。 …… 20点

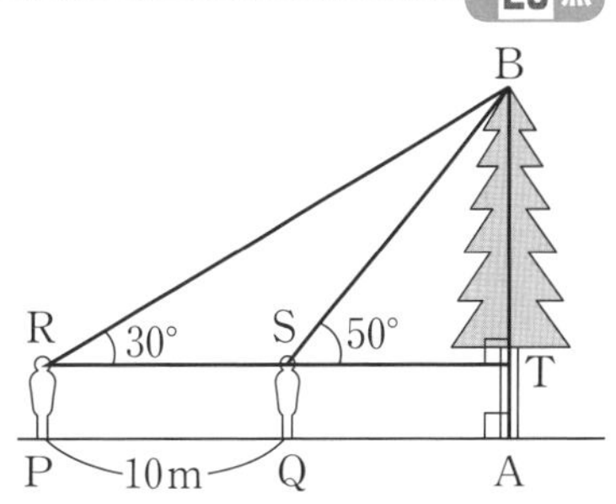

［　　　　　　］

4 右の図のように，地面に垂直な高さ1mの木の棒の影（かげ）の長さが0.6mのとき，次の問いに答えなさい。 …… 各10点

(1) 電柱の影の長さを測ると，5.7mであった。電柱の高さを求めなさい。

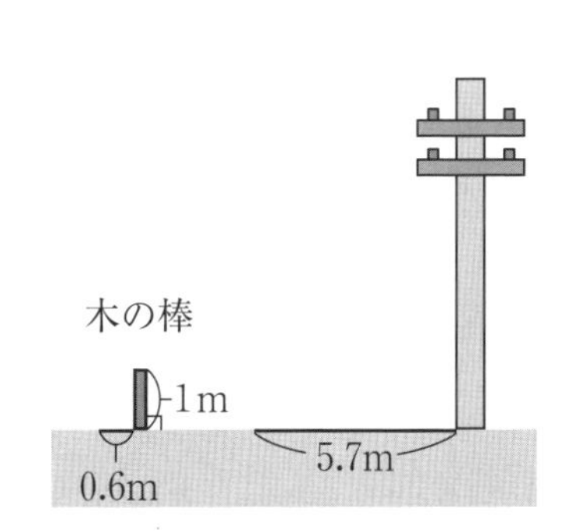

［　　　　　　］

(2) 右の図のように，木の影が伸びる方向に地面に垂直な壁（かべ）があり，その壁に木の影が映っている。木と壁の間の距離（きょり）が5.4m，壁に映った木の影の高さが4mのとき，木の高さを求めなさい。

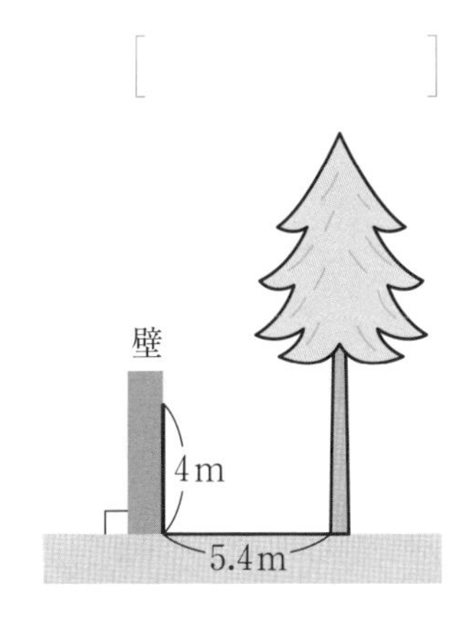

［　　　　　　］

15 相似のまとめ①

1 右の図で，四角形ABCD∽四角形EFGHである。次の問いに答えなさい。……各5点

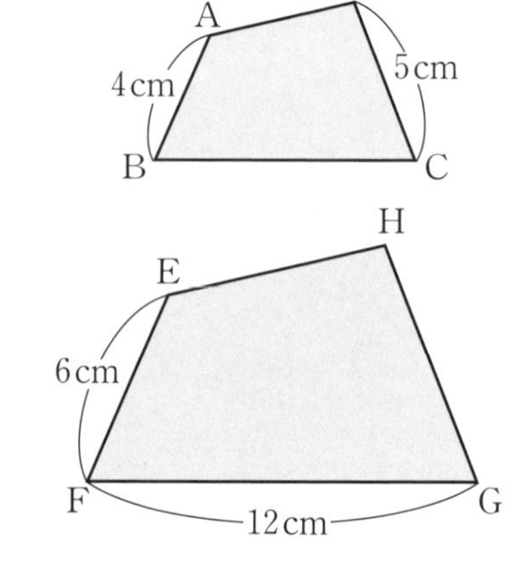

(1) 辺ADと対応する辺を答えなさい。

[　　　　　]

(2) ∠Bと対応する角を答えなさい。

[　　　　　]

(3) 四角形ABCDと四角形EFGHの相似比を答えなさい。

[　　　　　]

(4) 辺BCの長さを求めなさい。

[　　　　　]

(5) 辺HGの長さを求めなさい。

[　　　　　]

2 右の図で，AD∥CBである。次の問いに答えなさい。……各6点

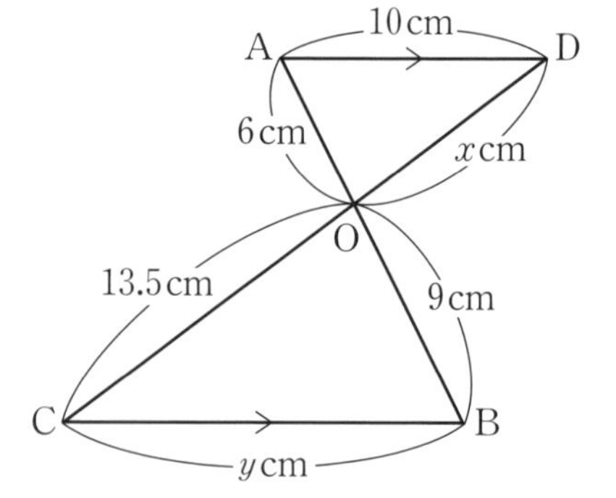

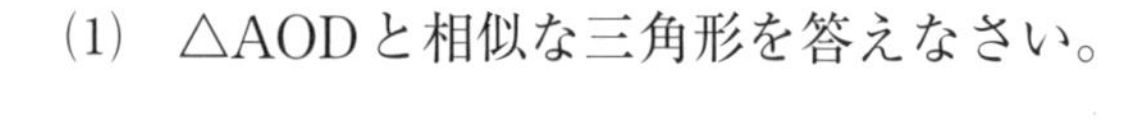

(1) △AODと相似な三角形を答えなさい。

[　　　　　]

(2) (1)で使った相似条件を答えなさい。

[　　　　　　　　　]

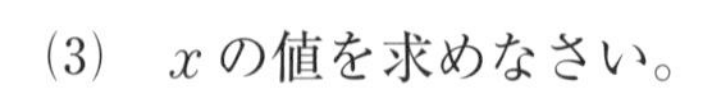

(3) xの値を求めなさい。

[　　　　　]

(4) yの値を求めなさい。

[　　　　　]

3 右の図のように，∠C＝90°の直角三角形ABCの頂点Cから辺ABに垂線CDをひくとき，△ABC∽△ACDとなることを，次のように証明した。□の中をうめなさい。 ……… 各3点

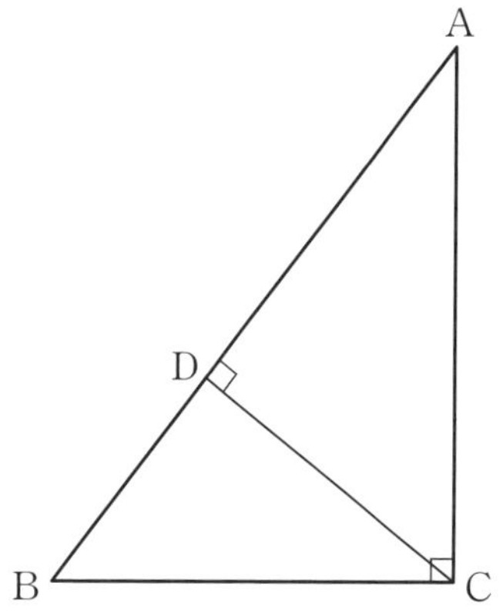

△ABCと△□において，

仮定より，

∠□＝∠□＝90° ……①

∠□は共通 ……②

①，②より，□がそれぞれ等しいから，

△□∽△□

4 右の図について，次の問いに答えなさい。 ……… 各5点

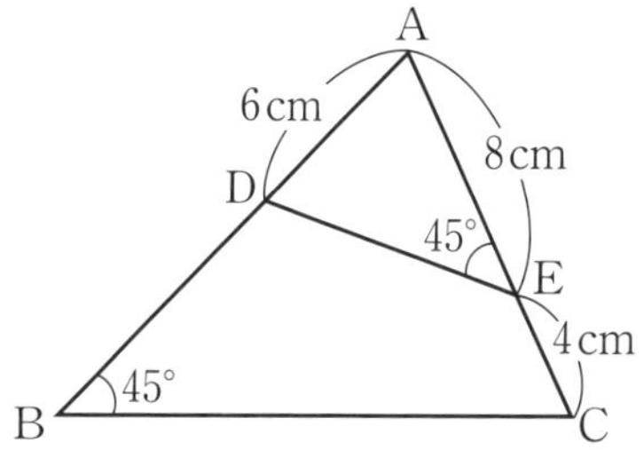

(1) △ABCと△AEDは相似である。そのときに使った相似条件を答えなさい。

[　　　　　　　　]

(2) △ABCと△AEDの相似比を求めなさい。

[　　　　　　　　]

(3) 辺ABの長さを求めなさい。

[　　　　　　　　]

5 右の図で，∠BDE＝∠BFD＝∠BAC＝90°である。次の問いに答えなさい。 ……… 各5点

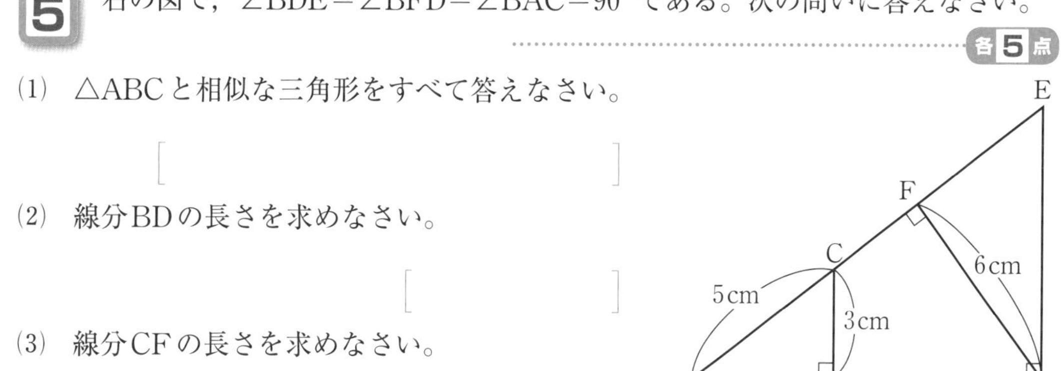

(1) △ABCと相似な三角形をすべて答えなさい。

[　　　　　　　　]

(2) 線分BDの長さを求めなさい。

[　　　　　　　　]

(3) 線分CFの長さを求めなさい。

[　　　　　　　　]

16 相似のまとめ②

1 右の図で，Oは線分AC，BDの交点である。このとき，AB//DC であることを，次のように証明した。□の中をうめなさい。 …… 各2点

ヒント 錯角(さっかく)が等しいことより，AB//DC をいう。
錯角が等しいことをいうために，△AOB と△COD が相似であることを証明する。

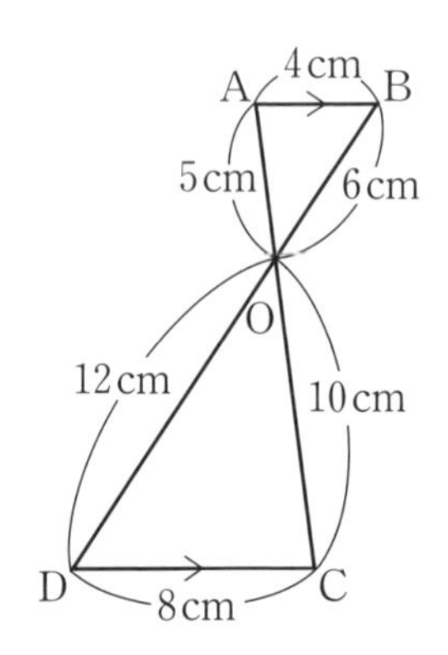

△AOBと△□において，

AB：CD＝□：□，AO：CO＝□：□

BO：□＝1：2だから，

AB：CD＝□：□＝□：□

よって，□がすべて等しいから，

△AOB∽△□

対応する角は等しいから，∠ABO＝∠□

錯角が等しいから，AB//DC

2 右の図で，AD＝9cm，DB＝7cm，AC＝12cm，BC＝10cm である。次の問いに答えなさい。 …… (1) 15点 (2) 10点

(1) △ABC∽△ACD を証明しなさい。

（証明）

(2) 辺DCの長さを求めなさい。

［　　　　］

ヒント 2組の辺の比とその間の角がそれぞれ等しいから，△ABC∽△ACD

3 右の図は，AB＝15 cm，AC＝20 cm，BC＝25 cm，∠A＝90° の直角三角形ABCである。頂点Aから辺BCにひいた垂線をAHとするとき，次の問いに答えなさい。 ……… (1) **20点** (2) **9点**

(1) △ABC∽△HBA を証明しなさい。

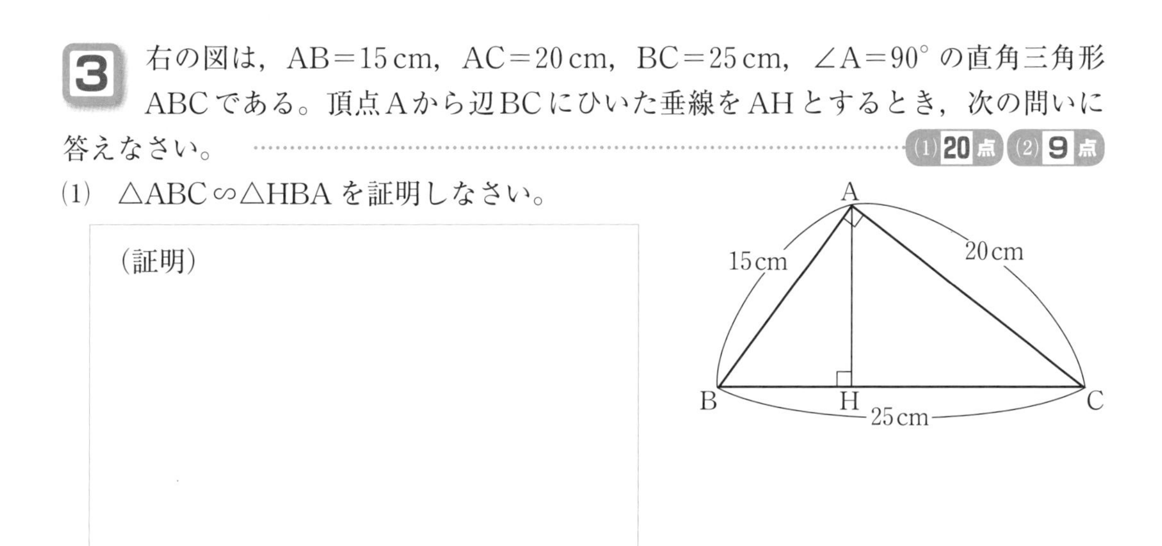

(2) 線分AHの長さを求めなさい。

［　　　　　］

4 右の図のように，高さが18.5mのビルの屋上の地点Pに立って，地点Bを見下ろす角∠BQRを測ったら，30°であった。目の高さPQを1.5mとして，$\frac{1}{400}$ の縮図をかいて，ビルの真下の地点Aから地点Bまでの距離(きょり)ABを求めなさい。

……… **20点**

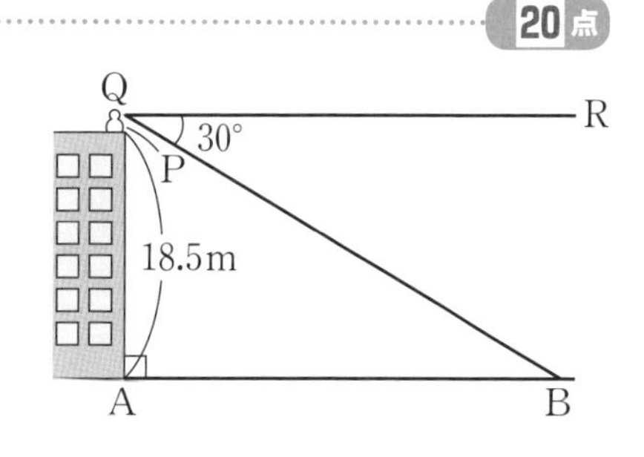

［　　　　　］

17 平行線と線分の比①

1 右の図の△ABCで，DE∥BCのとき，AD：AB＝AE：AC＝DE：BCであることを，次のように証明した。□の中をうめなさい。 ……各5点

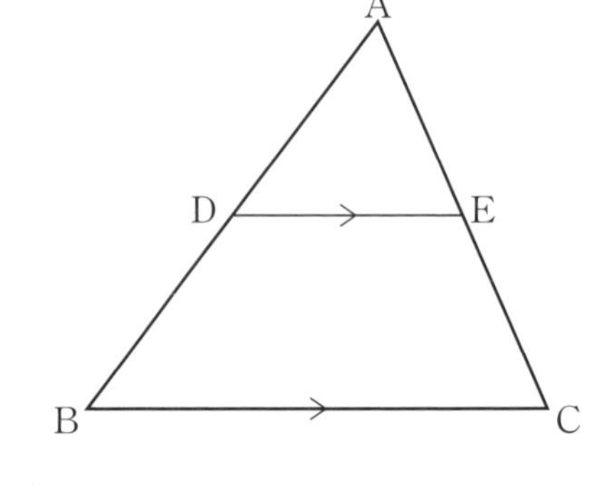

△ADEと△□において，

DE∥BCより，同位角は等しいから，

∠ADE＝∠□ ……①

∠□は共通 ……②

①，②より，□がそれぞれ等しいから，

△ADE∽△□

相似な図形の対応する辺の比は等しいから，

AD：□＝AE：□＝□：BC

Memo 覚えておこう

右の図の△ABCで，辺AB，AC上の点をそれぞれD，Eとする。DE∥BCならば，次の関係が成り立つ。

AD：AB＝AE：AC＝DE：BC

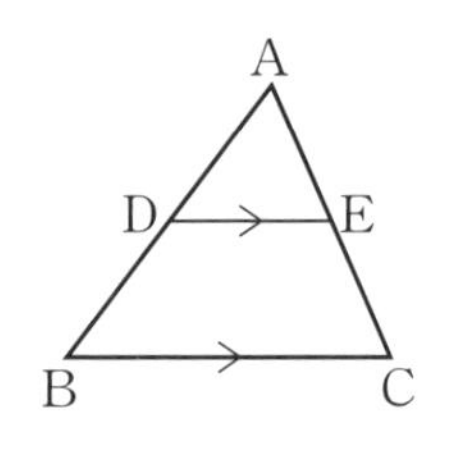

2 右の図の△ABCで，DE∥BCである。次の問いに答えなさい。 ……各9点

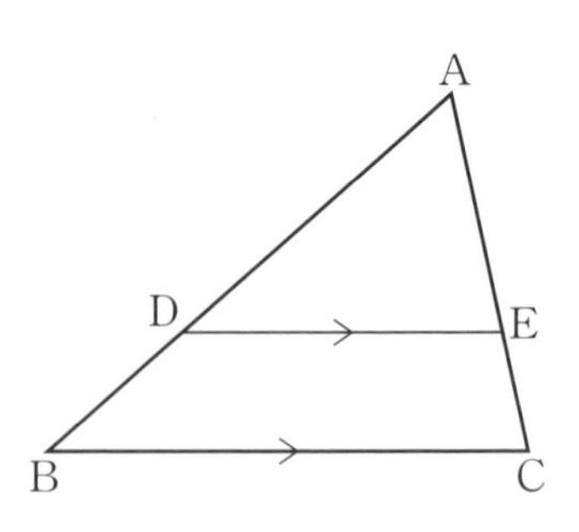

(1) AD＝6cm，AB＝9cm，AE＝4cmのとき，ACの長さを求めなさい。

ヒント AD：AB＝AE：AC

[ ]

(2) AD＝6cm，AB＝9cm，BC＝8.1cmのとき，DEの長さを求めなさい。

[ ]

3 右の図で，２つの線分AEとBDの交点をCとする。AB//DE のとき，次の問いに答えなさい。 各6点

(1) △ABCと相似な三角形を答えなさい。

[　　　　]

(2) x の値を求めなさい。

ヒント AC：EC＝AB：ED

[　　　　]

(3) y の値を求めなさい。

[　　　　]

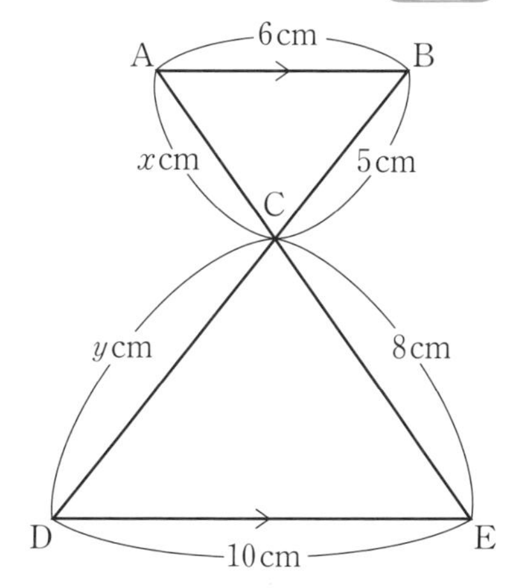

4 下の図で，AB//CD である。x の値を求めなさい。 各6点

(1)

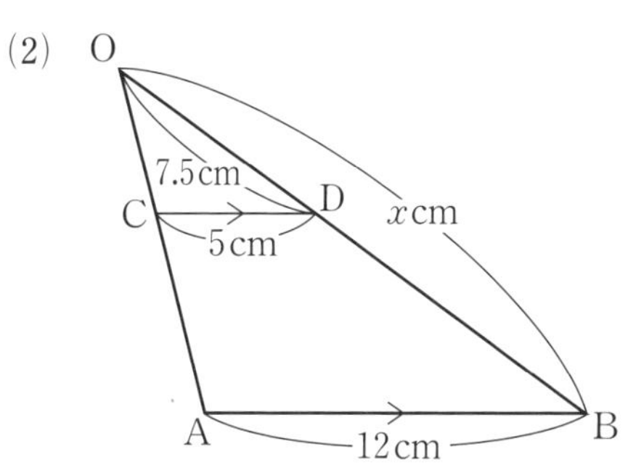

(2)

[　　　　]　　[　　　　]

(3)

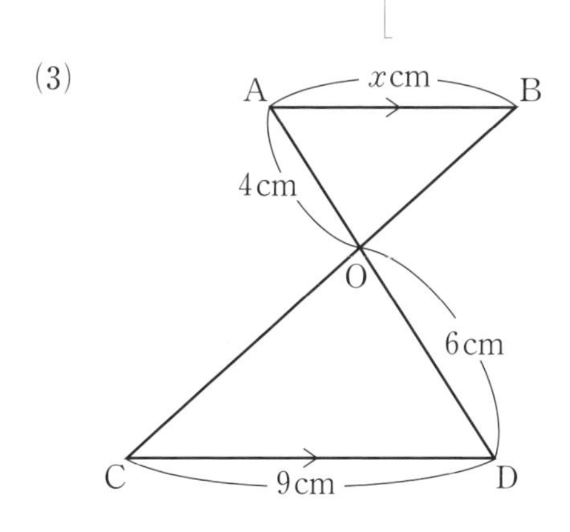

(4)

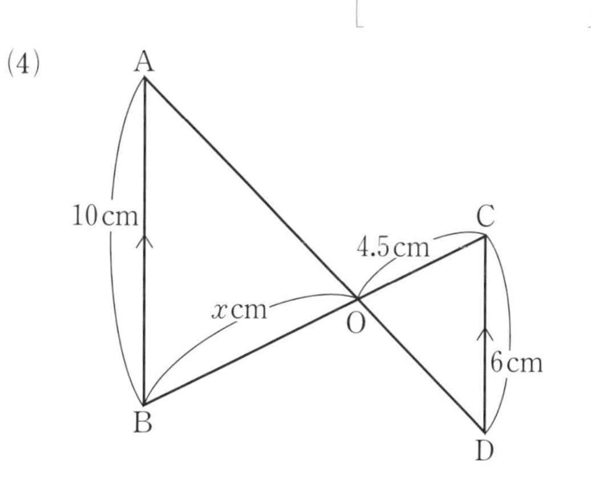

[　　　　]　　[　　　　]

18 平行線と線分の比②

月　日　点　答えは別冊10ページ

1 右の図の△ABCで，DE∥BCのとき，AD：DB＝AE：ECとなることを，次のように証明した。□の中をうめなさい。……各6点

ヒント 点Dを通り線分ACに平行な直線をひくと，四角形DFCEは平行四辺形になる。

点Dを通り線分ACに平行な直線をひき，辺BCとの交点をFとする。
△ADEと△DBFにおいて，
DE∥BCより，同位角は等しいから，

∠ADE＝∠□……①

AC∥DFより，同位角は等しいから，

∠DAE＝∠□……②

①，②より，□がそれぞれ等しいから，△ADE∽△□

よって，AD：□＝AE：□

四角形DFCEは平行四辺形だから，DF＝EC
よって，AD：DB＝AE：EC

Memo 覚えておこう

右の図の△ABCで，辺AB，AC上の点をそれぞれD，Eとする。DE∥BCならば，次の関係が成り立つ。
AD：DB＝AE：EC

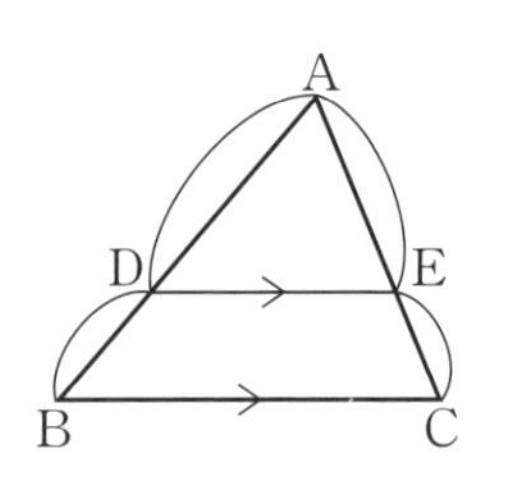

2 **1**で，AD＝6cm，DB＝3cm，AE＝4cm，EC＝$x$cmのとき，xの値を次のように求めた。□の中をうめなさい。……各5点

AD：DB＝AE：□

□：□＝4：x

これを解いて，x＝□

3 下の図で，DE∥BC である。x の値を求めなさい。  各6点

(1)

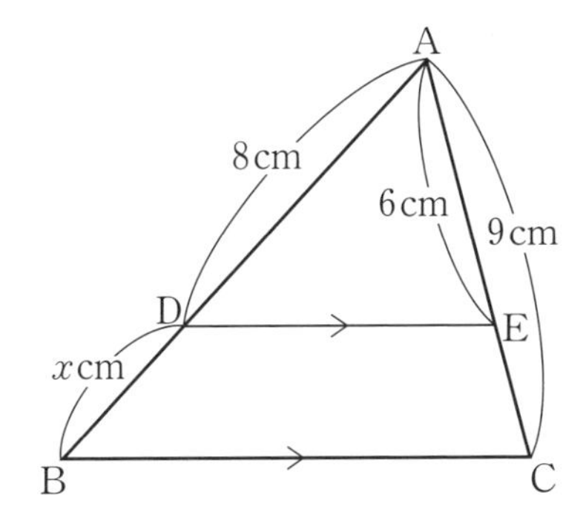

[　　　　]

(2)

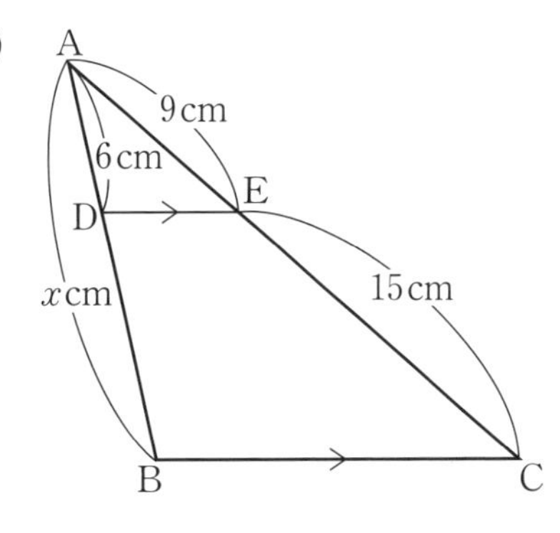

[　　　　]

(3)

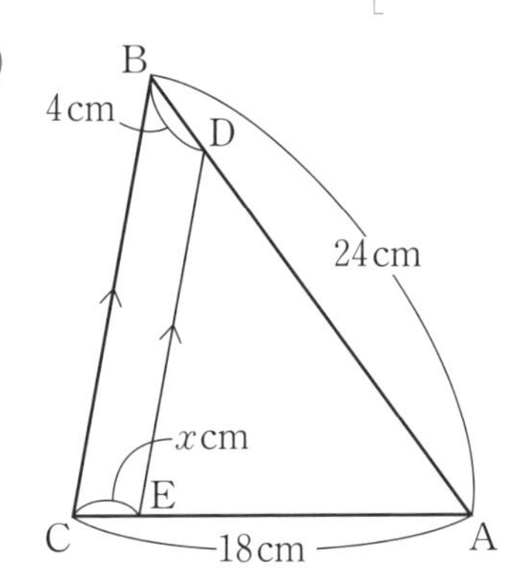

[　　　　]

(4)

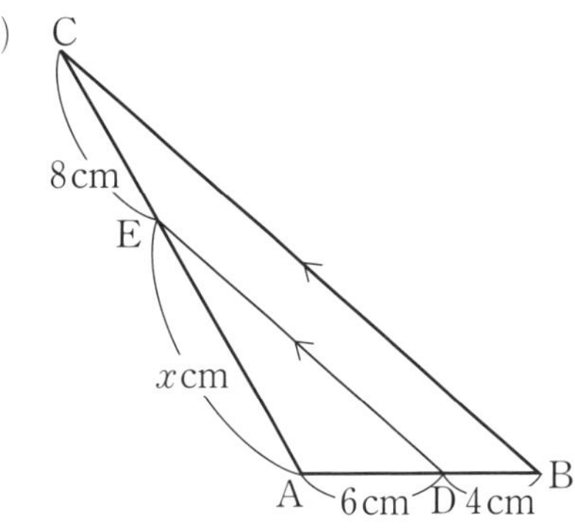

[　　　　]

4 右の図で，BC∥DE，AD：DB＝2：1，AC＝15cm，BC＝10cm である。次の問いに答えなさい。 (1) 8点 (2)，(3) 各6点

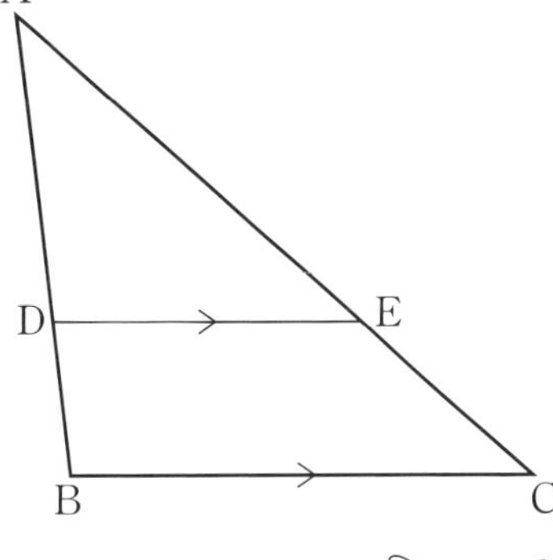

(1) EC＝$x$cm として，比例式をつくりなさい。

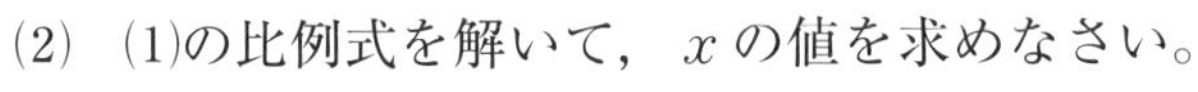
ヒント AEを x を用いて表すと，$(15-x)$cm

[　　　　]

(2) (1)の比例式を解いて，x の値を求めなさい。

[　　　　]

(3) DEの長さを求めなさい。

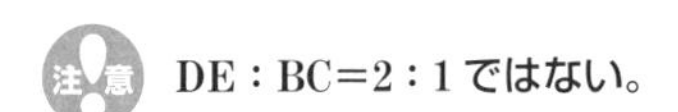
注意 DE：BC＝2：1 ではない。

[　　　　]

19 平行線と線分の比③

月　日　　点　答えは別冊10ページ

1 右の図のように，平行な3つの直線 ℓ，m，n に2つの直線が交わっているとき，AB：BC＝DE：EF であることを，次のように証明した。□の中をうめなさい。 各5点

点Aを通り直線DFに平行な直線をひき，直線BE，CFとの交点をそれぞれG，Hとする。
△ACHで，BG//CH だから，

AB：BC＝□：□ ……①

四角形AGED，四角形GHFEは，ともに□であるから，

AG＝□，GH＝□ ……②

①，②より，

AB：BC＝□：□

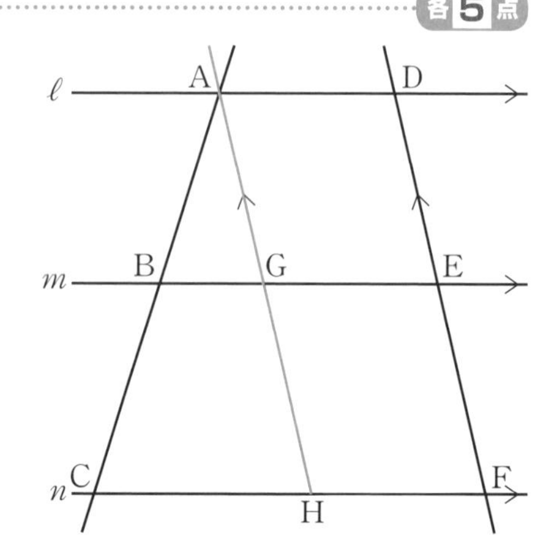

Memo 覚えておこう

右の図で，3つの直線 ℓ，m，n が平行であるとき，次の関係が成り立つ。

$a：b＝c：d$

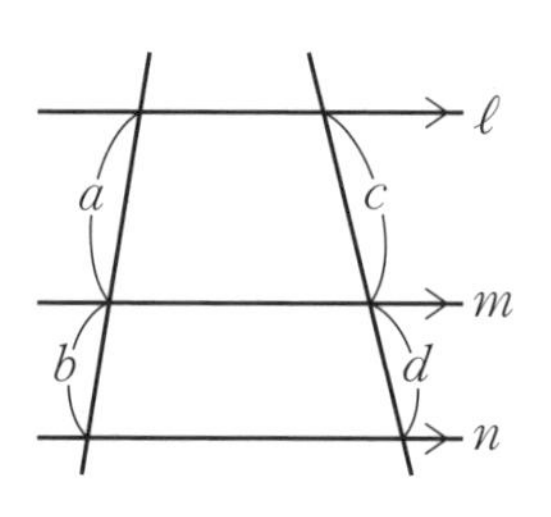

2 1で，AB＝8cm，BC＝6cm，DE＝6cm のとき，EFの長さを求めなさい。 5点

［　　　　］

3 下の図で，3つの直線 ℓ，m，n が平行であるとき，x の値を求めなさい。 各6点

(1)

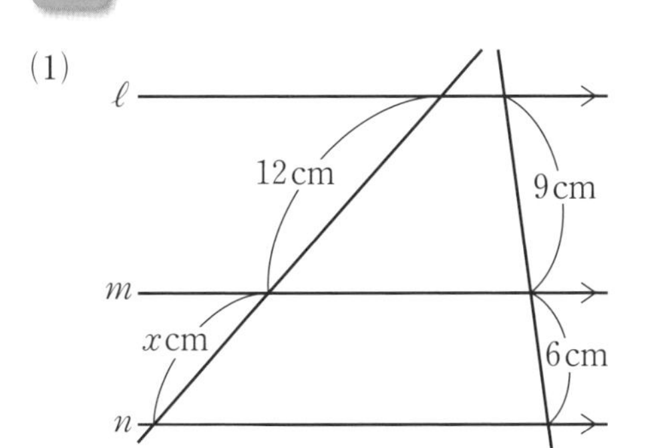

(2)

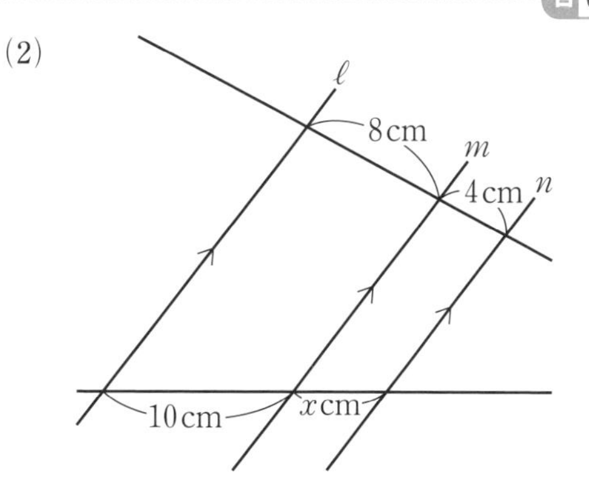

[　　　　　]　　[　　　　　]

4 右の図の四角形ABCDは台形で，点P，Qはそれぞれ辺AB，DC上の点で，PQ//AD，PQ//BC である。次の問いに答えなさい。 各8点

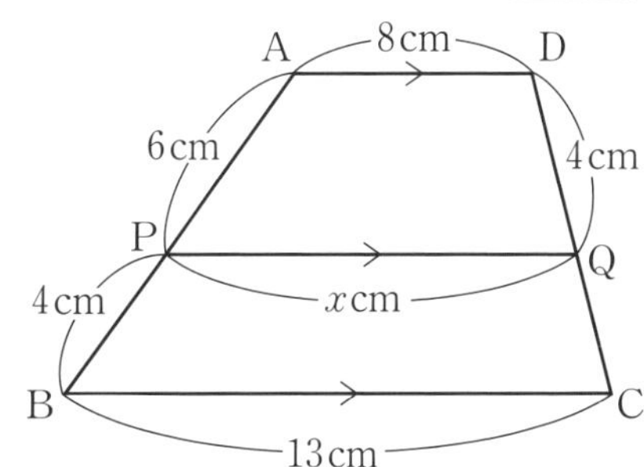

(1) 点Aを通り直線DCに平行な直線を右の図にかき入れて，直線PQ，BCとの交点をそれぞれE，Fとしなさい。

(2) QCの長さを求めなさい。

[　　　　　]

(3) EQの長さを求めなさい。

ヒント 四角形AEQDは平行四辺形

[　　　　　]

(4) BFの長さを求めなさい。

[　　　　　]

(5) PEの長さを求めなさい。

ヒント △APE∽△ABF

[　　　　　]

(6) x の値を求めなさい。

[　　　　　]

20 平行線と線分の比④

月　日　点　答えは別冊11ページ

1 △ABCの辺AB，AC上の点をそれぞれP，Qとするとき，

(1)　AP：AB＝AQ：AC ならば，PQ∥BC

(2)　AP：PB＝AQ：QC ならば，PQ∥BC

を，次のように証明した。□の中をうめなさい。　**各5点**

〔(1)の証明〕

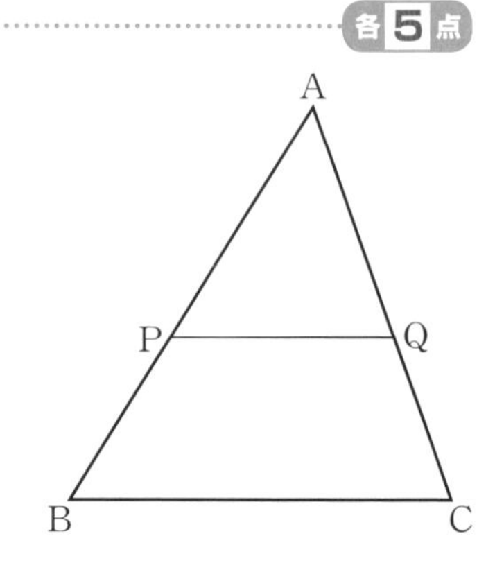

△APQと△ABCにおいて，仮定より，

AP：AB＝□：□ ……①

また，∠□は共通 ……②

①，②より，□が

それぞれ等しいから，△APQ∽△□

よって，∠□＝∠B

したがって，同位角が等しいから，

〔(2)の証明〕

点Cを通り線分ABに平行な直線をひき，
PQの延長との交点をRとする。
△APQと△CRQにおいて，
AB∥RCより，錯角（さっかく）は等しいから，
∠PAQ＝∠RCQ ……①
対頂角は等しいから，∠AQP＝∠CQR ……②
①，②より，２組の角がそれぞれ等しいから，

よって，AP：CR＝AQ： ……③

また，仮定より，AP：PB＝AQ：CQ ……④

③，④より，AP：CR＝AP：□

よって，CR＝□

したがって，CR＝PB，CR∥PBより，四角形PBCRは平行四辺形であり，

PQ∥□

Memo 覚えておこう

△ABCの辺AB，AC上の点をそれぞれP，Qとするとき，

(1) AP：AB＝AQ：ACならば，
PQ∥BC

(2) AP：PB＝AQ：QCならば，
PQ∥BC

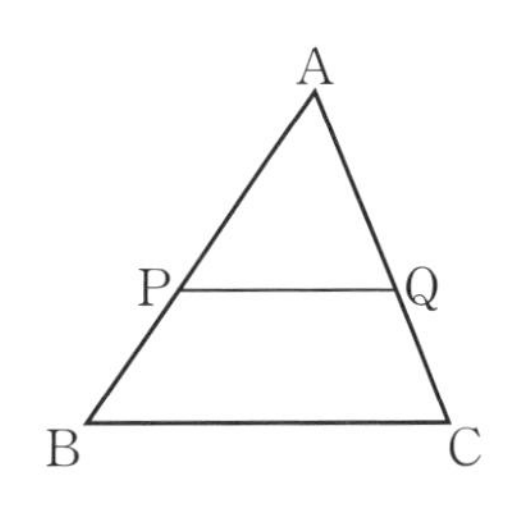

2

右の図で，次の2つの線分が平行であれば○を，平行でなければ×を，[ ]の中に書きなさい。 各5点

(1) ABとEF

[ ]

(2) BCとDF

[ ]

(3) ACとDE

[ ]

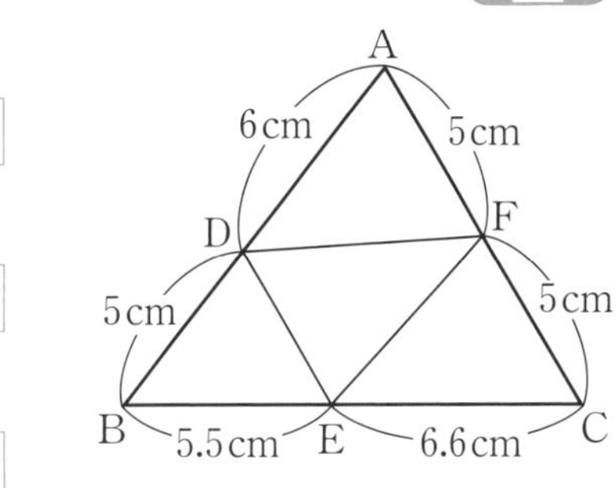

3

右の図は，線分ABと点Aからひいた半直線AXである。次の手順にしたがって，線分ABを3等分しなさい。 10点

① AX上に点Aから順に，等間隔(とうかんかく)に3点P_1，P_2，P_3をとる。(P_1の位置は適当でよい。)

② 点P_3とBを結ぶ。

③ 点P_1，P_2からP_3Bと平行な直線をひき，ABとの交点をそれぞれQ_1，Q_2とする。(Q_1，Q_2は線分ABを3等分する点となる。)

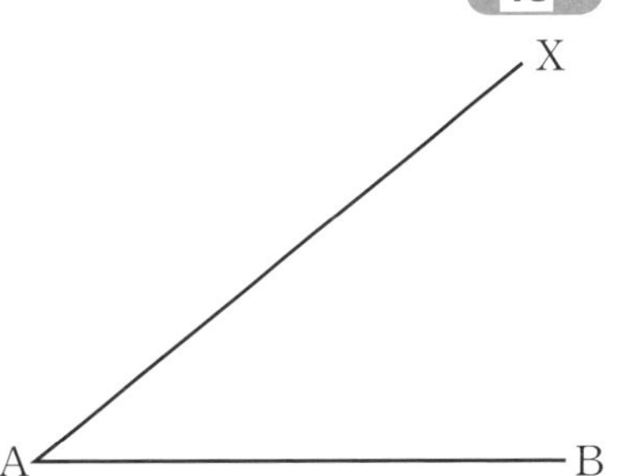

4

3と同様な方法で，下の線分ABを5等分しなさい。 10点

A―――――――B

21 平行線と線分の比⑤

月　日　点　答えは別冊11ページ

1 下の図の三角錐(さんかくすい)OABCで，面ABCと面DEFは平行である。xの値を求めなさい。 6点

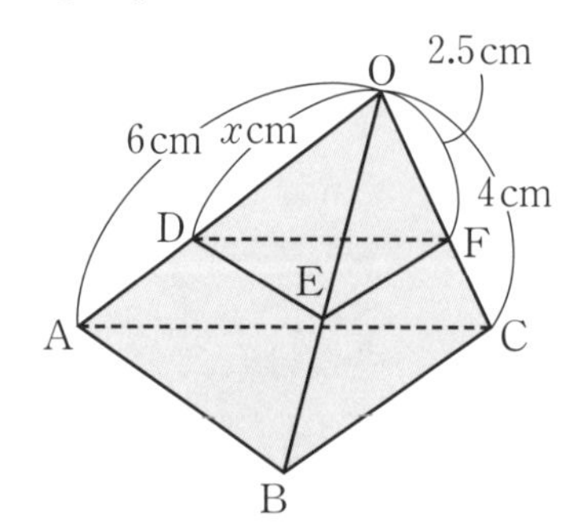

[　　　　]

2 右の図の正四角錐OABCDで，面ABCDと面EFGHは平行である。対角線ACを1：2に分ける点をI，直線OIとEGの交点をJとする。AC＝9cm, OE：EA＝2：1のとき，次の問いに答えなさい。 各7点

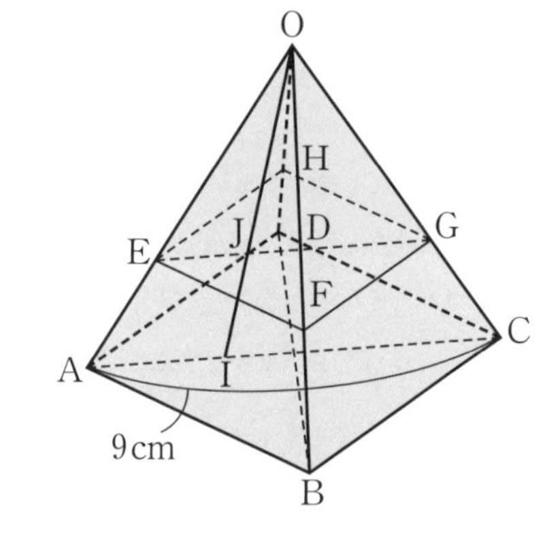

(1) AIの長さを求めなさい。

[　　　　]

(2) EJの長さを求めなさい。

[　　　　]

(3) OJ＝6cmのとき，OIの長さを求めなさい。

[　　　　]

(4) AGとOIの交点をKとするとき，JK：KIを求めなさい。

[　　　　]

3 右の図のように，平行な３つの平面P，Q，Rに２つの直線ℓ，mが交わっている。また，点A，Fを通る直線が直線CD上の点Gで交わっている。
AB＝8cm，EF＝16cm，AC：CE＝3：2のとき，次の問いに答えなさい。　各6点

⑴ AC：AE を求めなさい。

[　　　　]

⑵ CG：EF を求めなさい。

[　　　　]

⑶ CGの長さを求めなさい。

[　　　　]

⑷ CDの長さを求めなさい。

[　　　　]

⑸ AB：CD を求めなさい。

[　　　　]

ℓ　m
8cm
A　B
P
C　G　D
Q
E　F
R　16cm

4 右の図のように，平行な３つの平面P，Q，Rに２つの直線ℓ，mが交わっている。このとき，AB：BC＝A′B′：B′C′ であることを，次のように証明した。□の中をうめなさい。　各4点

点A′を通り直線ℓに平行な直線をひき，平面Q，Rとの交点をそれぞれD，Eとする。
３つの平面P，Q，Rは平行であるから，
四角形ABDA′，四角形□はともに□である。
よって，A′D＝□，DE＝□ ……①
△A′EC′で，平面Q//平面Rだから，
DB′//□
よって，A′D：DE＝□：□ ……②
①，②より，AB：BC＝□：□

ℓ　m
A′
P　A
Q　B　D　B′
R　C　E　C′

22 中点連結定理①

月　日　点　答えは別冊12ページ

1 △ABCの2辺AB，ACの中点をそれぞれM，Nとするとき，MN//BC，$MN=\frac{1}{2}BC$であることを，次のように証明した。□の中をうめなさい。

各6点

△ABCと△AMNにおいて，
点M，Nはそれぞれ辺AB，ACの中点だから，

AB：AM＝□：□＝2：1

∠Aは共通

□がそれぞれ等しいから，

△ABC∽△□

2つの三角形の相似比は2：1であるから，

$MN=\frac{1}{2}$□

相似な図形の対応する角は等しいから，

∠B＝∠□

よって，同位角が等しいから，MN//BC

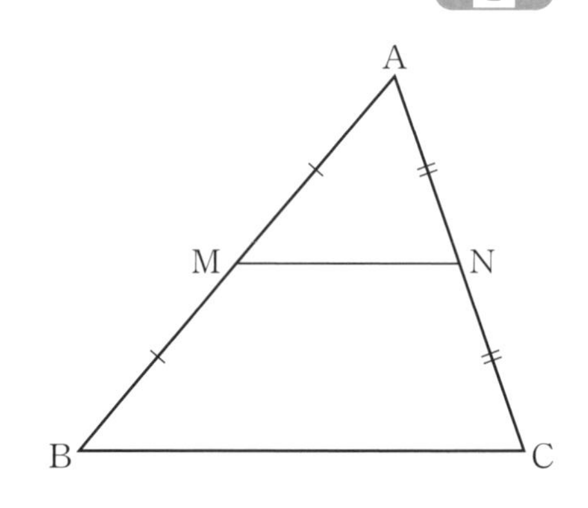

Memo 覚えておこう

●中点連結定理

△ABCの2辺AB，ACの中点をそれぞれM，Nとすると，

MN//BC

$MN=\frac{1}{2}BC$

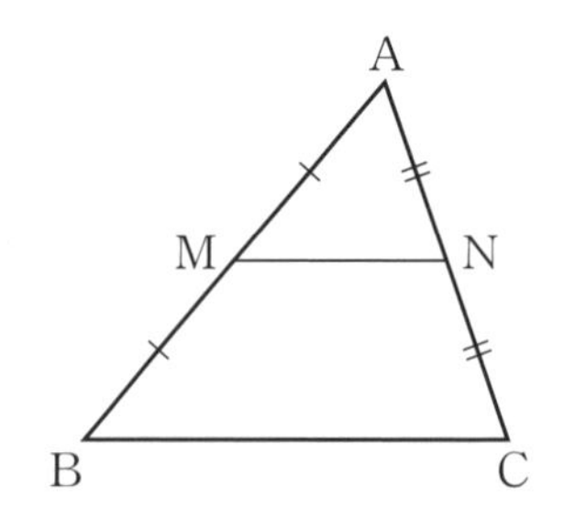

2 **1**で，BC＝12cmのとき，MNの長さを求めなさい。　7点

[　　　　]

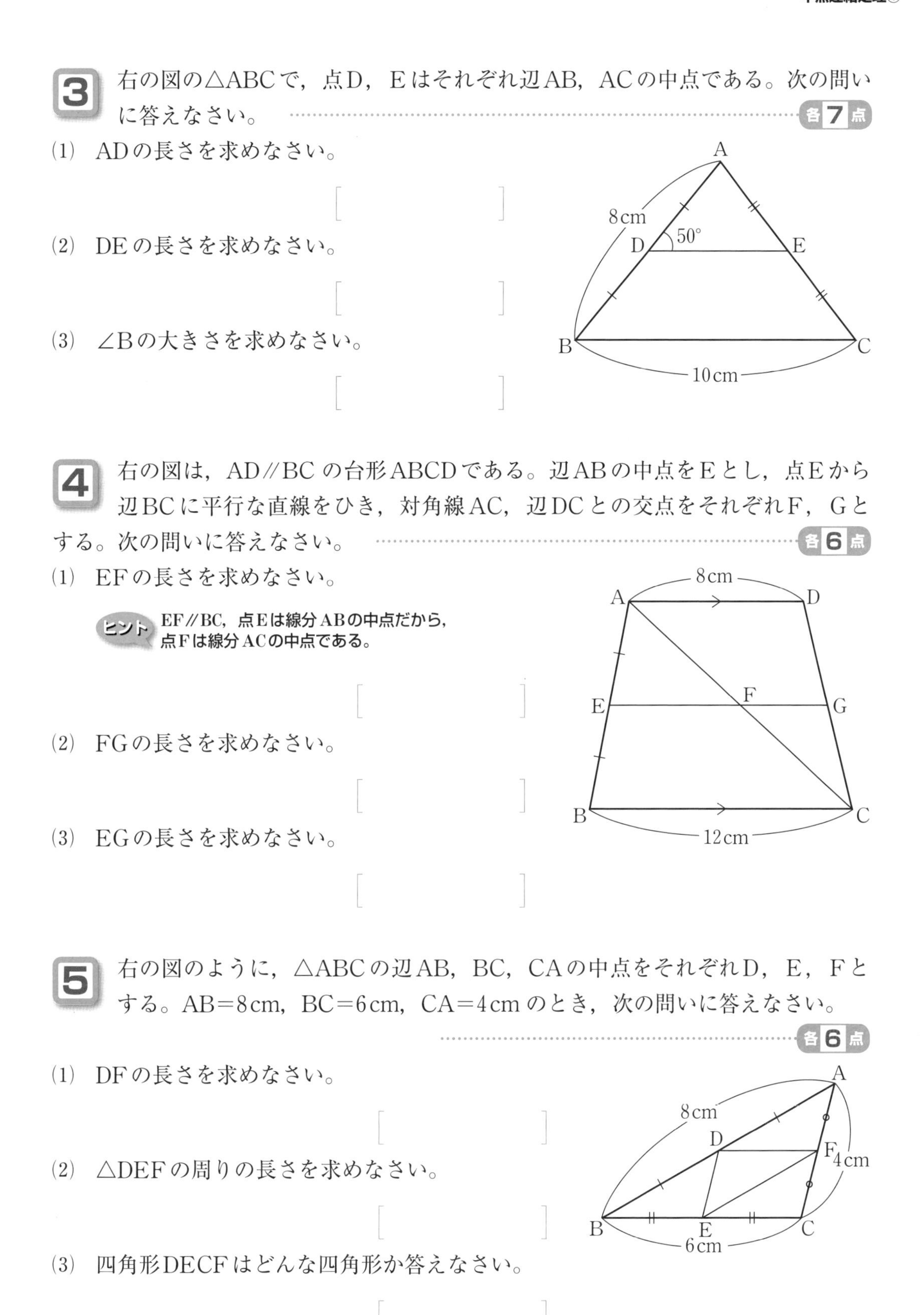

3 右の図の△ABCで，点D，Eはそれぞれ辺AB，ACの中点である。次の問いに答えなさい。 **各7点**

(1) ADの長さを求めなさい。

［　　　　］

(2) DEの長さを求めなさい。

［　　　　］

(3) ∠Bの大きさを求めなさい。

［　　　　］

4 右の図は，AD∥BCの台形ABCDである。辺ABの中点をEとし，点Eから辺BCに平行な直線をひき，対角線AC，辺DCとの交点をそれぞれF，Gとする。次の問いに答えなさい。 **各6点**

(1) EFの長さを求めなさい。

ヒント EF∥BC，点Eは線分ABの中点だから，点Fは線分ACの中点である。

［　　　　］

(2) FGの長さを求めなさい。

［　　　　］

(3) EGの長さを求めなさい。

［　　　　］

5 右の図のように，△ABCの辺AB，BC，CAの中点をそれぞれD，E，Fとする。AB＝8cm，BC＝6cm，CA＝4cmのとき，次の問いに答えなさい。 **各6点**

(1) DFの長さを求めなさい。

［　　　　］

(2) △DEFの周りの長さを求めなさい。

［　　　　］

(3) 四角形DECFはどんな四角形か答えなさい。

［　　　　］

23 中点連結定理②

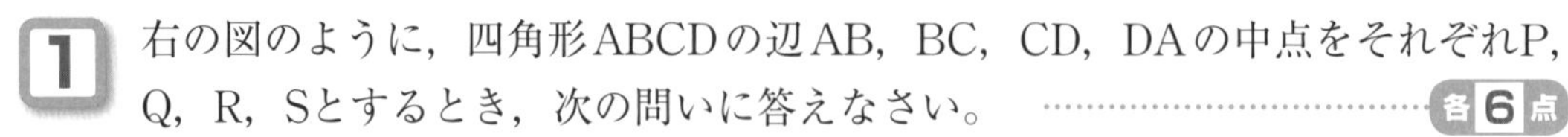

1 右の図のように，四角形ABCDの辺AB，BC，CD，DAの中点をそれぞれP，Q，R，Sとするとき，次の問いに答えなさい。 各6点

(1) AC＝12 cm のとき，PQの長さを求めなさい。

ヒント △ABCで，中点連結定理を使う。

[　　　　]

(2) BDと平行な線分を2つ答えなさい。

[　　　　]

(3) 四角形PQRSはどんな四角形か答えなさい。

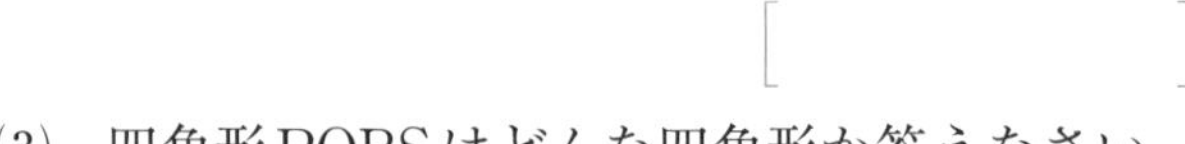

[　　　　]

2 右の図は，ひし形ABCDで，辺AB，BC，CD，DAの中点をそれぞれP，Q，R，Sとする。AC＝10 cm，BD＝14 cm のとき，次の問いに答えなさい。

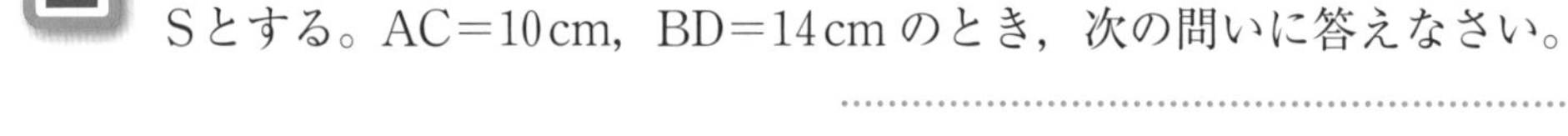
各6点

(1) PQの長さを求めなさい。

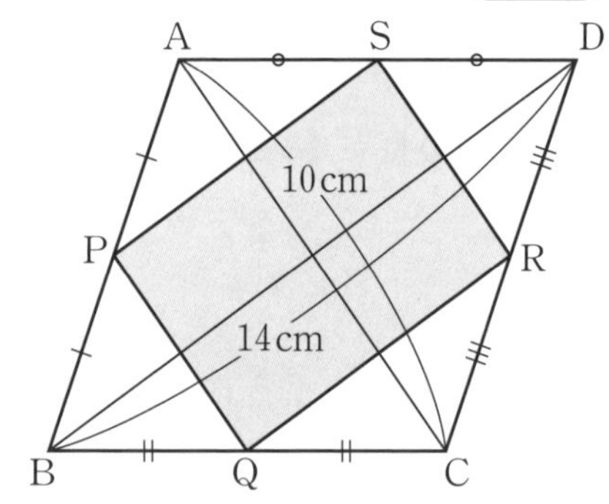

[　　　　]

(2) QRの長さを求めなさい。

[　　　　]

(3) ∠SPQの大きさを求めなさい。

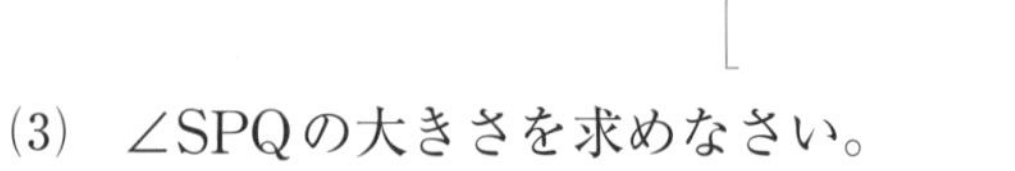

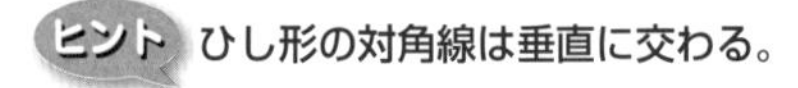
ヒント ひし形の対角線は垂直に交わる。

[　　　　]

(4) ∠PQRの大きさを求めなさい。

[　　　　]

(5) 四角形PQRSはどんな四角形か答えなさい。

[　　　　]

3 △ABCの辺ABの中点Pを通り，辺BCに平行な直線が辺ACと交わる点をQとすれば，点Qは辺ACの中点であることを，次のように証明した。□の中をうめなさい。 ……………… 各7点

ヒント △ABCと△APQの相似を考える。

△ABCと△APQにおいて，
PQ//BC より，同位角は等しいから，

∠B＝∠□ ……①

∠Aは共通 ……②

①，②より，□がそれぞれ等しいから，

△ABC∽△□

2つの三角形の相似比は2：1であるから，

AQ＝$\frac{1}{2}$□

よって，点Qは辺ACの中点である。

●Memo 覚えておこう●

●中点連結定理の逆
△ABCの辺ABの中点Pを通り，辺BCに平行な直線が辺ACと交わる点をQとすれば，点Qは辺ACの中点である。

4 右の図は，AD//BC，AD＝3cm，BC＝5cmの台形ABCDである。辺ABの中点をM，点Mを通り辺BCに平行な直線と辺DCとの交点をNとし，ANの延長とBCの延長との交点をLとする。次の問いに答えなさい。 ……………… 各8点

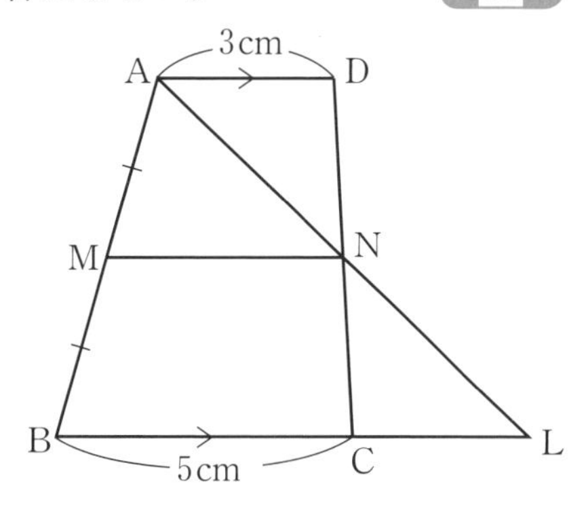

(1) DN：DC を求めなさい。

ヒント MはABの中点，MN//BC

［　　　　　］

(2) CLの長さを求めなさい。

［　　　　　］

(3) MNの長さを求めなさい。

［　　　　　］

24 中点連結定理③

1 右の図は，AC＝16cm，BC＝12cm，∠C＝90°の直角三角形ABCである。辺BCの中点をD，BDの中点をEとし，２点D，Eから辺ACに平行な直線をそれぞれひき，これらの直線と辺ABとの交点を図のようにF，Gとする。さらに，GCとFDの交点をHとする。次の問いに答えなさい。

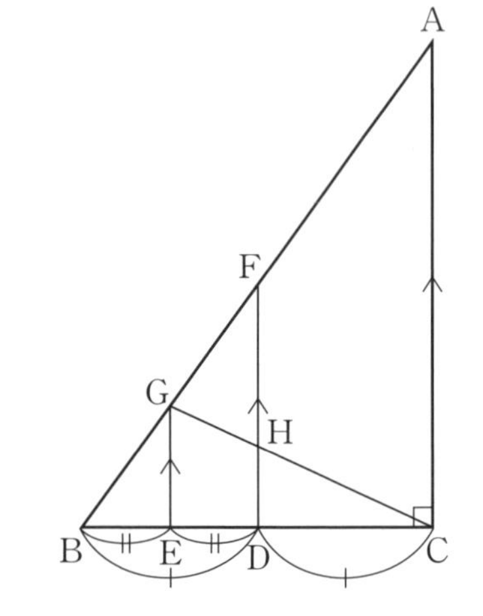

(1) FDの長さを求めなさい。

［　　　　　］

(2) GEの長さを求めなさい。

［　　　　　］

(3) HD：GE を求めなさい。

［　　　　　］

(4) FHの長さを求めなさい。

［　　　　　］

2 右の図の△ABCで，点Dは辺ACの中点，点E，Fは辺BCを３等分する点である。BDとAEの交点をGとするとき，次の問いに答えなさい。

各8点

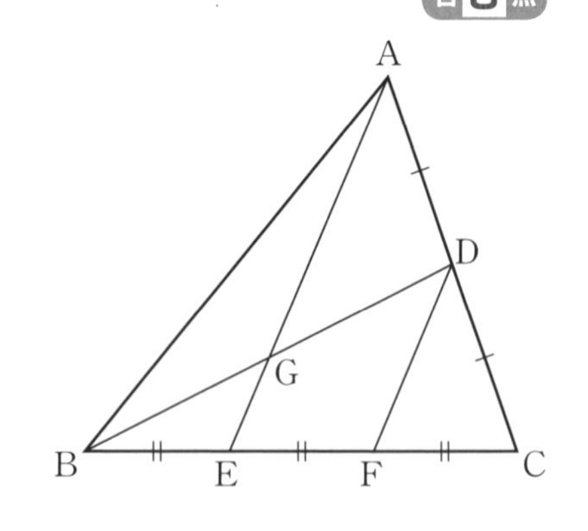

(1) AE：DF を求めなさい。

［　　　　　］

(2) GE：DF を求めなさい。

［　　　　　］

(3) AG：GE を求めなさい。

［　　　　　］

3

右の図の△ABCで，点D，Eは辺ABを3等分する点であり，点Fは辺ACの中点である。DFの延長とBCの延長との交点をGとするとき，次の問いに答えなさい。 …………………… □，［ ］各4点

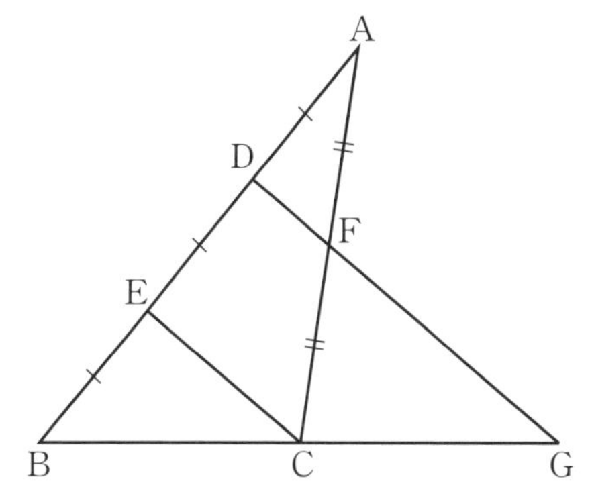

(1) BC＝CG であることを，次のように証明した。□の中をうめなさい。

△AECにおいて，仮定より，

AD＝□，AF＝□ だから，

中点連結定理より，DF∥□ ……①

△BGDにおいて，仮定より，

BE＝□

①から，DG∥□

よって，BC＝CG

(2) EC＝4cm のとき，FGの長さを求めなさい。

［　　　　　］

4

右の図の四角形ABCDで，辺AD，辺BC，対角線BDの中点をそれぞれM，N，Pとするとき，次の問いに答えなさい。 …………………… □，［ ］各4点

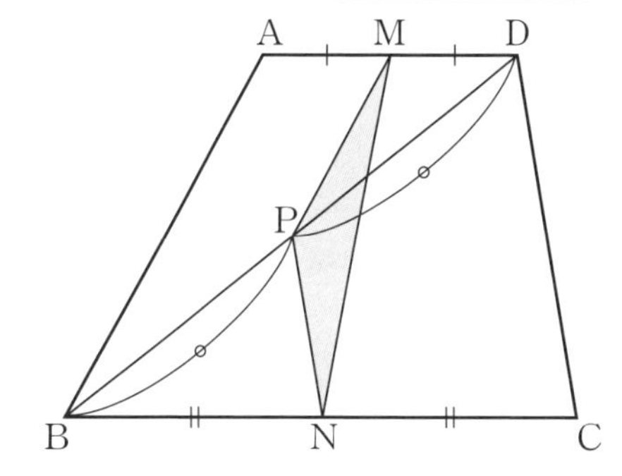

(1) MP：AB を求めなさい。

［　　　　　］

(2) AB＝DC のとき，△PNMは二等辺三角形であることを，次のように証明した。□の中をうめなさい。

△DABで，

DM＝□，DP＝□ だから，

中点連結定理より，MP＝$\frac{1}{2}$□

同様に，△BCDで，NP＝$\frac{1}{2}$□

仮定より，AB＝DC だから，

MP＝□

よって，△PNMは二等辺三角形である。

 平行線と線分の比のまとめ①

 月　日  点　答えは別冊13ページ

1 下の図で，x の値を求めなさい。 各6点

(1) DE∥BC　(2) DE∥BC　(3) AB∥CD

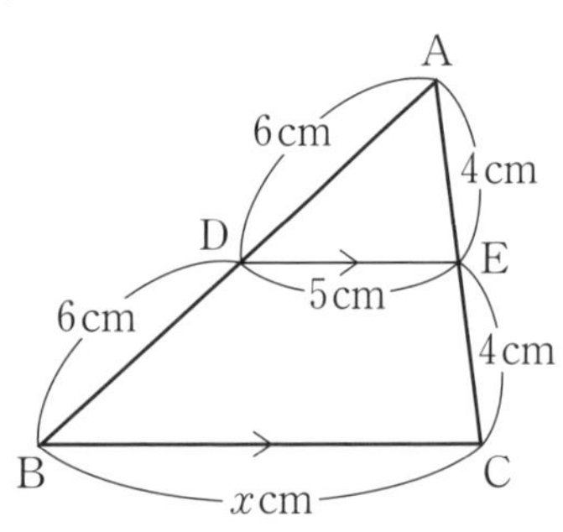

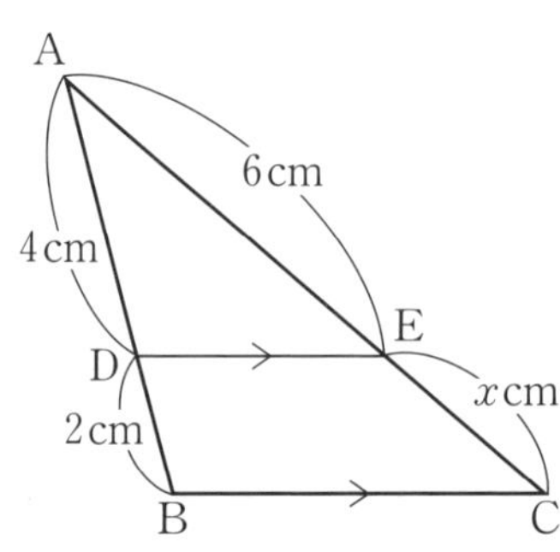

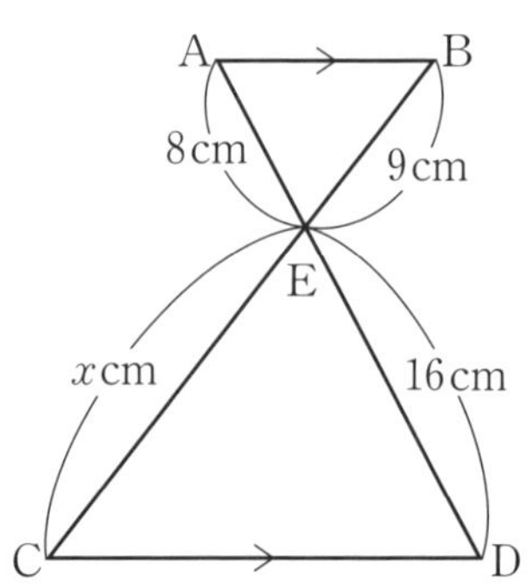

[　　　　]　[　　　　]　[　　　　]

2 下の図で，x，y の値を求めなさい。 [ ]各7点

(1) EC∥FD，BD＝DC　(2) DE，FG，BCは平行

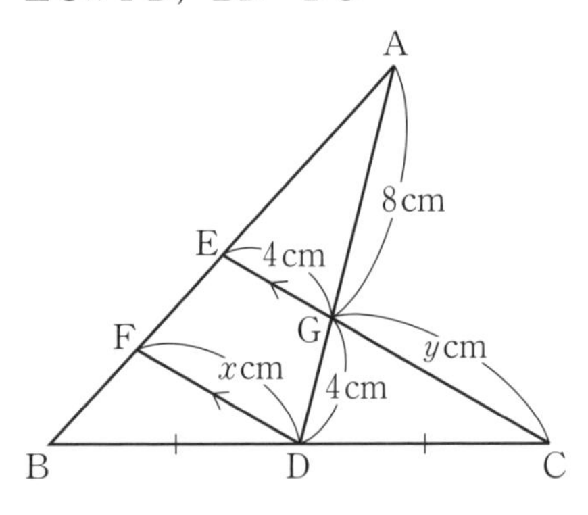

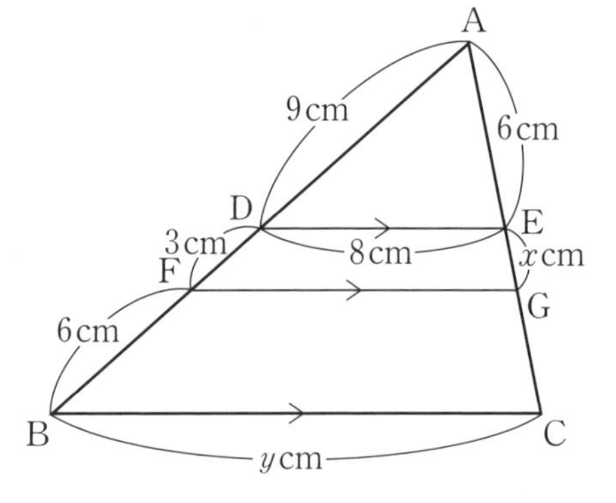

ヒント △AEG∽△AFD より x を求める。△BCE で中点連結定理を用いる。

ヒント △ADE，△AFG，△ABCは相似である。

[x＝　　]
[y＝　　]

[x＝　　]
[y＝　　]

3

下の図で，3つの直線ℓ，m，nが平行であるとき，x，yの値を求めなさい。

[ ] 各6点

(1)

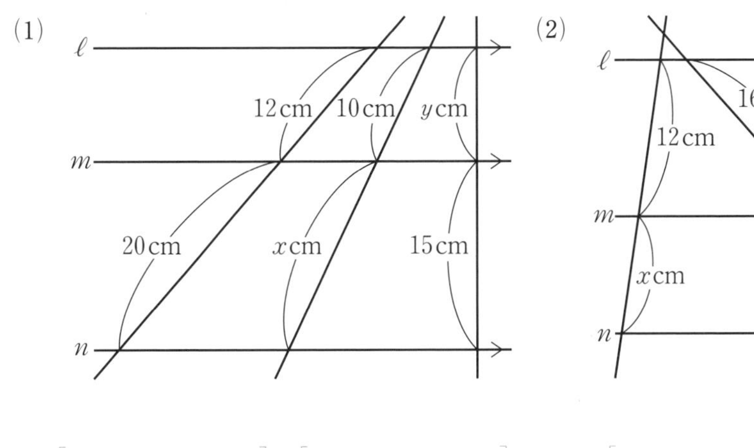

[$x=$] [$y=$]

(2)

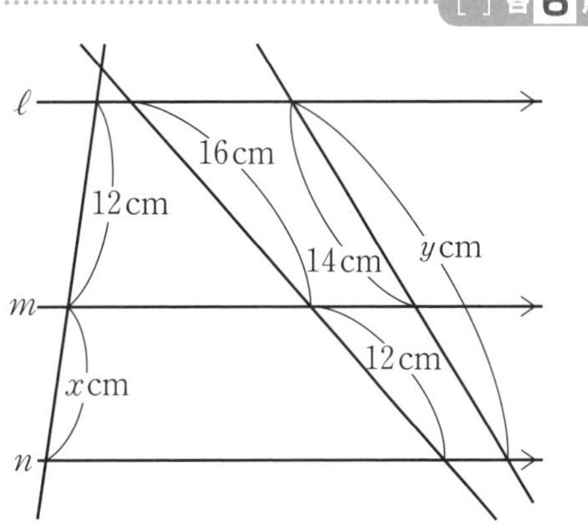

[$x=$] [$y=$]

(3)

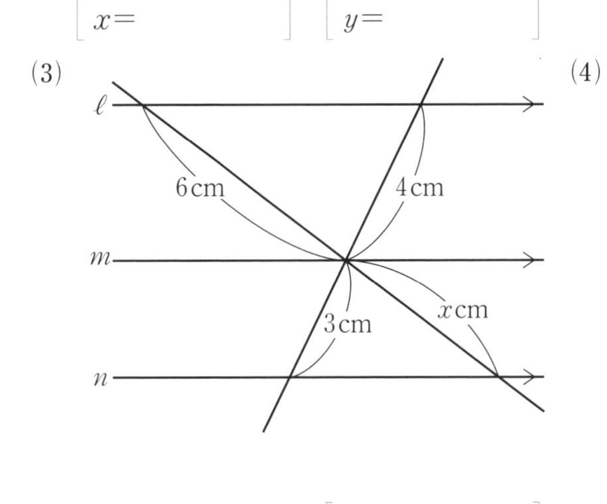

[$x=$]

(4)

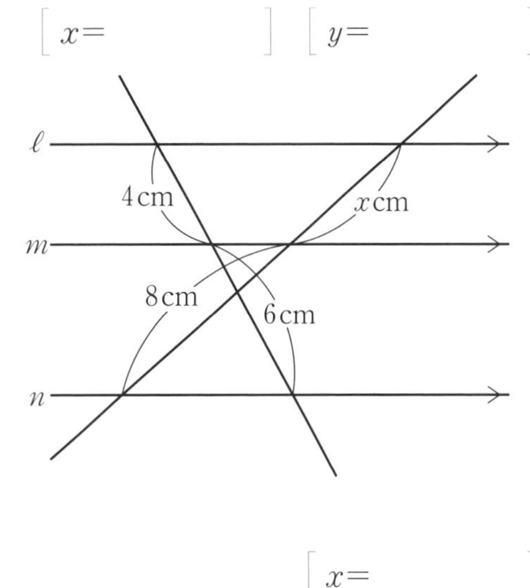

[$x=$]

4

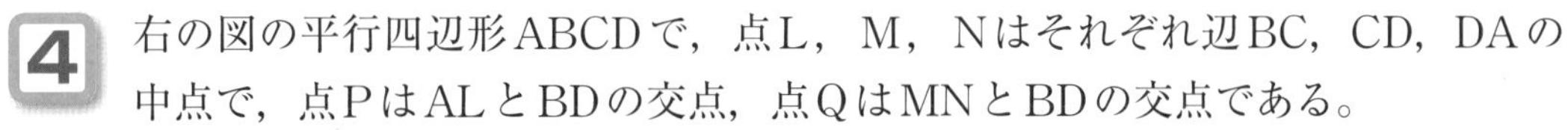

右の図の平行四辺形ABCDで，点L，M，Nはそれぞれ辺BC，CD，DAの中点で，点PはALとBDの交点，点QはMNとBDの交点である。

BD＝24cmのとき，次の問いに答えなさい。

各6点

(1) BPの長さを求めなさい。

ヒント BP：PD＝BL：AD

[ ]

(2) DQの長さを求めなさい。

ヒント 対角線ACをひく。

[ ]

(3) PQの長さを求めなさい。

[ ]

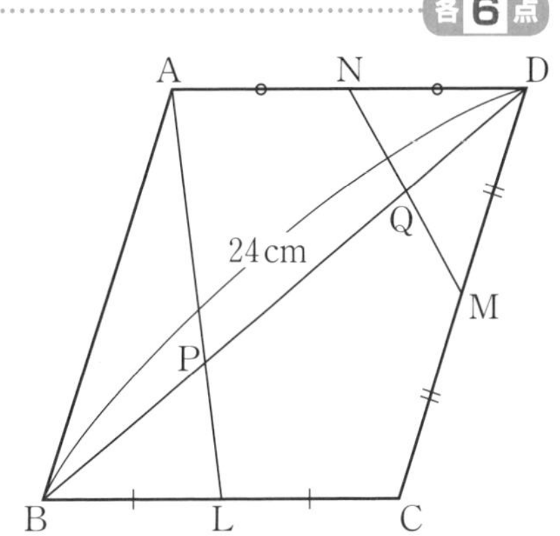

26 平行線と線分の比のまとめ②

1

右の図で，AB∥DF，EB＝BF＝FC，AB＝12cm のとき，次の問いに答えなさい。 各6点

(1) DFの長さを求めなさい。

ヒント 中点連結定理を用いる。

[　　　　]

(2) BGの長さを求めなさい。

[　　　　]

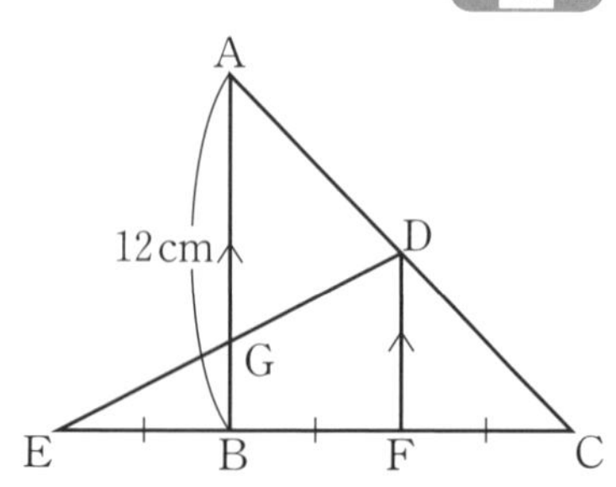

2

右の図で，3つの線分AD，EF，BCは平行で，Pは3つの線分AC，BD，EFの交点である。AD＝6cm，BC＝12cm のとき，次の問いに答えなさい。 各6点

(1) AP：PCを求めなさい。

[　　　　]

(2) EPの長さを求めなさい。

[　　　　]

(3) EFの長さを求めなさい。

[　　　　]

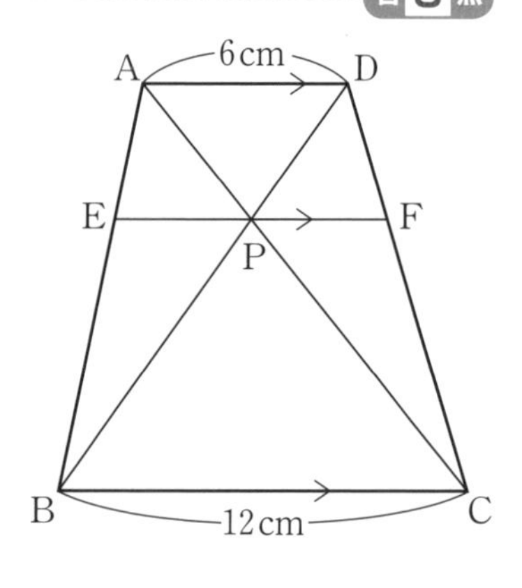

3

右の図の△ABCで，点D，Eはそれぞれ辺AB，ACの中点である。CDとBEの交点をFとするとき，次の問いに答えなさい。 各6点

(1) EF：FBを求めなさい。

[　　　　]

(2) △DBFの面積は，△DFEの面積の何倍か求めなさい。

[　　　　]

(3) △DBCの面積は，△DFEの面積の何倍か求めなさい。

[　　　　]

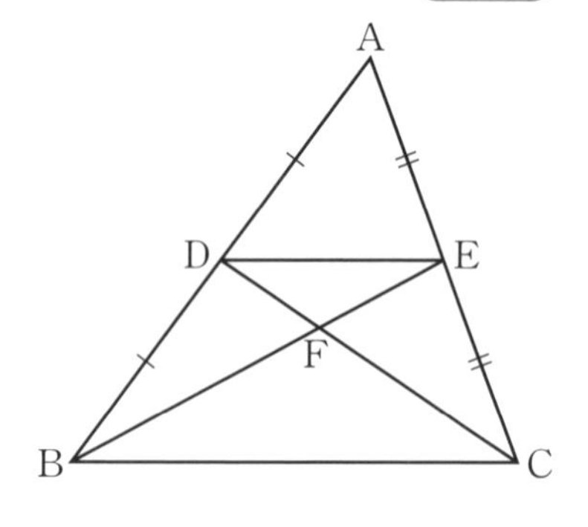

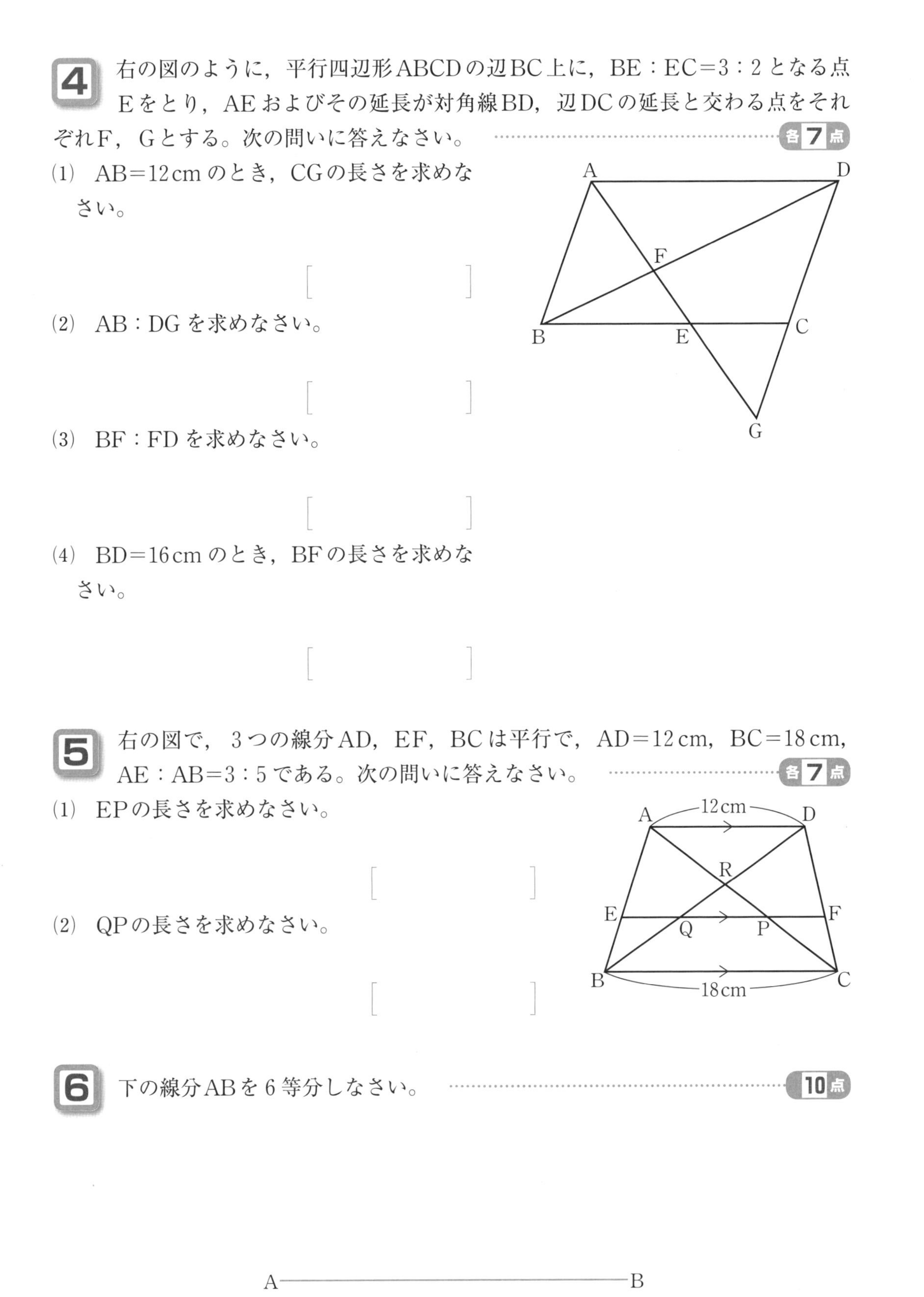

4 右の図のように，平行四辺形ABCDの辺BC上に，BE：EC＝3：2となる点Eをとり，AEおよびその延長が対角線BD，辺DCの延長と交わる点をそれぞれF，Gとする。次の問いに答えなさい。 各7点

(1) AB＝12cmのとき，CGの長さを求めなさい。

(2) AB：DGを求めなさい。

(3) BF：FDを求めなさい。

(4) BD＝16cmのとき，BFの長さを求めなさい。

5 右の図で，3つの線分AD，EF，BCは平行で，AD＝12cm，BC＝18cm，AE：AB＝3：5である。次の問いに答えなさい。 各7点

(1) EPの長さを求めなさい。

(2) QPの長さを求めなさい。

6 下の線分ABを6等分しなさい。 10点

27 相似な図形の面積比①

月　日　点　答えは別冊14ページ

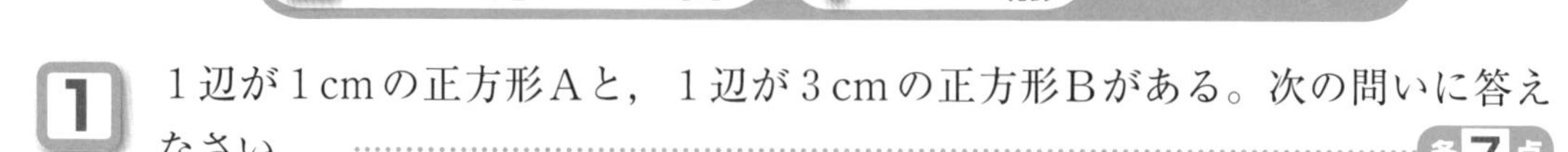

1 1辺が1 cmの正方形Aと，1辺が3 cmの正方形Bがある。次の問いに答えなさい。　各7点

(1) 正方形Aと正方形Bの相似比を求めなさい。

[　　　　]

(2) 正方形Aと正方形Bの面積の比を求めなさい。

[　　　　]

2 右の図のような，相似な直角三角形△ABCと△DEFがある。次の問いに答えなさい。　各7点

(1) △ABCと△DEFの相似比を求めなさい。

[　　　　]

(2) △ABCと△DEFの面積の比を求めなさい。

[　　　　]

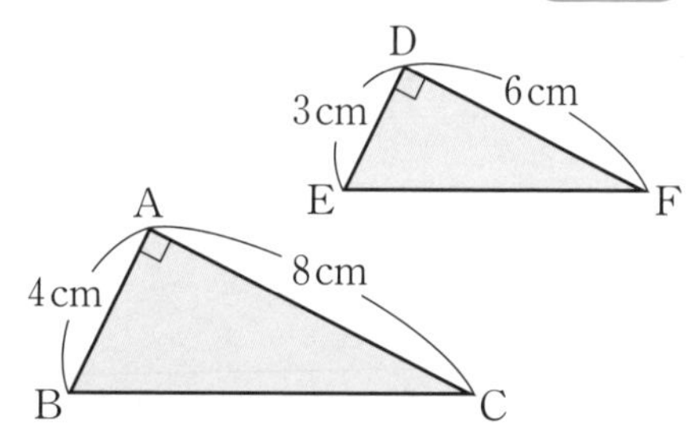

3 1辺が2 cmの正方形Aと，1辺がk cmの正方形Bがある。次の問いに答えなさい。　各7点

(1) 正方形Aと正方形Bの相似比を求めなさい。

[　　　　]

(2) 正方形Aと正方形Bの面積の比を求めなさい。

[　　　　]

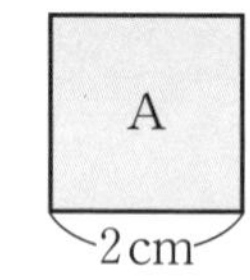

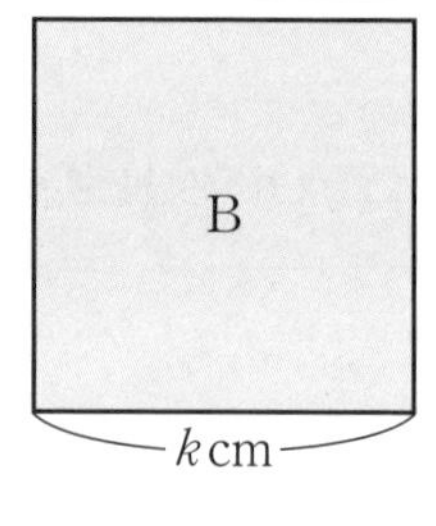

Memo 覚えておこう

●相似な図形の面積の比

相似な図形の面積の比は，相似比の2乗に等しい。すなわち，
相似比が$a : b$のとき，面積の比は$a^2 : b^2$

4 次の2つの図形A，Bは相似である。AとBの面積の比を求めなさい。 各7点

(1) A．半径が2 cmの円
B．半径が4 cmの円

[　　　　]

(2) A．縦が6 cm，横が4 cmの長方形
B．縦が9 cm，横が6 cmの長方形

[　　　　]

5 △ABCと△A′B′C′は相似で，対応する辺ABとA′B′の長さは，それぞれ6 cm，9 cmである。次の問いに答えなさい。 □，[ ] 各7点

(1) △ABCと△A′B′C′の相似比を求めなさい。

[　　　　]

(2) △ABCと△A′B′C′の面積の比を求めなさい。

[　　　　]

(3) △ABCの面積が12 cm²のとき，△A′B′C′の面積を次のように求めた。□の中をうめなさい。

△A′B′C′の面積をS cm²とすると，

12：S＝□

この比例式を解いて，

S＝□ (cm²)

A
6cm
B
C
A′
9cm
B′
C′

6 次の問いに答えなさい。 各8点

(1) 台形ABCDと台形A′B′C′D′は相似で，相似比は2：5である。台形ABCDの面積が8 cm²のとき，台形A′B′C′D′の面積を求めなさい。

[　　　　]

(2) △ABCと△DEFは相似で，相似比は1：3である。△ABCの面積が5 cm²のとき，△DEFの面積を求めなさい。

[　　　　]

28 相似な図形の面積比②

 月 日   点 答えは別冊15ページ

1 右の図で，AB∥DC，AB＝9 cm，DC＝12 cm である。次の問いに答えなさい。

(1) △ABO と△CDO の相似比を求めなさい。

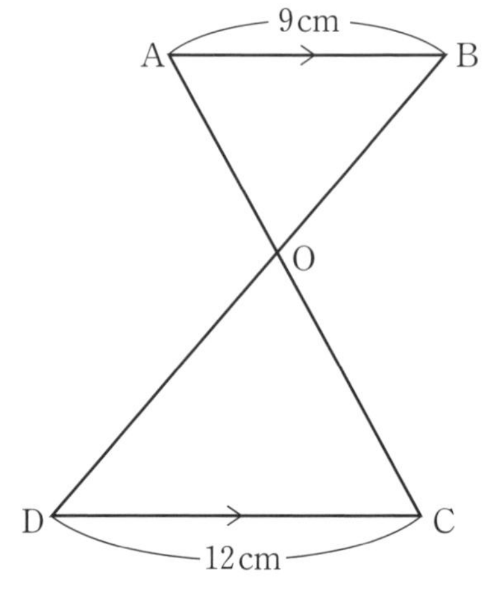

[　　　　]

(2) △ABO と△CDO の面積の比を求めなさい。

[　　　　]

(3) △ABO の面積が $36\,\mathrm{cm}^2$ のとき，△CDO の面積を求めなさい。

[　　　　]

2 右の図の△ABC で，DE∥BC，DE：BC＝2：5 である。△ADE の面積が $8\,\mathrm{cm}^2$ のとき，台形DBCE の面積を次のように求めた。□ の中をうめなさい。

各6点

△ADE と△ABC の相似比は，

□：□

△ADE と△ABC の面積の比は，

□：□

△ADE と台形DBCE の面積の比は，

□：□

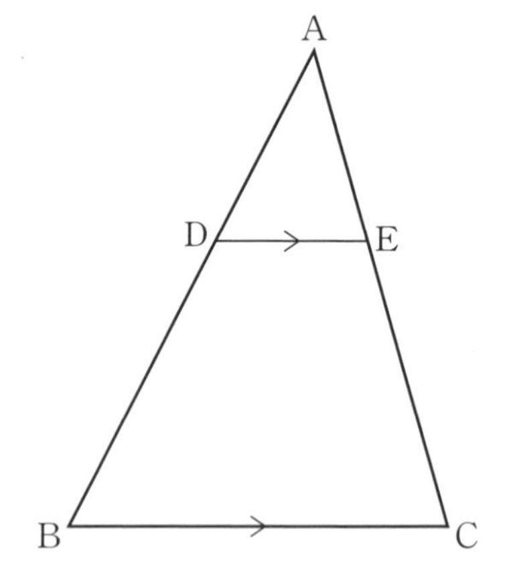

台形DBCE の面積を $S\,\mathrm{cm}^2$ とすると，$8 : S =$ □：□

これを解いて，　$S=$ □ (cm^2)

3 右の図で，点D，Eはそれぞれ辺AB，ACの中点である。次の問いに答えなさい。 各6点

(1) △ABCと△ADEの相似比を求めなさい。

ヒント 中点連結定理より，DE//BC，DE$=\frac{1}{2}$BC

[　　　　]

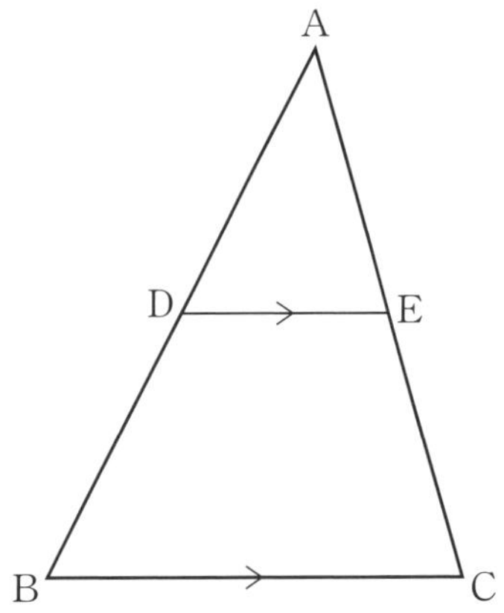

(2) △ABCの面積は，△ADEの面積の何倍か求めなさい。

[　　　　]

(3) 台形DBCEと△ABCの面積の比を求めなさい。

[　　　　]

4 △ABCの辺AB，ACのそれぞれを3等分する点をDとE，FとGとする。△ADFの面積が6 cm^{2}のとき，四角形EBCGの面積を次のように求めた。□の中をうめなさい。 各6点

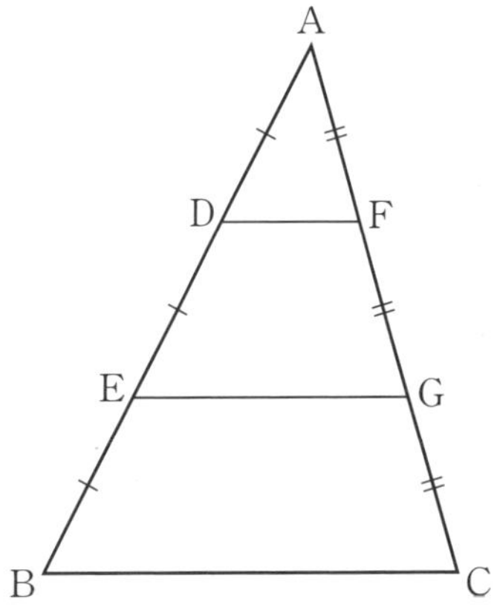

△ADFと△AEGと△ABCの相似比は，

□ : □ : □

△ADFと△AEGと△ABCの面積の比は，

□ : □ : □

△ADFと四角形DEGFの面積の比は，

□ : □

△AEGと四角形EBCGの面積の比は，

□ : □

△ADFと四角形DEGFと四角形EBCGの面積の比は，

□ : □ : □

よって，四角形EBCGの面積は，

□ cm^2

29 相似な立体の表面積の比

月　日　　点　答えは別冊15ページ

1 1辺が2cmの立方体Aと，1辺が3cmの立方体Bがある。次の問いに答えなさい。　(1)〜(3) 各8点　(4) 各7点

(1) 立方体Aの表面積を求めなさい。

［　　　　］

2cm　A

(2) 立方体Bの表面積を求めなさい。

［　　　　］

3cm　B

(3) 立方体Aと立方体Bの表面積の比を求めなさい。

［　　　　］

(4) 次の□の中をうめなさい。

立方体Aと立方体Bの相似比は，□：□で，

立方体Aと立方体Bの表面積の比は，□：□である。

このことから，相似な立体の表面積の比は，相似比の□に等しいことがわかる。

ポイント

相似な立体の表面積の比は，相似比の2乗に等しい。すなわち，
相似比が $a:b$ のとき，表面積の比は $a^2:b^2$

2 半径6cmの球と半径8cmの球の表面積の比を求めなさい。　7点

ヒント 球はすべて相似である。

［　　　　］

3 右の図のような，相似な２つの円柱Ａ，Ｂがあり，Ａの底面の半径は６cm，Ｂの底面の半径は８cmである。次の問いに答えなさい。 ……… 各８点

(1) 円柱Ａと円柱Ｂの高さの比を求めなさい。

[　　　　]

(2) 円柱Ａと円柱Ｂの表面積の比を求めなさい。

[　　　　]

A
B
6cm
8cm

(3) 円柱Ａと円柱Ｂの側面積の比を求めなさい。

ヒント 側面積の比も，表面積の比と同じように相似比の２乗に等しい。

[　　　　]

4 次の問いに答えなさい。 ……… 各８点

(1) 相似な２つの立体F，F′があり，FとF′の相似比は４：１である。F′の表面積はFの表面積の何倍か求めなさい。

[　　　　]

(2) 相似な２つの立体G，G′があり，GとG′の相似比は２：５である。Gの表面積が32cm²のとき，G′の表面積を求めなさい。

[　　　　]

(3) 相似な２つの立体H，H′があり，HとH′の相似比は３：２である。Hの表面積が36cm²のとき，H′の表面積を求めなさい。

[　　　　]

30 相似な立体の体積比①

月　日　点　答えは別冊16ページ

1 1辺が2cmの立方体Aと，1辺が3cmの立方体Bがある。次の問いに答えなさい。……各6点

(1) 立方体Aと立方体Bの相似比を求めなさい。

[　　　　　]

(2) 立方体Aの体積を求めなさい。

[　　　　　]

(3) 立方体Bの体積を求めなさい。

[　　　　　]

3cm　B

2cm　A

(4) 立方体Aと立方体Bの体積の比を求めなさい。

[　　　　　]

2 次の2つの立体AとBの相似比と体積の比を求めなさい。……[ ]各6点

(1) A．半径4cmの球
B．半径2cmの球

相似比[　　　　　]
体積の比[　　　　　]

(2) A． 3辺の長さが2cm， 2cm， 4cmの直方体
B． 3辺の長さが8cm， 8cm， 16cmの直方体

相似比[　　　　　]
体積の比[　　　　　]

(3) A．底面の直径が6cm，高さが6cmの円柱
B．底面の直径が8cm，高さが8cmの円柱

相似比[　　　　　]
体積の比[　　　　　]

3 1辺が2 cmの立方体Aと，1辺がk cmの立方体Bがある。次の問いに答えなさい。 各5点

(1) 立方体Aと立方体Bの相似比を求めなさい。

[ ]

(2) 立方体Aと立方体Bの体積の比を求めなさい。

[ ]

2cm
A
$k$cm
B

Memo 覚えておこう

●相似な立体の体積の比

相似な立体の体積の比は，相似比の3乗に等しい。すなわち，

相似比が$a:b$のとき，体積の比は，$a^3:b^3$

4 相似な2つの立体A，Bがあり，相似比は2：3である。Aの体積が40 cm^3のとき，Bの体積を次のように求めた。□の中をうめなさい。 各6点

AとBの体積の比は，□ ： □であるから，Bの体積をV cm^3とすると，次の比例式が成り立つ。

$40:V=$ □ ： □

これを解いて，$V=$ □ (cm^3)

5 次の問いに答えなさい。 各6点

(1) 相似な2つの円錐(えんすい)A，Bがあり，相似比は3：4である。Aの体積が54 cm^3のとき，Bの体積を求めなさい。

A
B

[ ]

(2) 2つの球C，Dがあり，Cの半径はDの半径の4倍である。Cの体積が320π cm^3のとき，Dの体積を求めなさい。

[ ]

31 相似な立体の体積比②

月　日　点　答えは別冊16ページ

1 相似な２つの円柱A，Bがあり，その高さの比は２：３である。次の問いに答えなさい。　各6点

(1)　AとBの表面積の比を求めなさい。

［　　　　］

(2)　AとBの体積の比を求めなさい。

［　　　　］

(3)　Aの体積が80 cm³のとき，Bの体積を求めなさい。

［　　　　］

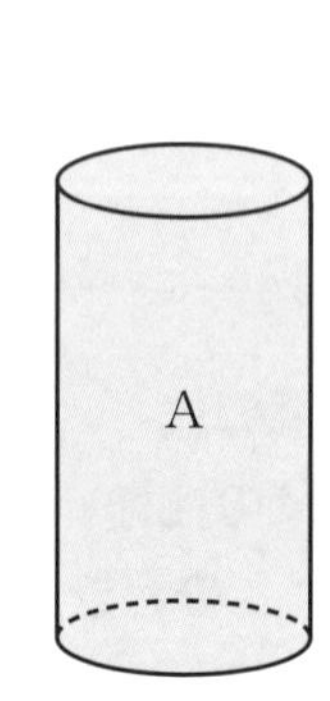

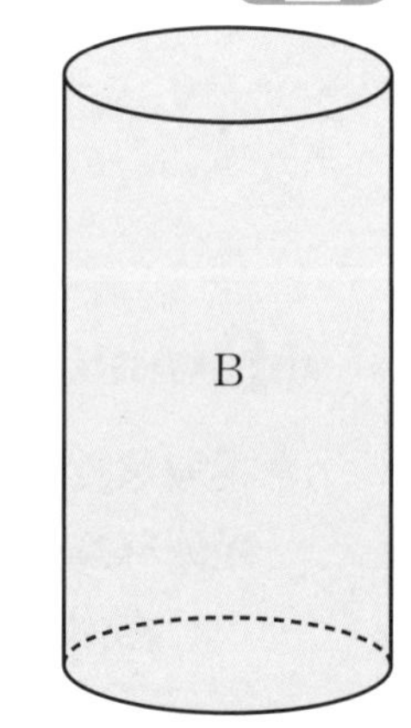

ポイント

相似比が $a:b$ のとき，相似な立体の
表面積の比は，$a^2:b^2$
体積の比は，$a^3:b^3$

2 相似な２つの四角錐（しかくすい）A，Bがあり，AとBの高さはそれぞれ９cmと12cmである。次の問いに答えなさい。　各7点

(1)　AとBの相似比を求めなさい。

［　　　　］

(2)　AとBの底面積の比を求めなさい。

［　　　　］

(3)　AとBの体積の比を求めなさい。

［　　　　］

(4)　Aの体積が108 cm³のとき，Bの体積を求めなさい。

［　　　　］

A

9cm

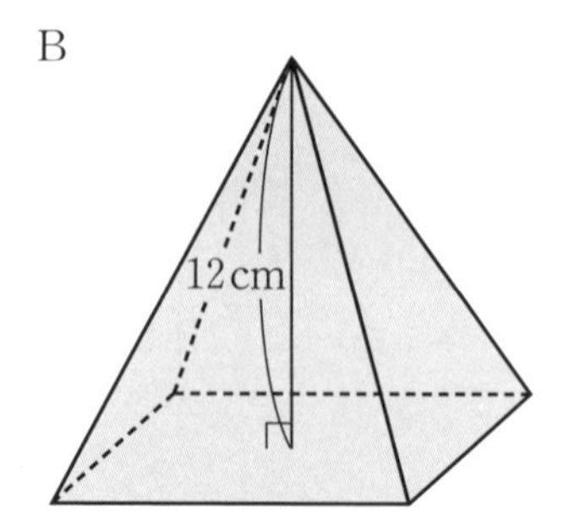

3 相似な２つの角錐Ｐ，Ｑがあり，ＰとＱの表面積の比は9：16である。次の問いに答えなさい。 各6点

(1) ＰとＱの相似比を求めなさい。

ヒント $9:16=3^2:4^2$

[ ]

(2) ＰとＱの体積の比を求めなさい。

[ ]

(3) Ｐの体積が270cm^3のとき，Ｑの体積を求めなさい。

[ ]

4 円錐の形をした同じ容器Ａ，Ｂにそれぞれ水が入っている。Ａの水面の面積が20cm^2，Ｂの水面の面積が45cm^2である。次の問いに答えなさい。 各6点

(1) ＡとＢの水面の面積の比を求めなさい。

[ ]

(2) ＡとＢの容器の水の体積の比を求めなさい。

[ ]

(3) Ａの容器の水の体積が80cm^3のとき，Ｂの容器の水の体積を求めなさい。

A
20cm²
B
45cm²

[ ]

5 相似な３つの正四面体Ａ，Ｂ，Ｃがあり，その１辺の長さはそれぞれ，8cm，12cm，24cmである。次の問いに答えなさい。 各6点

(1) ＡとＢとＣの相似比を求めなさい。

[： ：]

(2) ＡとＢとＣの表面積の比を求めなさい。

[： ：]

(3) ＡとＢとＣの体積の比を求めなさい。

[： ：]

32 相似な立体の体積比③

 月 日  点 答えは別冊16ページ

1 右の図のように，三角錐OABCの底面ABCに平行な平面Lが，辺OAを1：1に分けて交わっている。次の［ ］の中をうめなさい。 …… 各7点

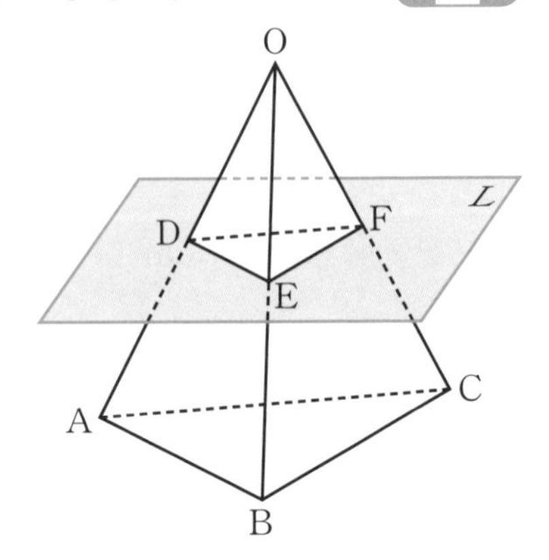

三角錐ODEFと三角錐OABCの相似比は，

［ ： ］であるから，

三角錐ODEFと三角錐OABCの体積の比は，

［ ： ］である。

立体DEF−ABCは，三角錐OABCから，三角錐ODEFを取り去ったものであるから，三角錐ODEFと立体DEF−ABCの体積の比は，

［ ： ］となる。

2 右の図で，平面L，Mはそれぞれ円錐の底面に平行で，円錐の高さOHを3等分している。このとき，平面L，Mで分けられた円錐の3つの部分を上から，P，Q，Rとする。次の問いに答えなさい。 …… 各7点

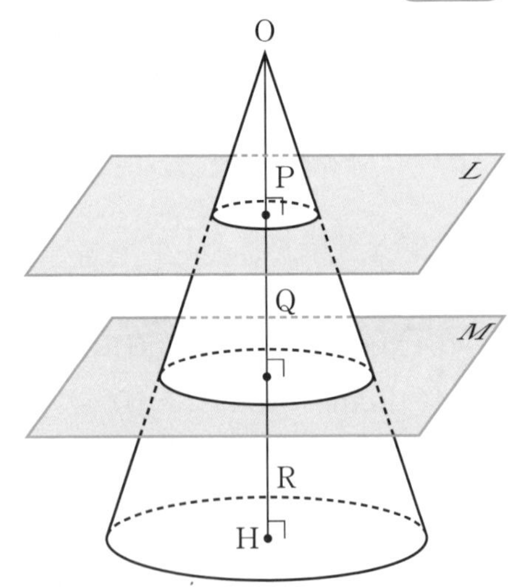

(1) Pともとの円錐の体積の比を求めなさい。

［ ］

(2) PとQの体積の比を求めなさい。

注意 P：Q=1：8ではない。

［ ］

(3) PとQとRの体積の比を求めなさい。

［ ： ： ］

3 右の図のように，円錐の底面に平行な平面Lが，円錐の高さを2：3に分けて交わっている。平面Lによって分けられた円錐の上の部分をP，下の部分をQとするとき，次の問いに答えなさい。 ……………… 各**7**点

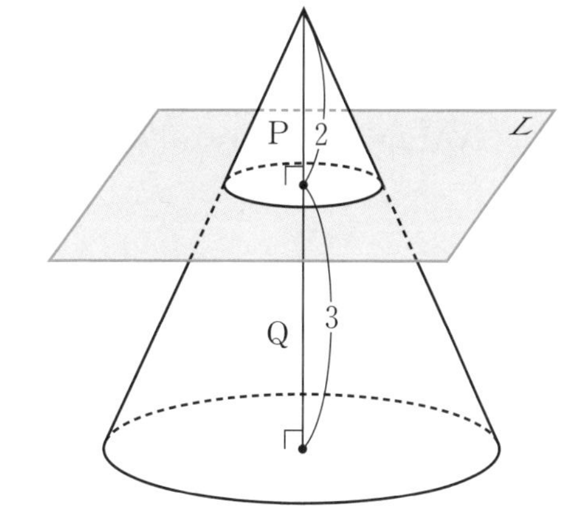

(1) Pともとの円錐の相似比を求めなさい。

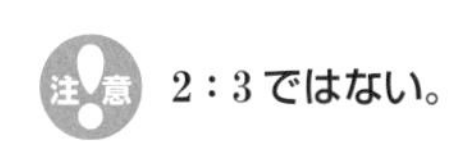

［　　　　］

(2) Pともとの円錐の体積の比を求めなさい。

［　　　　］

(3) PとQの体積の比を求めなさい。

［　　　　］

(4) もとの円錐の体積が500 cm^{3}のとき，Qの体積を求めなさい。

［　　　　］

4 右の図のように，底面の直径が9 cm，高さが12 cmの円錐の容器がある。この容器に8 cmの深さまで水を入れたとき，次の問いに答えなさい。

……………… (1)，(2) 各**7**点 (3)，(4) 各**8**点

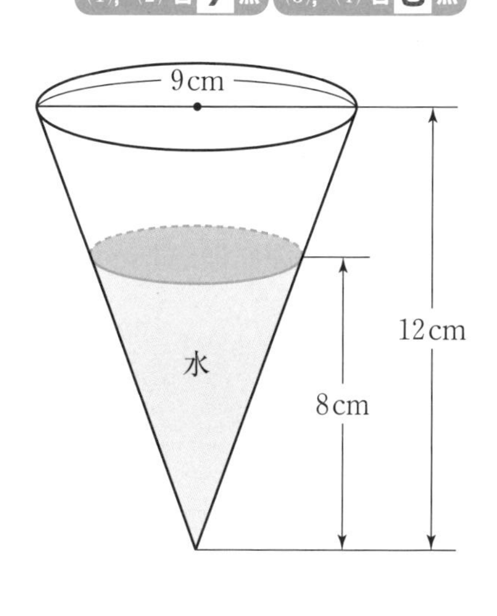

(1) 水面の面積を求めなさい。

［　　　　］

(2) 水の体積は容器の容積の何倍か求めなさい。

［　　　　］

(3) 水の体積を求めなさい。

［　　　　］

(4) この容器にはあと何cm^{3}の水を入れることができるか求めなさい。

［　　　　］

33 相似な図形の比のまとめ

月　日　点　答えは別冊17ページ

1 右の図で，AB//DC，AB＝8cm，DC＝10cmである。次の問いに答えなさい。

(1) △ABOと△CDOの相似比を求めなさい。

[　　　　]

(2) △ABOと△CDOの面積の比を求めなさい。

[　　　　]

(3) △ABOの面積が16cm^{2}のとき，△CDOの面積を求めなさい。

[　　　　]

2 右の図の△ADEで，BC//DE，AB：BD＝2：1である。次の問いに答えなさい。

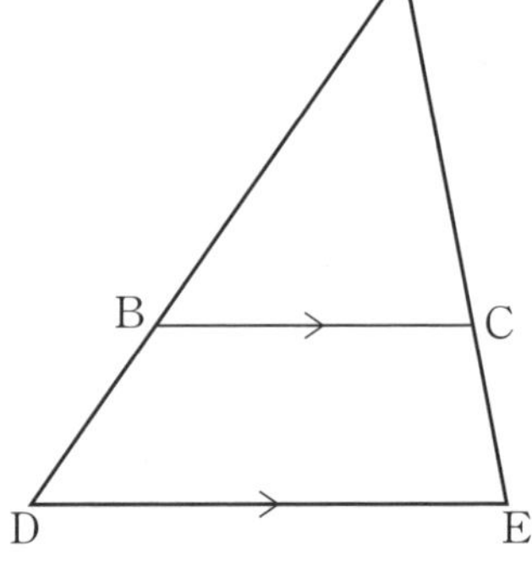

(1) △ABCと△ADEの相似比を求めなさい。

[　　　　]

(2) △ABCと△ADEの面積の比を求めなさい。

[　　　　]

(3) △ABCの面積が16cm^{2}のとき，台形BDECの面積を求めなさい。

[　　　　]

3 相似な2つの長方形A，Bがあり，AとBの面積の比は16：25である。長方形Aの周の長さが80cmのとき，長方形Bの周の長さを求めなさい。

7点

[　　　　]

4 右の図のような2つの直角三角形△ABC，△DEFがある。この三角形を辺AB，DEをそれぞれ軸(じく)として1回転させてできる2つの円錐(えんすい)をP，Qとするとき，次の問いに答えなさい。 ……………… 各7点

(1) PとQの相似比を求めなさい。

［　　　　　］

(2) PとQの表面積の比を求めなさい。

［　　　　　］

(3) PとQの体積の比を求めなさい。

［　　　　　］

5 右の図で，四角錐OABCDの体積は108 cm³で，辺OAを3等分する点を上からP，Qとする。点P，Qを通り底面に平行な平面でこの四角錐を切り，3つの立体L，M，Nに分けるとき，次の問いに答えなさい。 ……………… 各7点

(1) Lともとの四角錐の体積の比を求めなさい。

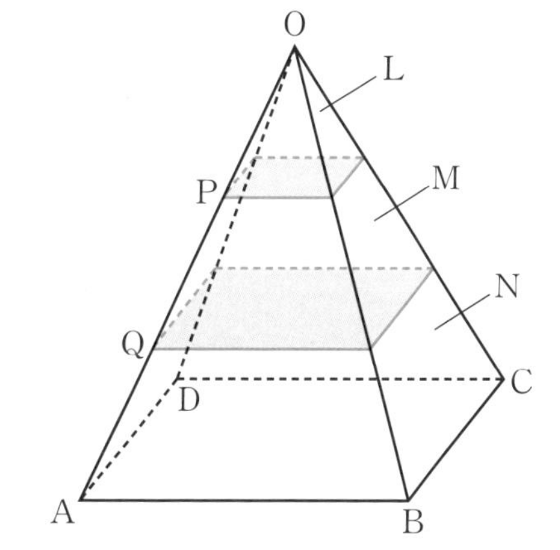

［　　　　　］

(2) Lの体積を求めなさい。

［　　　　　］

(3) LとMとNの体積の比を求めなさい。

［　　　　　］

6 右の図のような，底面の直径が24 cm，高さが30 cmの円錐の容器がある。この容器に20 cmの深さまで水を入れたとき，次の問いに答えなさい。 ……………… 各6点

(1) 水面の円の半径を求めなさい。

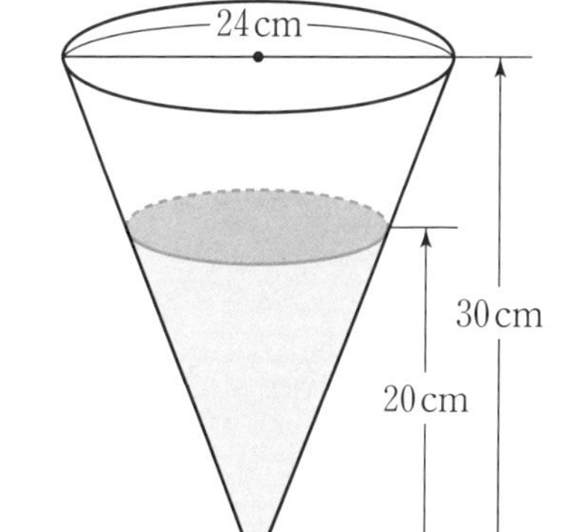

［　　　　　］

(2) 水の体積は，この容器の容積の何分のいくつか求めなさい。

［　　　　　］

34 図形と相似のまとめ

月　日　　点　答えは別冊17ページ

1 右の図で，∠ABC＝∠ADB＝∠AED＝90°である。次の問いに答えなさい。　各4点

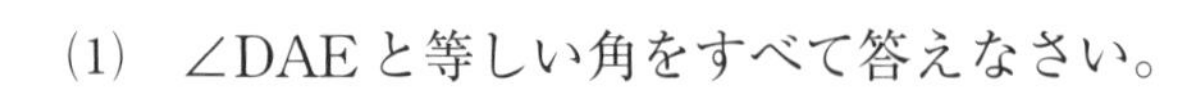

(1) ∠DAEと等しい角をすべて答えなさい。

[　　　　　　]

(2) △ABCと相似な三角形をすべて答えなさい。

[　　　　　　]

(3) BDの長さを求めなさい。

[　　　　　　]

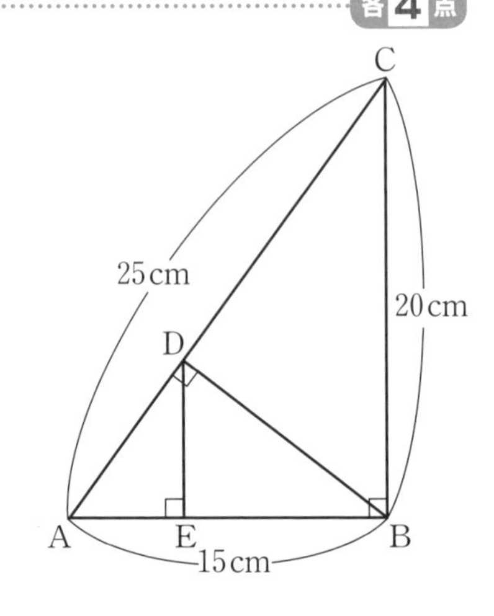

(4) DEの長さを求めなさい。

[　　　　　　]

(5) △ADBと△BDCの面積の比を求めなさい。

[　　　　　　]

(6) △BDCの面積を求めなさい。

[　　　　　　]

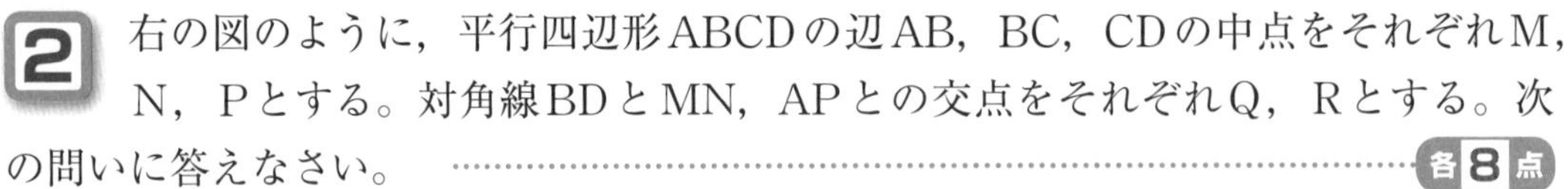

2 右の図のように，平行四辺形ABCDの辺AB，BC，CDの中点をそれぞれM，N，Pとする。対角線BDとMN，APとの交点をそれぞれQ，Rとする。次の問いに答えなさい。　各8点

(1) BD：BQを求めなさい。

ヒント 対角線ACをひく。

[　　　　　　]

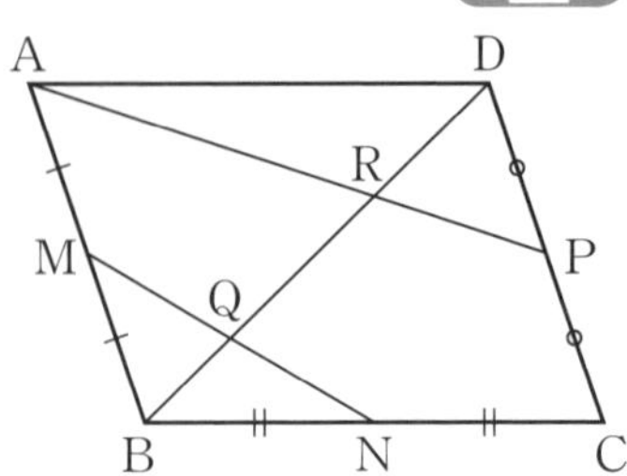

(2) BD＝12cmのとき，DRの長さを求めなさい。

[　　　　　　]

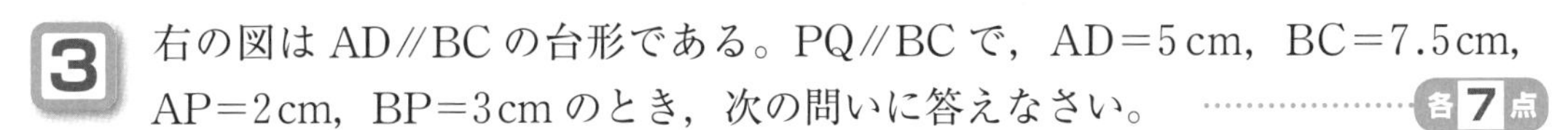

3 右の図は AD∥BC の台形である。PQ∥BC で，AD＝5 cm，BC＝7.5 cm，AP＝2 cm，BP＝3 cm のとき，次の問いに答えなさい。 ……… 各7点

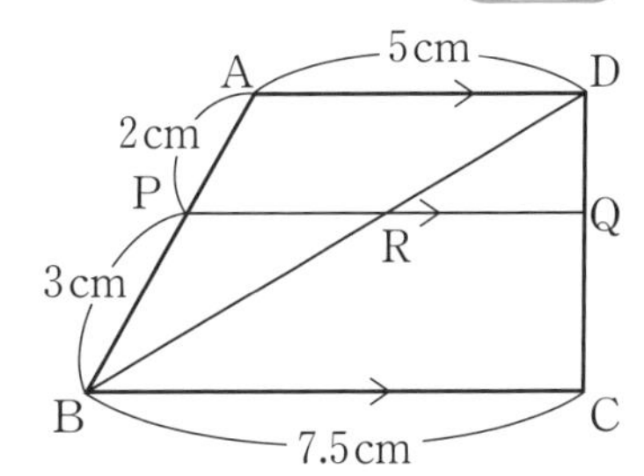

(1) BD と PQ の交点を R として，PR の長さを求めなさい。

(2) PQ の長さを求めなさい。

(3) △DRQ と△DBC の相似比を求めなさい。

(4) △DRQ と△DBC の面積の比を求めなさい。

4 右の図の△ABC で，点 P は辺 BC 上の点で，BP：PC＝1：2 である。また，点 Q は辺 AC の中点である。点 Q を通り辺 BC に平行な直線と AP との交点を R，AP と BQ との交点を S とするとき，次の問いに答えなさい。 ……… 各8点

(1) AR：RS を最も簡単な整数の比で表しなさい。

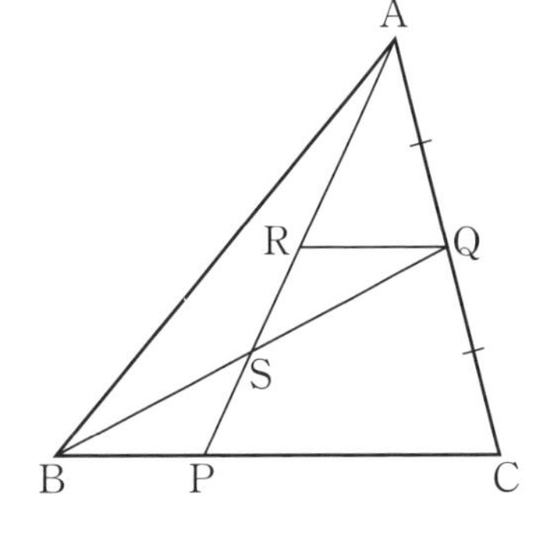

(2) △ABC の面積は，△ABS の面積の何倍か求めなさい。

5 右の図のように，△ABC の∠B の二等分線と辺 AC との交点を D とし，BD 上に AD＝AE となる点 E をとる。次の問いに答えなさい。 ……… 各8点

(1) ∠BDC と等しい角を答えなさい。

ヒント △AED の内角と外角の関係を利用する。

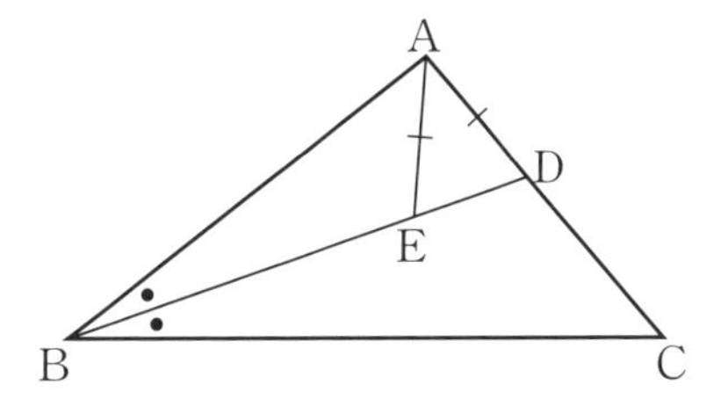

(2) AB＝6 cm，BC＝7.5 cm，CD＝2.5 cm のとき，AC の長さを求めなさい。

35 円周角①

答えは別冊18ページ

Memo 覚えておこう

●円周角と中心角

右の図の円Oで，
∠APBを，$\overset{\frown}{AB}$に対する円周角という。
∠AOBを，$\overset{\frown}{AB}$に対する中心角という。

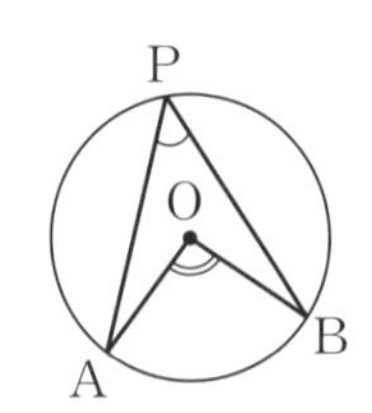

1 右の図で，∠APB（円周角）の大きさは，∠AOB（中心角）の大きさの半分であることを，次のように証明した。□の中をうめなさい。 …………各8点

ヒント 点Pを通る直径をひく。
円の半径を2辺とする二等辺三角形において，
その外角を考える。

点Pを通る円Oの直径PQをひき，
∠OPA＝∠a，∠OPB＝∠bとする。
△OPAは二等辺三角形だから，

∠OPA＝∠□＝∠a……①

△OPBは二等辺三角形だから，

∠OPB＝∠□＝∠b……②

①より，∠AOQ＝∠OPA＋∠OAP＝□……③

②より，∠BOQ＝∠OPB＋∠OBP＝□……④

③，④より，

∠AOB＝∠AOQ＋∠BOQ
＝2（□＋□）

図より，∠APB＝∠a＋∠b

よって，∠APB＝$\frac{1}{2}$∠AOB

したがって，円周角の大きさは中心角の大きさの半分である。

●Memo 覚えておこう●

●円周角の定理

1つの弧(こ)に対する円周角の大きさは，その弧に対する中心角の大きさの半分である。また，同じ弧に対する円周角の大きさは等しい。

2 下の図の円Oで，$\angle x$の大きさを求めなさい。 …………………… 各10点

(1)

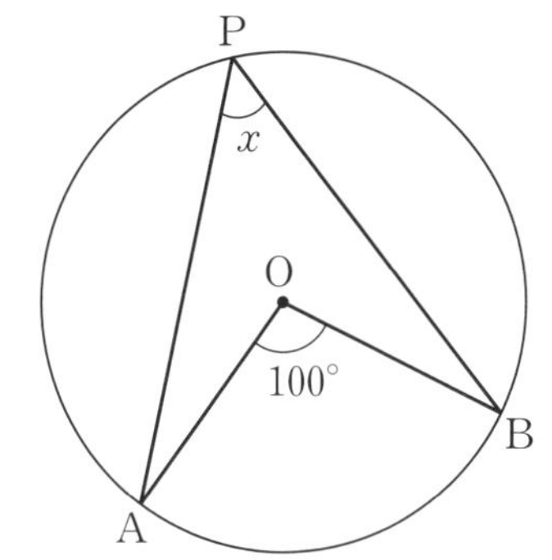

[　　　　]

(2)

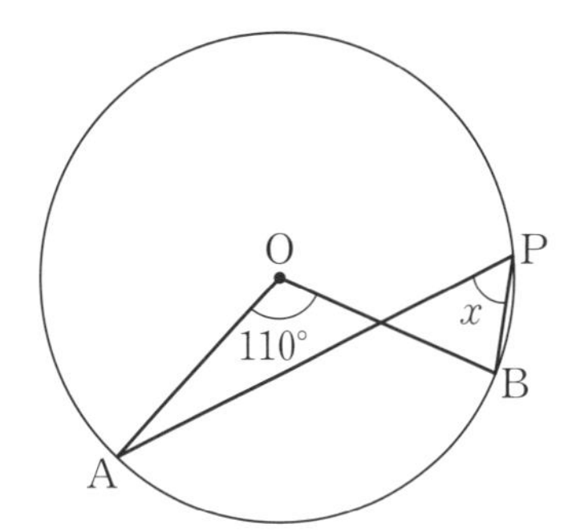

[　　　　]

(3)

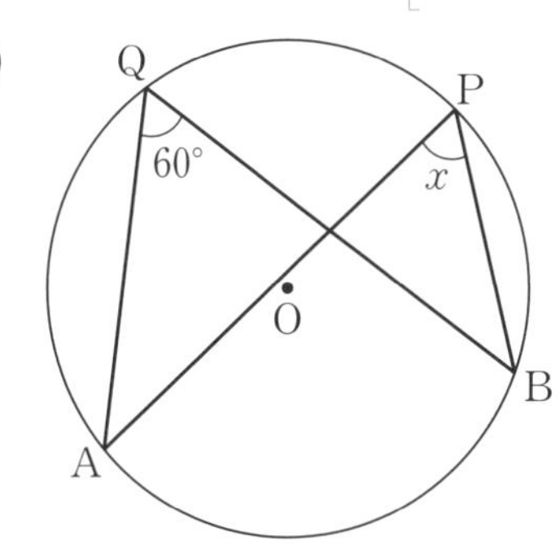

[　　　　]

(4)

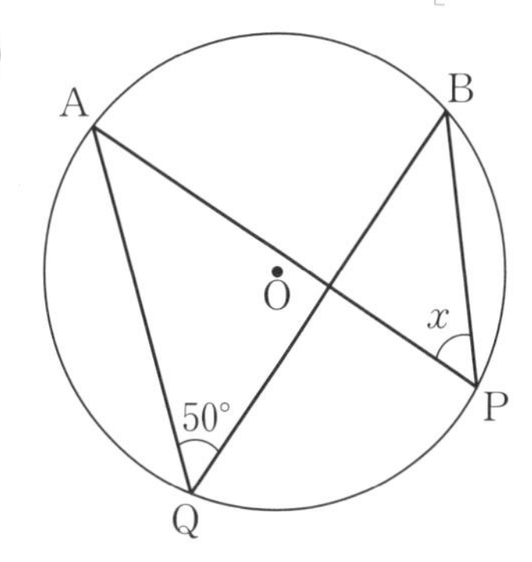

[　　　　]

(5)

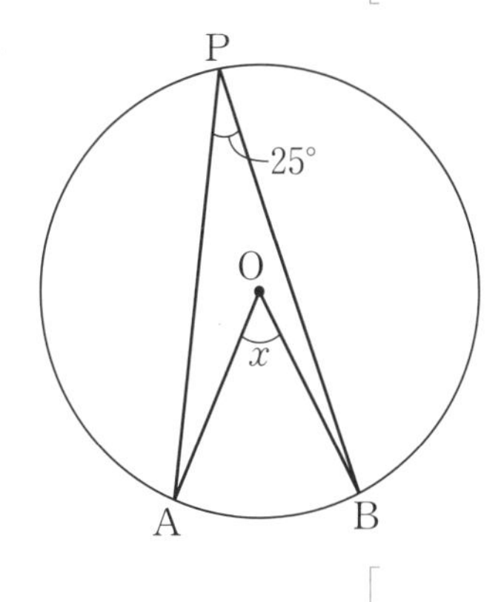

[　　　　]

(6)

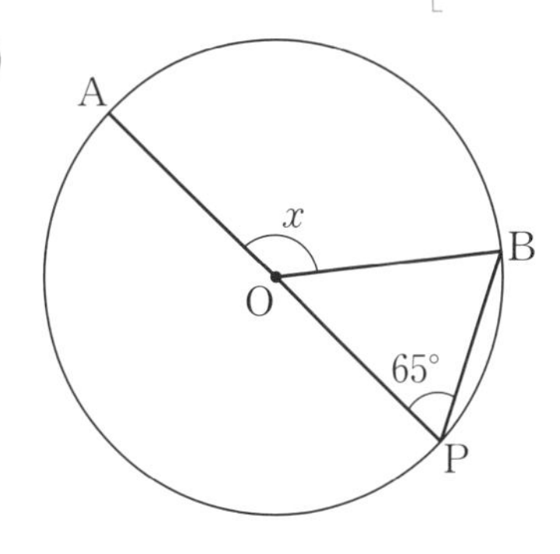

[　　　　]

36 円周角②

1 下の図の円Oで，$\angle x$の大きさを求めなさい。 …………………… 各8点

(1)

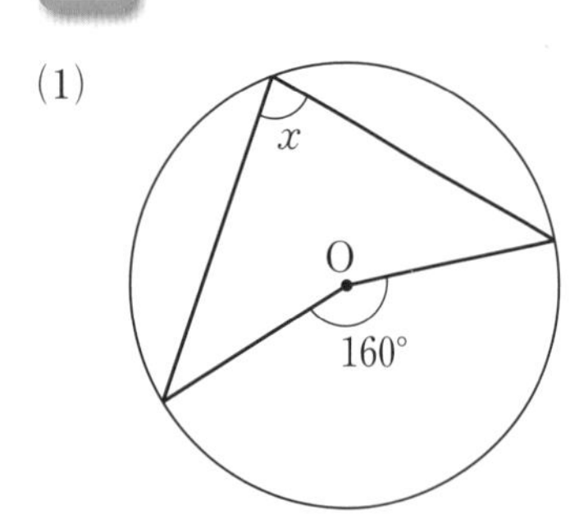

［　　　　］

(2)

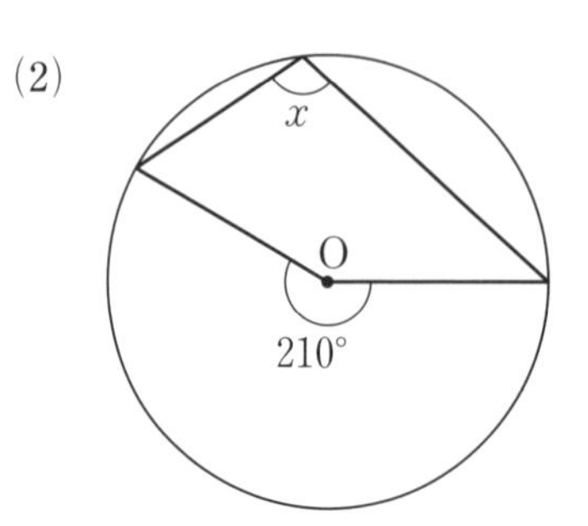

［　　　　］

(3)

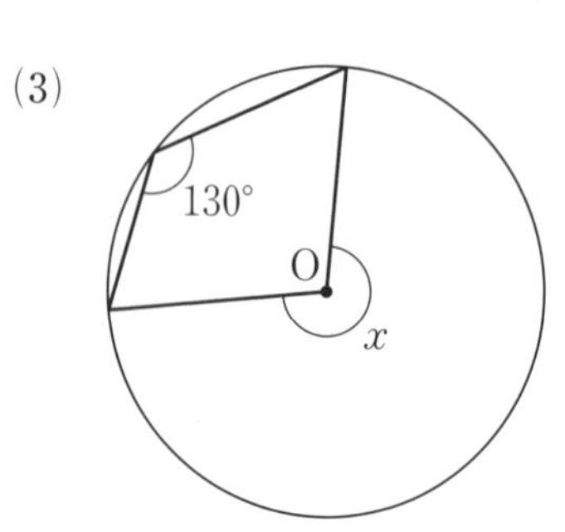

［　　　　］

(4) 70°　x　O

［　　　　］

(5)

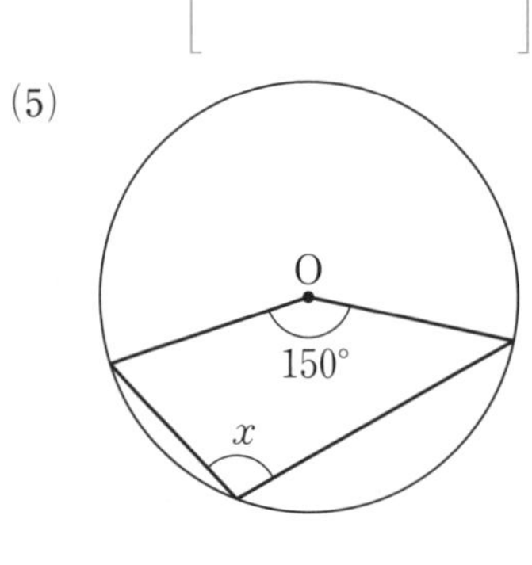

［　　　　］

(6)

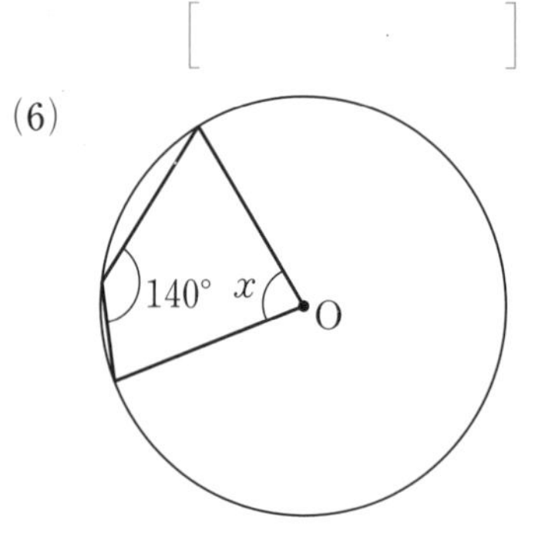

［　　　　］

2 下の図の円Oで，$\angle x$の大きさを求めなさい。 …………………… 各8点

(1)

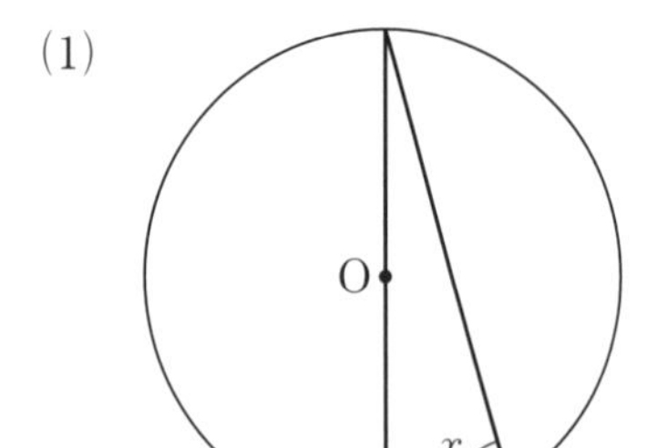

［　　　　］

(2)

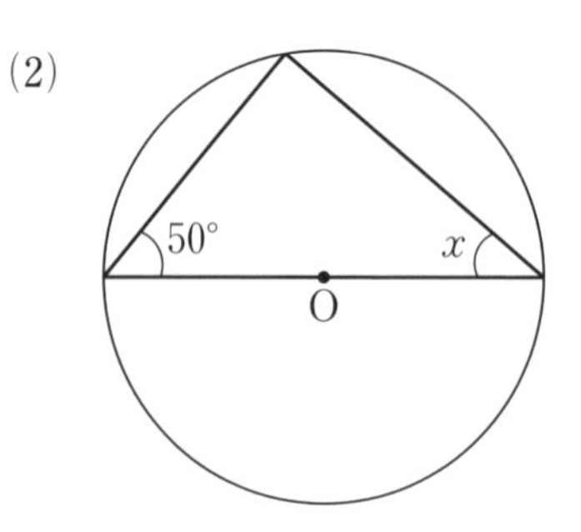

［　　　　］

3 下の図の円Oで，$\angle x$の大きさを求めなさい。 …………………… 各7点

(1)

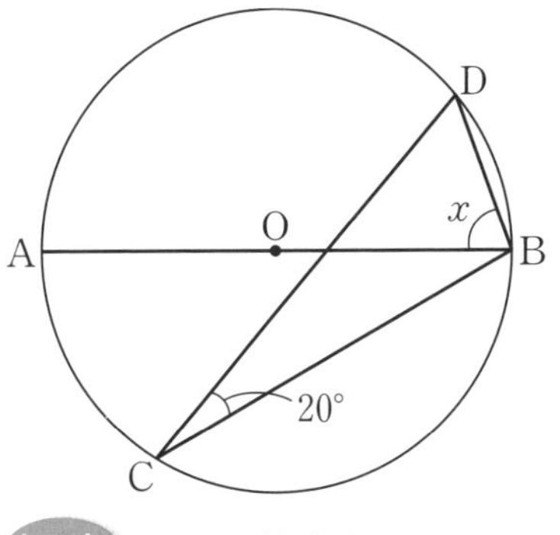

ヒント Aと Dを結ぶ。 [　　　　]

(2)

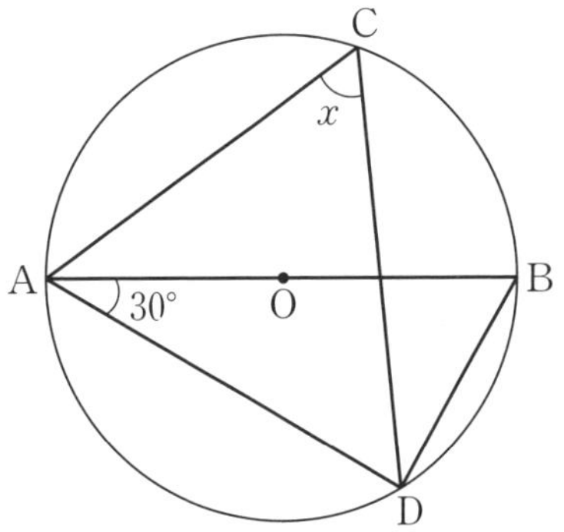

[　　　　]

(3)

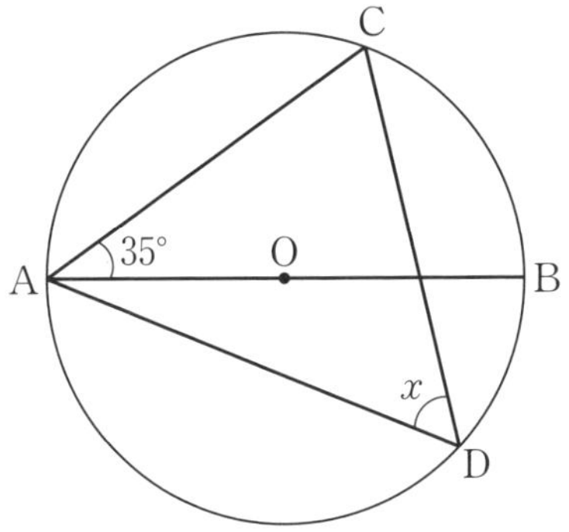

ヒント Bと Dを結ぶ。 [　　　　]

(4)

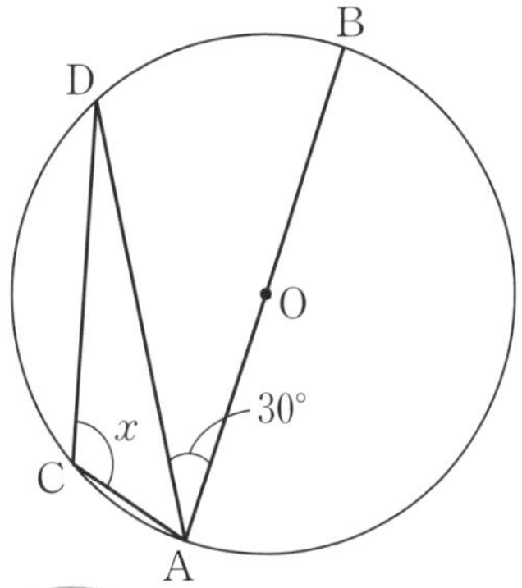

ヒント Bと Cを結ぶ。 [　　　　]

ポイント

半円の弧（こ）に対する円周角は90°である。

4 右の図のように，三角定規の直角のかどを円にあてながら，三角定規上の2点A，Bが円周上を通るように動かしていくとき，円の中心Oを図にかき入れなさい。 …………………… 8点

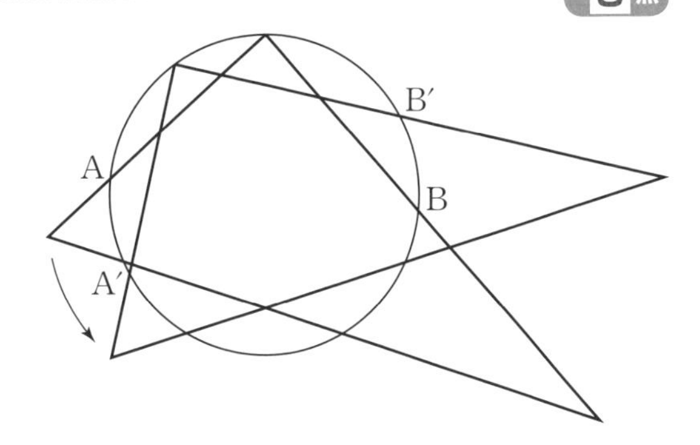

37 円周角③

答えは別冊19ページ

1 次の□にあてはまる(1)では言葉を，(2)では記号を書き入れなさい。

(1) 1つの円で，等しい弧（こ）に対する中心角，□の大きさは等しい。逆に，等しい中心角，円周角に対する□の長さは等しい。

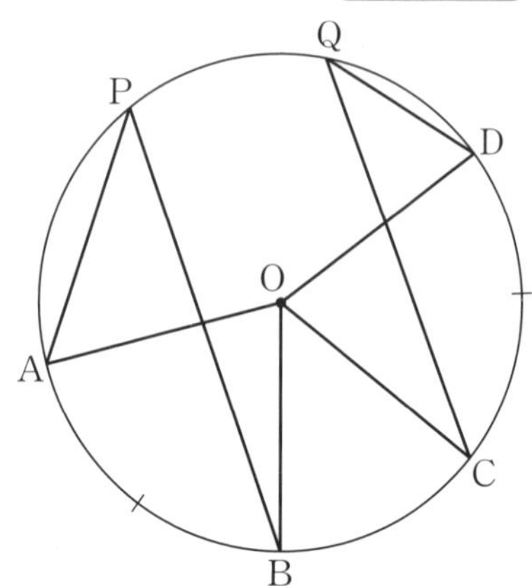

(2) 右の図で，$\overset{\frown}{AB}=\overset{\frown}{CD}$ のとき，

$\angle AOB=\angle$□

$\angle APB=\frac{1}{2}\angle$□

$\angle CQD=\frac{1}{2}\angle$□

したがって，$\angle APB=\angle$□

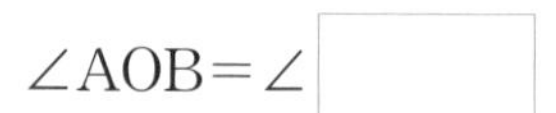

ポイント

1つの円で，等しい弧に対する円周角の大きさは等しい。
1つの円で，等しい円周角に対する弧の長さは等しい。

2 2本の平行な直線と円が交わっているとき，2本の直線によって切り取られる $\overset{\frown}{AB}$ と $\overset{\frown}{DC}$ の長さは等しいことを，次のように証明した。□の中をうめなさい。

円Oの周上に4点A，B，C，Dがあり，
AD//BC であるとき，
AとCを結ぶと，平行線の錯角（さっかく）は等しいから，

$\angle ACB=\angle$□

1つの円において，等しい円周角に対する弧の長さは等しいから，

$\overset{\frown}{AB}=$□

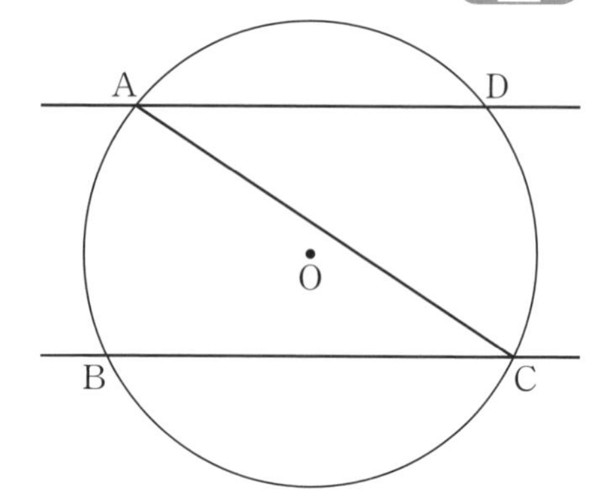

3 下の図で，xの値を求めなさい。 各8点

(1)

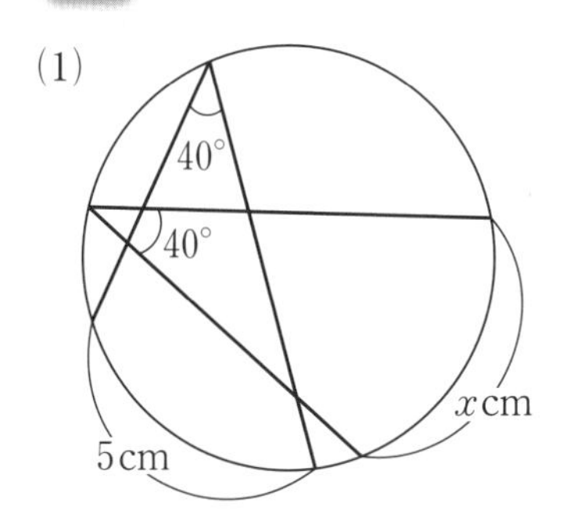

(2)

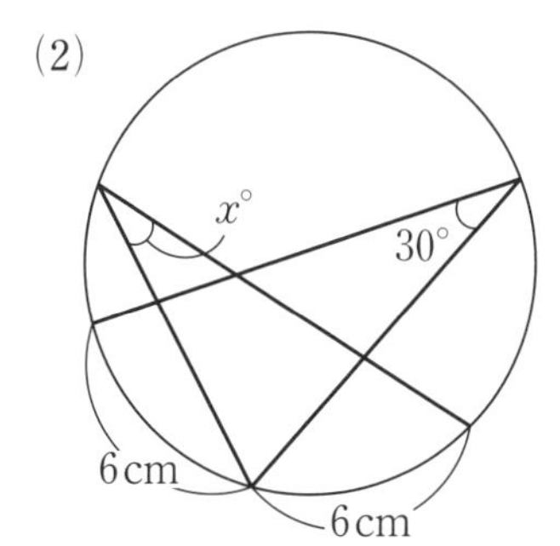

(3)

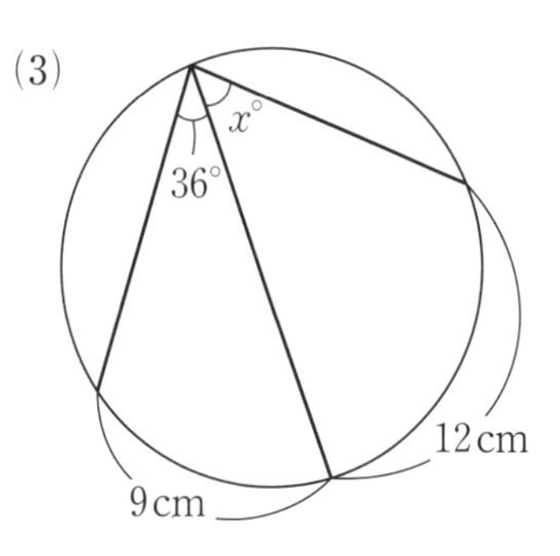

[　　　　] [　　　　] [　　　　]

(4)

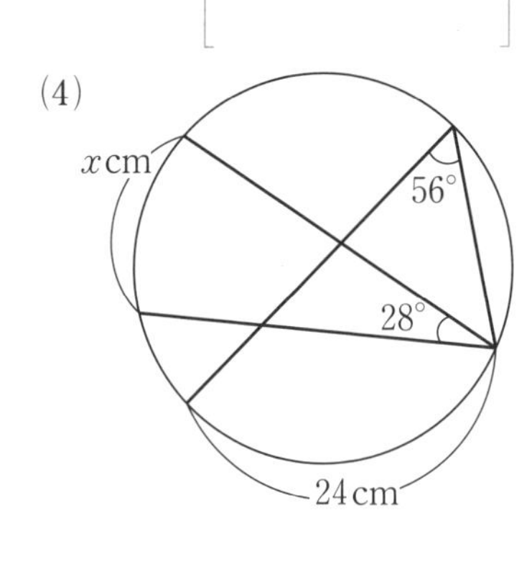

(5)

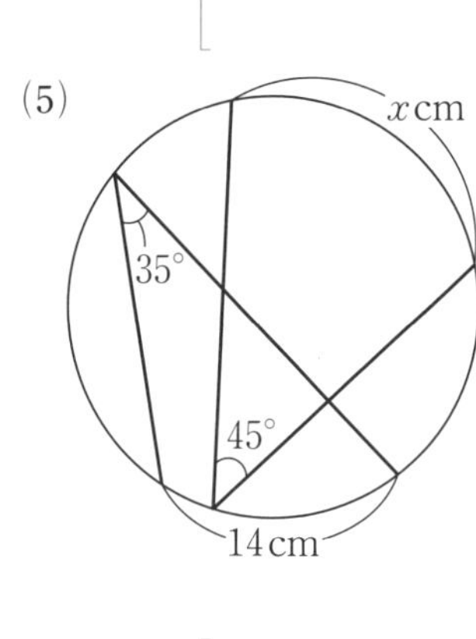

(6)

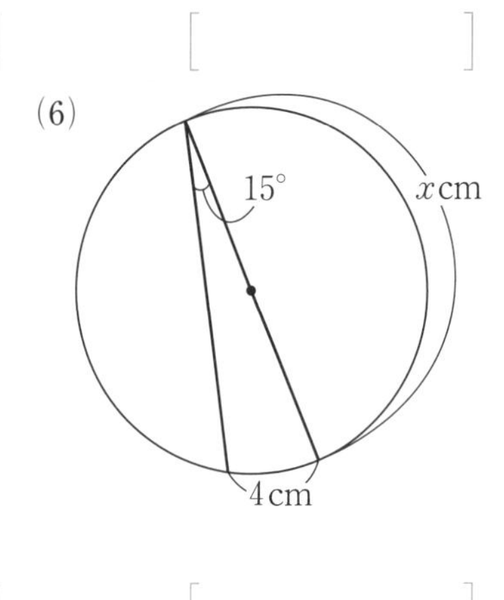

[　　　　] [　　　　] [　　　　]

4 右の図のように，ABを直径とする円Oで，円周上に2点C，Dを，∠BAC＝25°，∠ABD＝30°となるようにとる。このとき，弧の長さの比$\overset{\frown}{BC}:\overset{\frown}{CD}$をもっとも簡単な整数比で表しなさい。 10点

ヒント ∠AOD，∠BOCの大きさを求める。

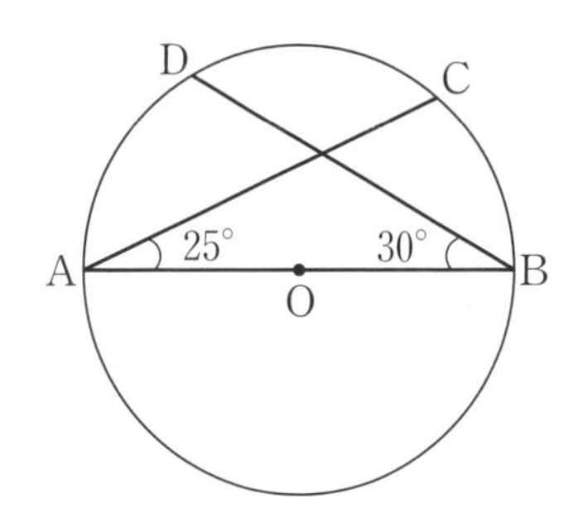

[　　　　]

38 円周角④

1 右の図のように，円周上に3点A，B，Cをとる。線分ABについて点Cと同じ側に点Pをとり，∠APBと∠ACBの大きさを比べた。次の［　］にあてはまる不等号または等号を書き入れなさい。……各5点

(1) 点Pが円の外部にあるとき，

∠APB［　］∠ACB

(2) 点Pが円周上にあるとき，

∠APB［　］∠ACB

(3) 点Pが円の内部にあるとき，

∠APB［　］∠ACB

(4) 右の図で，∠AQB［　］∠ACB

(5) 右の図で，∠ARB［　］∠ACB

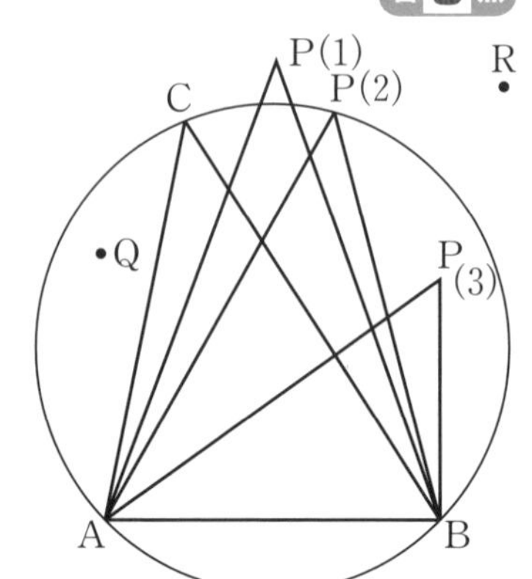

Memo 覚えておこう

●円周角の定理の逆

2点P，Qが線分ABについて同じ側にあるとき，∠APB＝∠AQBならば，4点A，B，P，Qは，同一円周上にある。

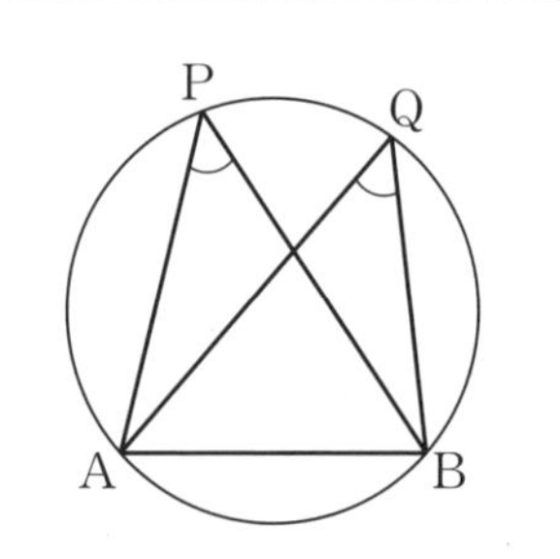

2 右の図のように，円Oの円周上に点A，Bをとり，∠AOB＝110°とする。また，線分ABについて$\overset{\frown}{AB}$と反対側に点Pをとる。∠APBが次の大きさのとき，点Pが円Oの内部にあるか，円周上にあるか，外部にあるかを答えなさい。……各5点

(1) ∠APB＝50°

［　　　　　］

(2) ∠APB＝55°

［　　　　　］

(3) ∠APB＝65°

［　　　　　］

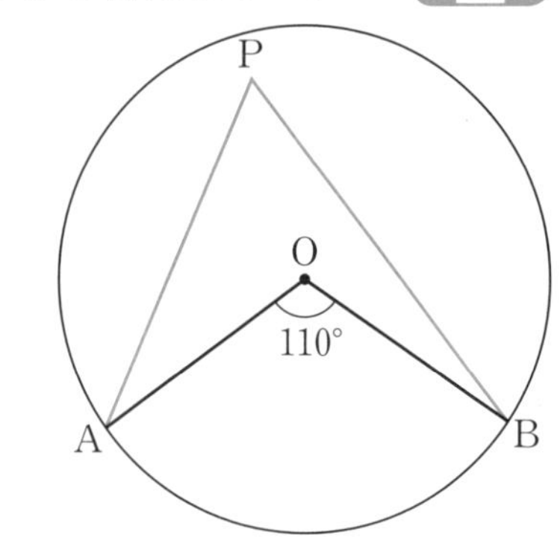

3 下の図で，４点A，B，C，Dが１つの円周上にあるものには○を，１つの円周上にないものには×を，［　］の中に書きなさい。 …… 各9点

(1)

A 70° D 60° B C

［　　　］

(2)

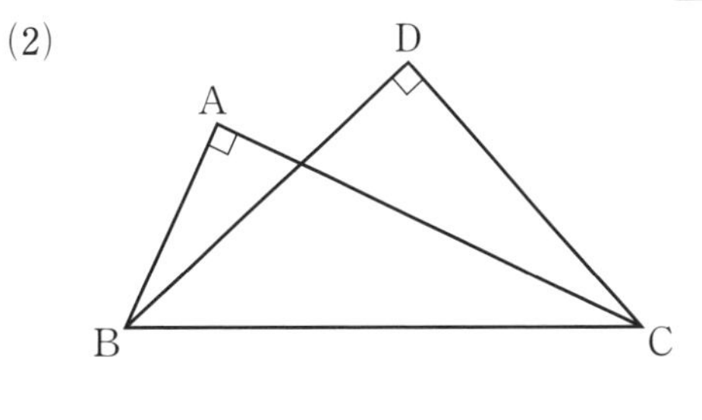

［　　　］

(3)

A 50° 45° D 45° B 50° C

［　　　］

(4)

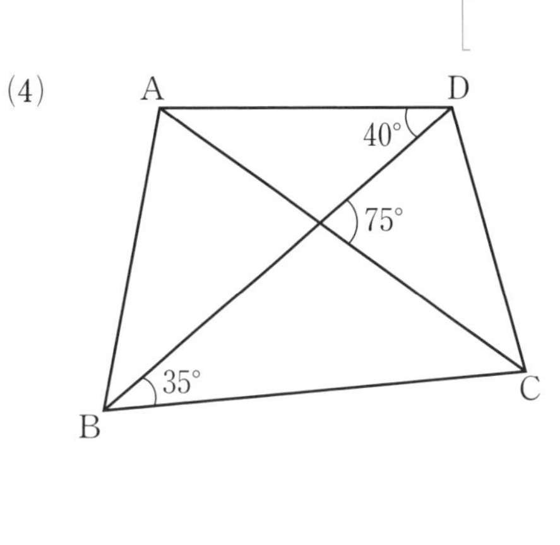

［　　　］

4 右の図の四角形ABCDで，∠ACB＝∠ADB である。次の問いに答えなさい。 …… 各8点

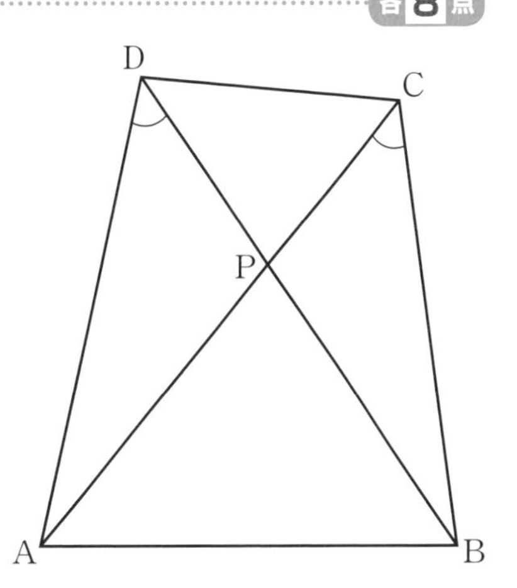

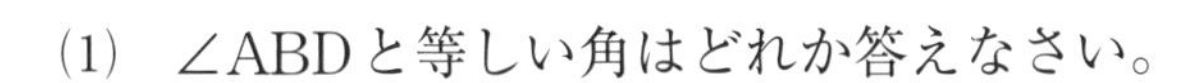

(1) ∠ABDと等しい角はどれか答えなさい。

［　　　］

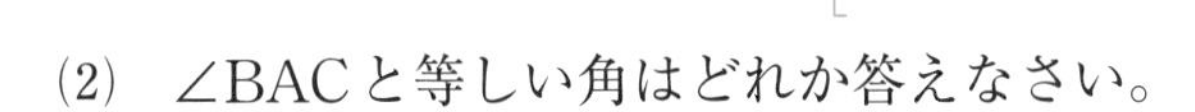

(2) ∠BACと等しい角はどれか答えなさい。

［　　　］

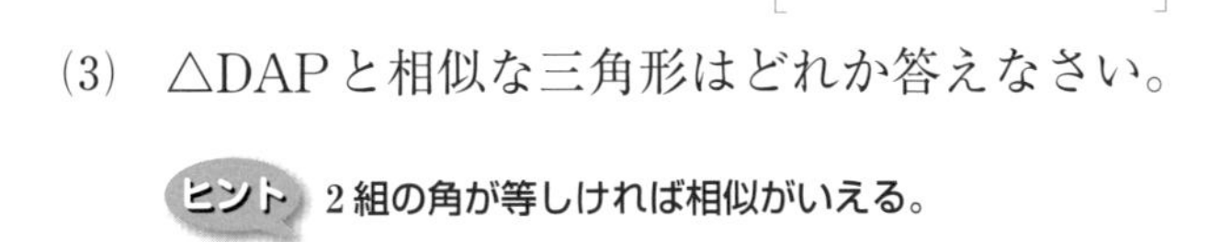

(3) △DAPと相似な三角形はどれか答えなさい。

ヒント ２組の角が等しければ相似がいえる。

［　　　］

39 円周角⑤

1 円周上の4点をA，B，C，D，2つの弦(げん)ACとBDの交点をEとするとき，△ABE ∽△DCE であることを，次のように証明した。□の中をうめなさい。 ……各5点

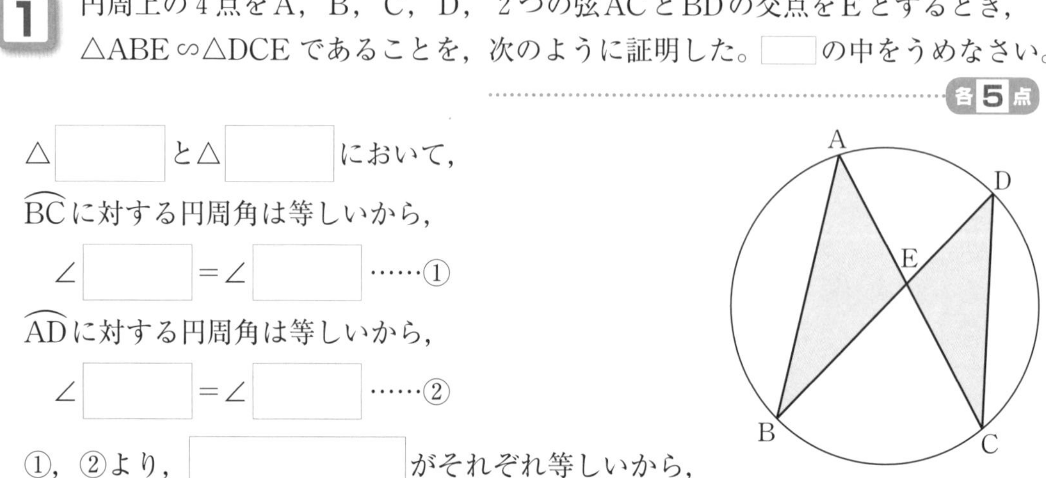

△□と△□において，

$\overset{\frown}{BC}$に対する円周角は等しいから，

∠□＝∠□ ……①

$\overset{\frown}{AD}$に対する円周角は等しいから，

∠□＝∠□ ……②

①，②より，□がそれぞれ等しいから，

△ABE ∽△DCE

2 右の図のように，円周上に4点A，B，C，Dがあり，$\overset{\frown}{AD}=\overset{\frown}{DC}$ である。2つの弦ACとBDの交点をEとするとき，△ABE ∽△DBC を証明しなさい。 ……15点

（証明）

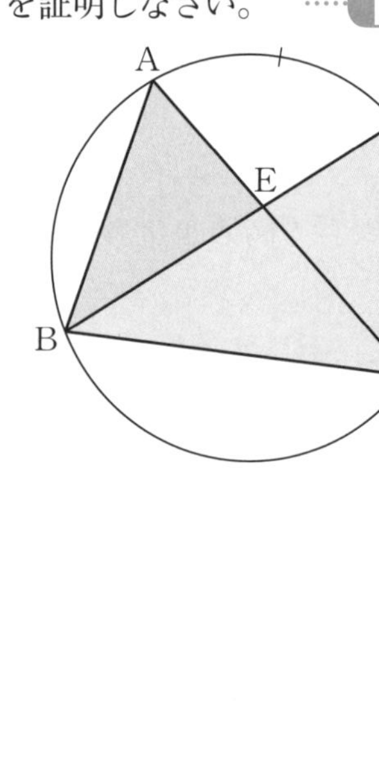

3 円Oの外部の点Aと円Oの周上の点Pを通る接線APは，次のように作図することができる。

・AOを直径とする円をかき，円Oとの交点をPとする。
・直線APをひく。

この方法でひいた直線APが円Oの接線であることを，次のように証明した。
[　　]の中をうめなさい。 …… 各5点

OとPを結ぶ。
PはAOを直径とする円の周上にあるから，

∠APO＝[　　]

したがって，APは円Oの半径に[　　]であるから，この円の接線である。

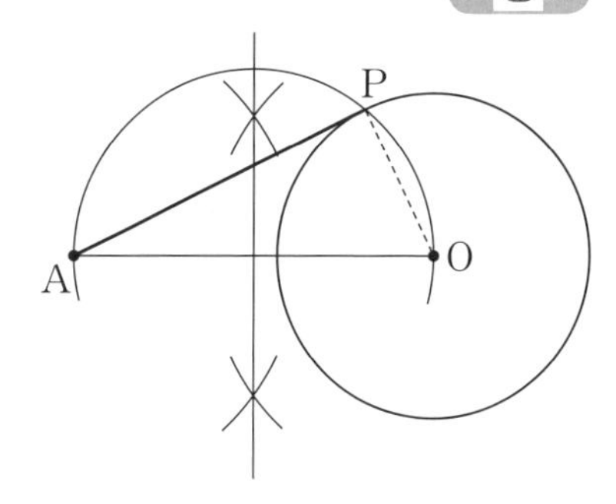

4 円O外の点Aから，円Oに接線がひけたとする。このとき，円との接点をP，P′とするとき，線分APとAP′の長さが等しいことを証明しなさい。 …… 20点

（証明） 点AとO，PとO，P′とOをそれぞれ結ぶ。

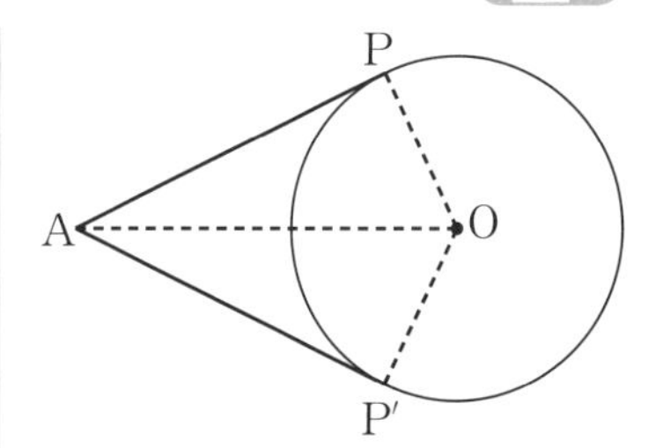

ヒント 円の接線は，その接点を通る半径に垂直であることを使う。

5 右の図で，4点A，B，C，Dは円Oの周上にあり，ADは円Oの直径である。また，頂点AからBCにひいた垂線をAEとする。このとき，△ADB∽△ACEであることを証明しなさい。 …… 20点

（証明）

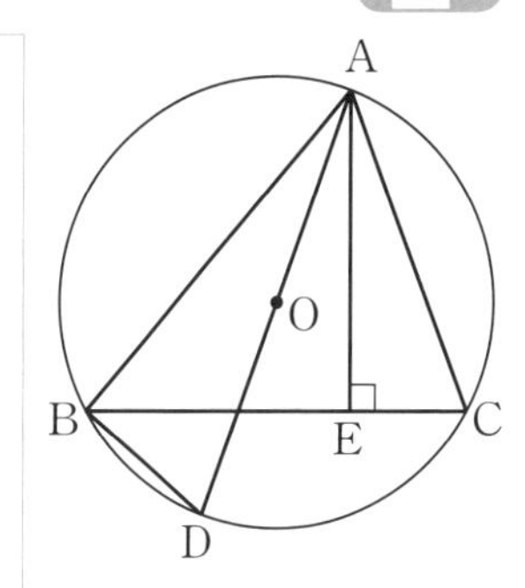

40 円周角のまとめ

答えは別冊20ページ

1 下の図の円Oで，$\angle x$の大きさを求めなさい。 

(1)

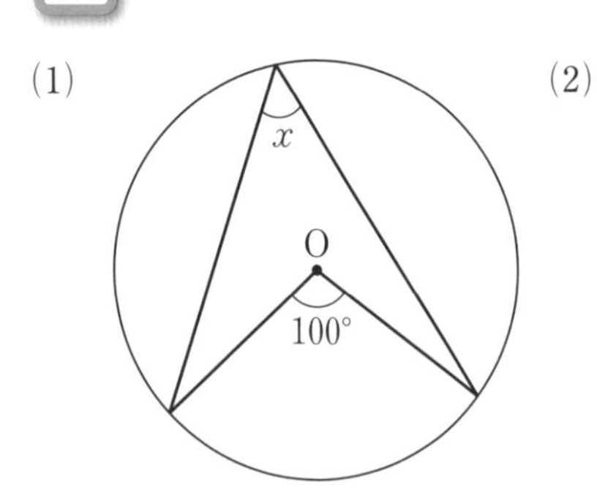

[　　　　]

(2)

O
75°
x

[　　　　]

(3)

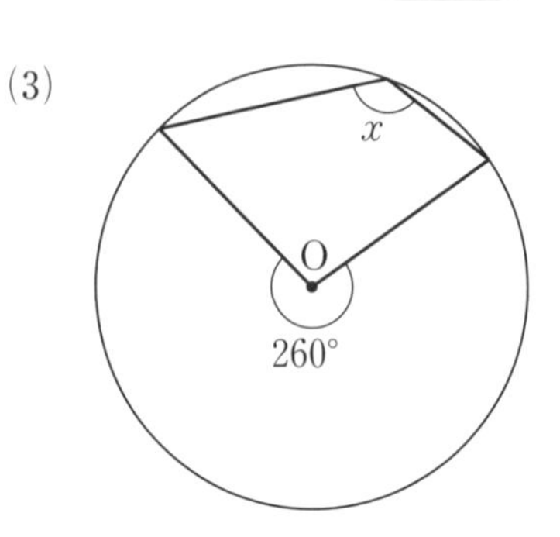

[　　　　]

(4)

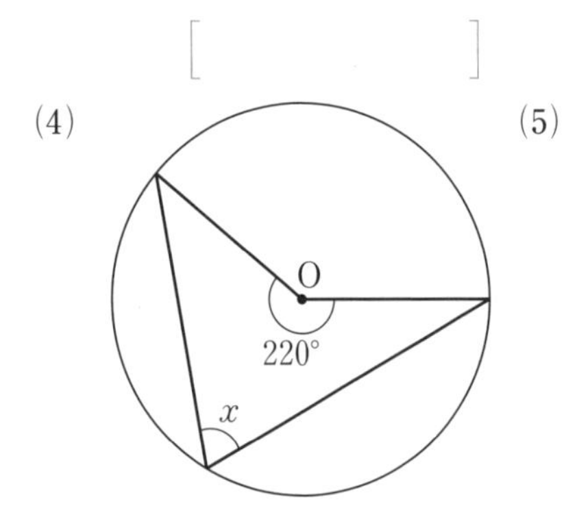

[　　　　]

(5)

70°
O
x
25°

[　　　　]

(6)

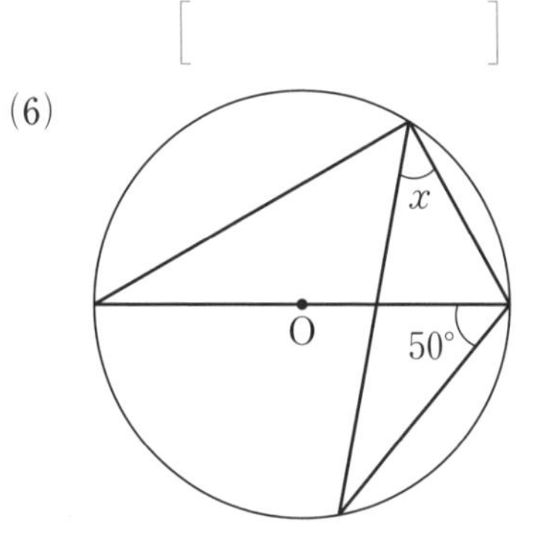

[　　　　]

(7)

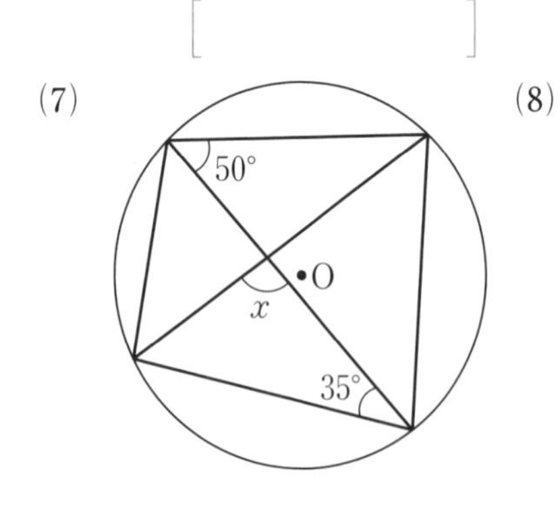

[　　　　]

(8)

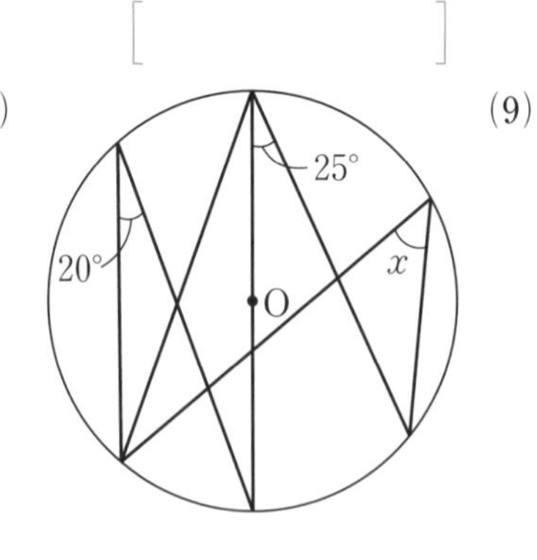

[　　　　]

(9)

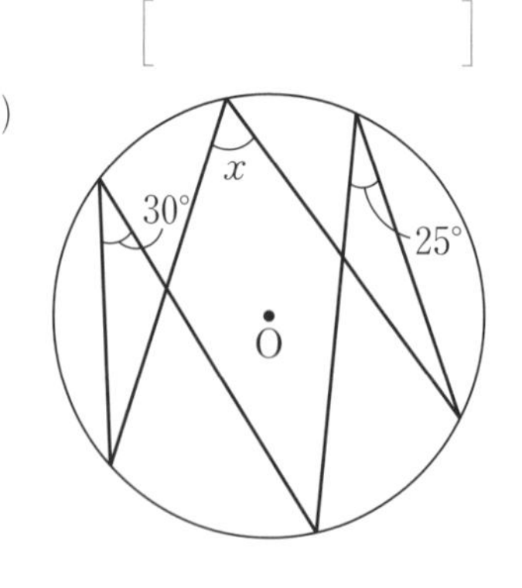

[　　　　]

2 右の図で，4点A，B，C，Dは円Oの周上の点で，$\overset{\frown}{AC}=\overset{\frown}{BC}$ である。2つの弦（げん）ABとCDの交点をPとするとき，△ACP∽△DCA であることを証明しなさい。 10点

（証明）

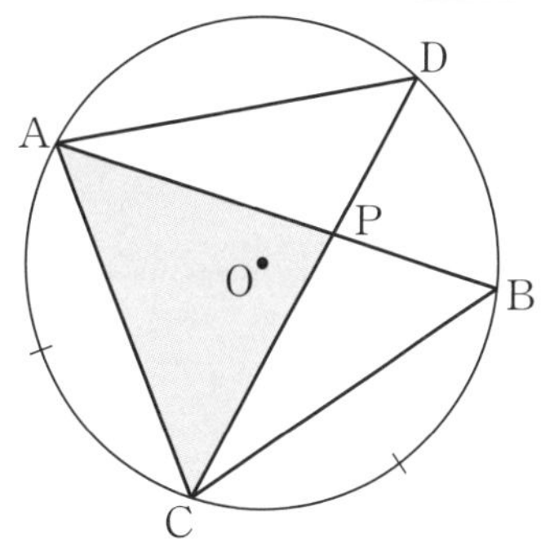

3 右の図で，BDは円Oの直径である。∠ADB＝50°，∠BDC＝65° のとき，次の問いに答えなさい。 各9点

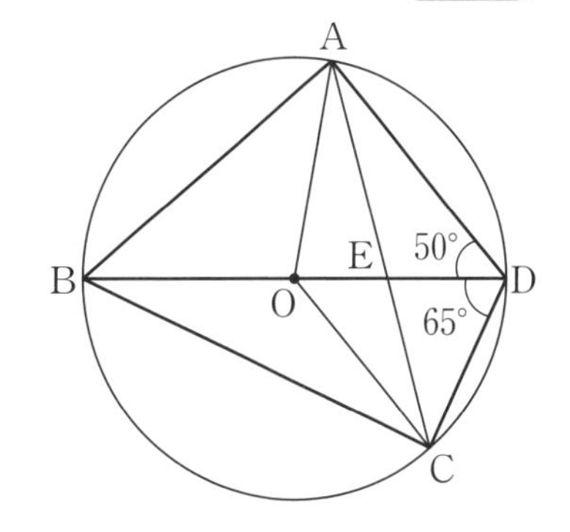

(1) ∠ABDの大きさを求めなさい。

[ ]

(2) ∠ACDの大きさを求めなさい。

[ ]

(3) ∠AEBの大きさを求めなさい。

ヒント ∠AEB＝∠CED

[ ]

(4) ∠EAOの大きさを求めなさい。

ヒント △OABは二等辺三角形。

[ ]

41 三平方の定理①

 月 日  点 答えは別冊21ページ

1 $\angle C=90^\circ$ の直角三角形ABCの各辺を1辺とする正方形をそれぞれS_1，S_2，S_3とするとき，次の問いに答えなさい。ただし，方眼の1目盛りを1cmとする。

［ ］各6点

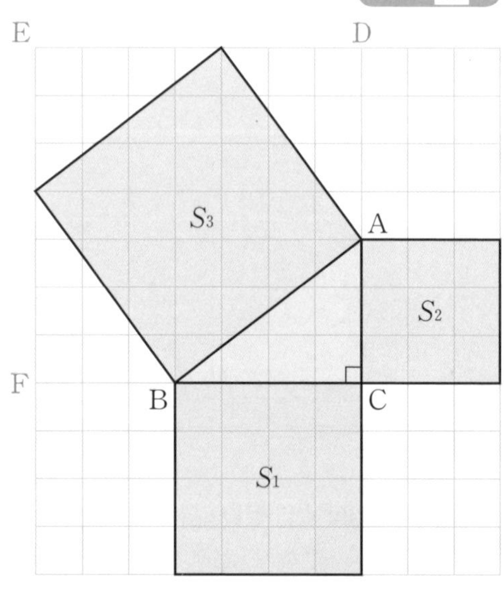

(1) S_1の面積を求めなさい。

［　　　　］

(2) S_2の面積を求めなさい。

［　　　　］

(3) S_3の面積を求めなさい。

ヒント 正方形CDEFの面積から4つの三角形の面積をひく。

［　　　　］

(4) S_1，S_2，S_3の関係を式で表しなさい。

［　　　　］

(5) BC$=a$，AC$=b$，AB$=c$とするとき，S_1，S_2，S_3をa，b，cを使って表しなさい。

［$S_1=$　　　　］［$S_2=$　　　　］［$S_3=$　　　　］

(6) 上の(4)，(5)より，a，b，cの関係を式で表しなさい。

［　　　　］

Memo 覚えておこう

●三平方の定理

直角三角形で，斜辺（しゃへん）の長さをc，他の2辺の長さをa，bとするとき，次の関係が成り立つ。

$$a^2+b^2=c^2$$

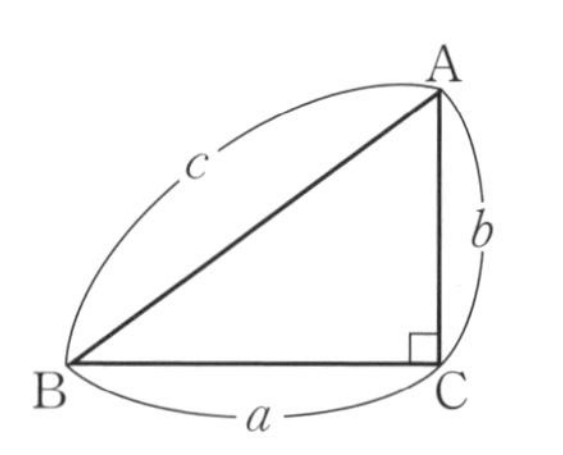

2 右の図で，$a=8$，$b=6$のとき，cの値を求めなさい。

6点

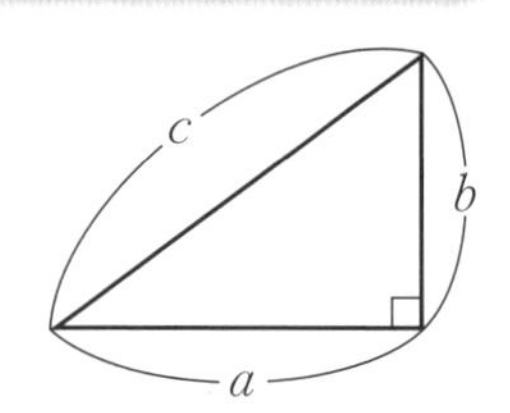

［　　　　］

3 右の図のように，正方形DBAEの外側に△ABCと合同な直角三角形をかき加えると，正方形FGCHができる。このことを使って，三平方の定理を次のように証明した。□の中をうめなさい。 各6点

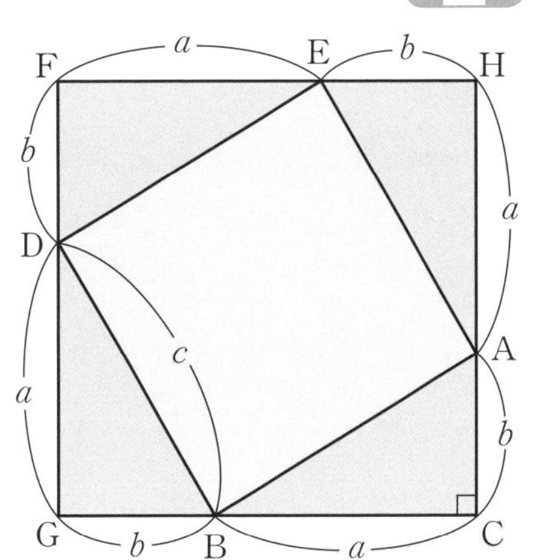

$BC=a$，$CA=b$ とする。

正方形FGCHの面積を a，b を使って表すと，

$(\quad)^2$ ……①

△BDGの面積を a，b を使って表すと，

$BD=c$ とする。

正方形DBAEの面積とまわりの4つの直角三角形の面積の和は，次のように表される。

$c^2+\square\times 4$ ……②

①，②より，次の式が成り立つ。

$(a+b)^2=\square$

この式の左辺を展開して，$a^2+2ab+b^2=\square$

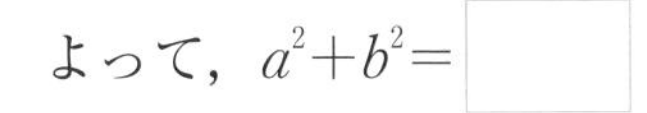

よって，$a^2+b^2=\square$

4 右の図は，∠C＝90°の直角三角形ABCの各辺を1辺とする正方形をかいたものである。正方形BDECの面積が60 cm²，正方形CFGAの面積が40 cm²のとき，次の問いに答えなさい。  各5点

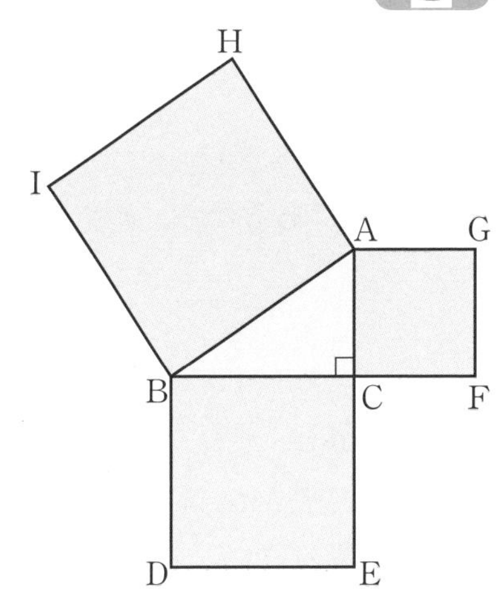

(1) 正方形AHIBの面積を求めなさい。

ヒント 三平方の定理を使う。

[　　　　]

(2) ABの長さを求めなさい。

[　　　　]

42 三平方の定理②

答えは別冊21ページ

1 右の図は，$\angle C=90^\circ$ の直角三角形ABCである。次の問いに答えなさい。

(1) 次の□の中をうめなさい。

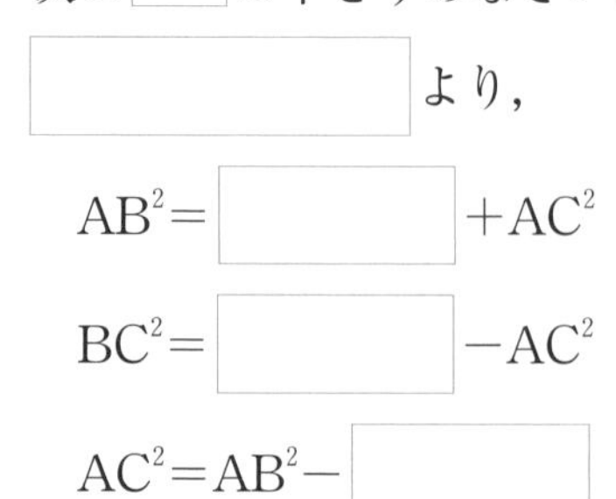

□より，

$AB^2=$ □ $+AC^2$

$BC^2=$ □ $-AC^2$

$AC^2=AB^2-$ □

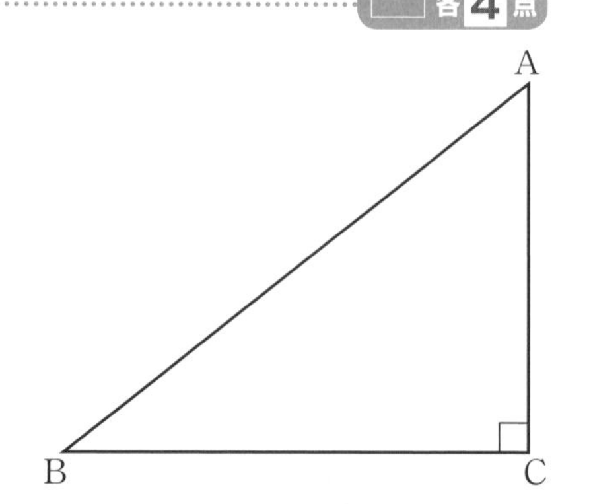

(2) $BC=8\,cm$，$AC=6\,cm$ のとき，ABの長さを次のように求めた。□の中をうめなさい。

三平方の定理より，$AB^2=BC^2+AC^2$ だから，$AB=x\,cm$ とすると，

$x^2=8^2+$ □^{2}

$=$ □

$x>0$ であるから，$x=$ □

(3) $AB=7\,cm$，$BC=\sqrt{13}\,cm$ のとき，ACの長さを次のように求めた。□の中をうめなさい。

三平方の定理より，$AC^2=AB^2-BC^2$ だから，$AC=x\,cm$ とすると，

$x^2=$ □$^2-(\sqrt{13})^2=$ □

$x>0$ であるから，$x=$ □

ポイント

直角三角形の斜辺（しゃへん）の長さを c，他の2辺の長さを a，b とするとき，次の式が成り立つ。

$c^2=a^2+b^2$　　　$a^2=c^2-b^2$　　　$b^2=c^2-a^2$

2 下の図の直角三角形で，x，y，z の値を求めなさい。 …… 各10点

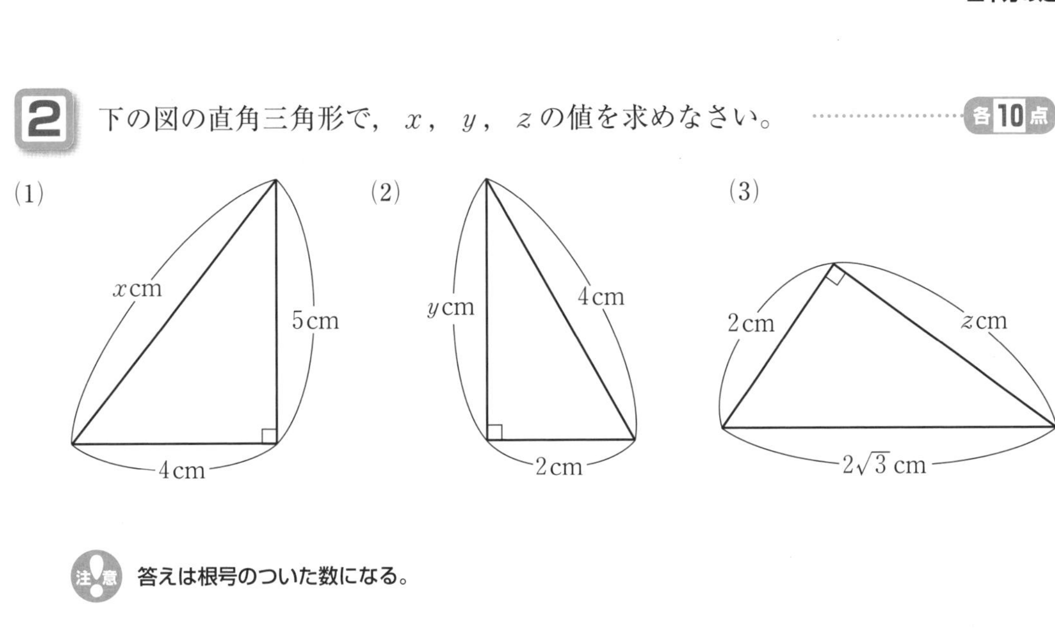

注意 答えは根号のついた数になる。

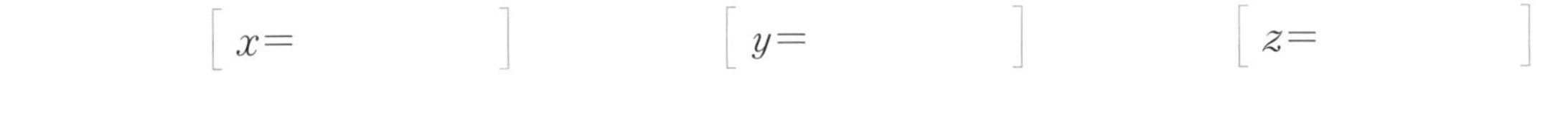

3 次のような直角三角形ABCについて，残りの辺の長さを求めなさい。 …… 各10点

(1) ∠A＝90°，CA＝9cm，AB＝12cm のときの，BCの長さ

ヒント 自分で図をかいて，斜辺がどこになるかを見つける。

[ ]

(2) ∠C＝90°，AB＝4cm，BC＝2cm のときの，CAの長さ

[ ]

(3) ∠B＝90°，AB＝$\sqrt{7}$ cm，BC＝3cm のときの，CAの長さ

[ ]

ポイント

直角三角形ABCで，90°の角に対する辺が斜辺となる。

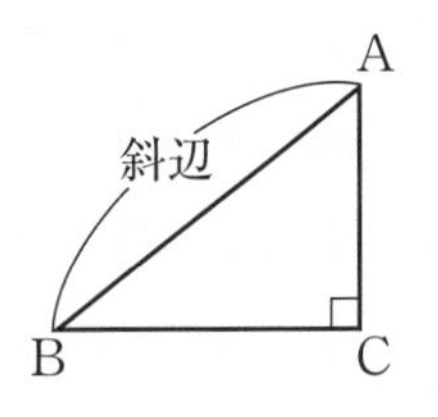

43 三平方の定理③

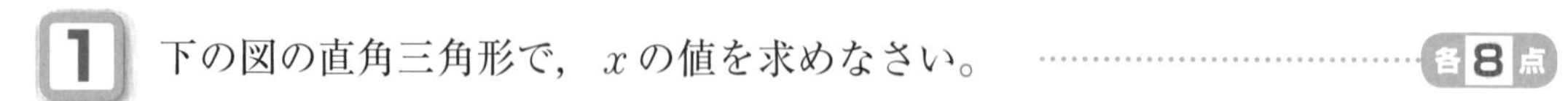

月　日　点　答えは別冊22ページ

1 下の図の直角三角形で，x の値を求めなさい。　各8点

(1)

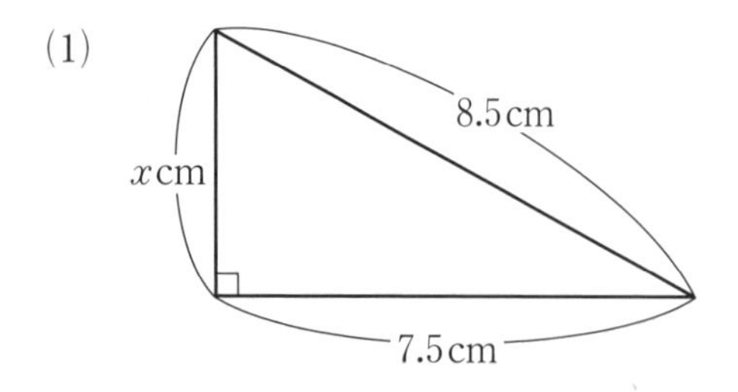

(2)

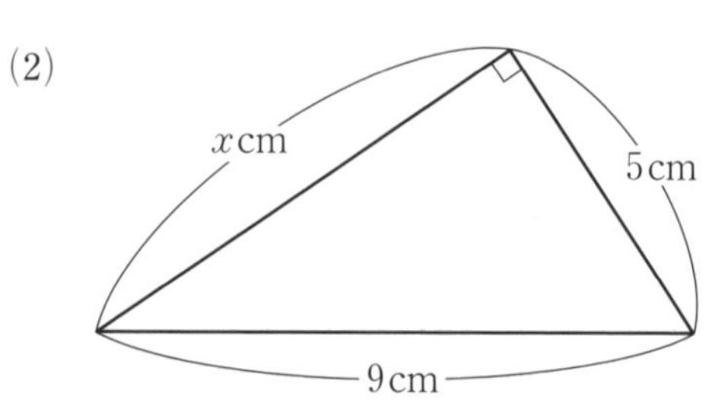

[　　　　]　[　　　　]

2 右の図のように，直角三角形ABCの頂点Aから辺BCへ垂線AHをひく。AB＝20cm，AC＝15cm のとき，次の問いに答えなさい。　各8点

(1) BCの長さを求めなさい。

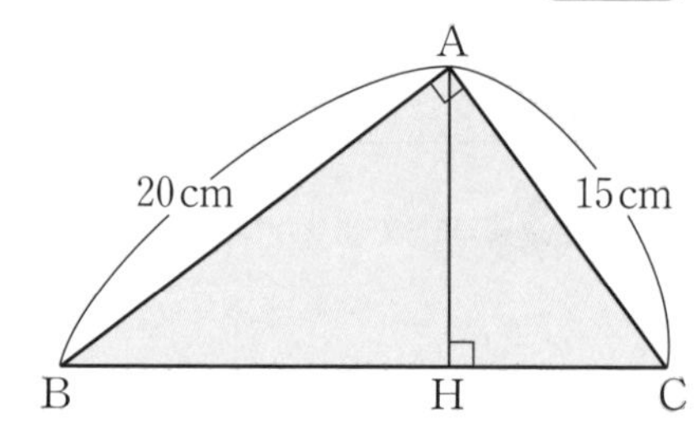

[　　　　]

(2) △ABC∽△HBA である。相似比を求めなさい。

[　　　　]

(3) AHの長さを求めなさい。

[　　　　]

(4) △HACの面積を求めなさい。

[　　　　]

3 右の図は，AB＝AC＝10 cm，BC＝12 cm の二等辺三角形ABCである。次の問いに答えなさい。 **各8点**

(1) 高さAHを求めなさい。

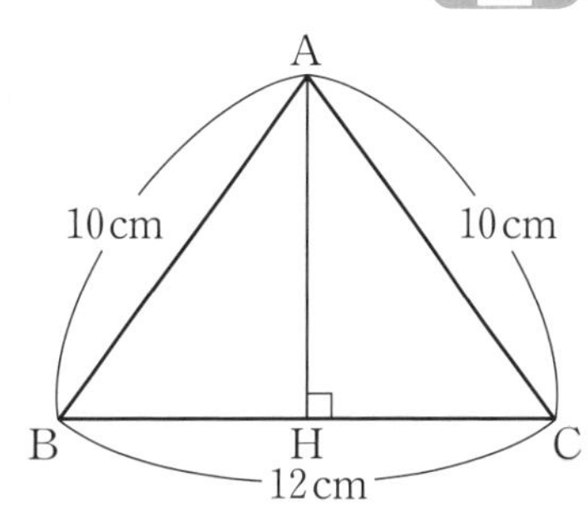

(2) △ABCの面積を求めなさい。

4 右の図は，∠C＝∠D＝90°，AD＝9 cm，BC＝15 cm，BD＝17 cm の台形である。次の問いに答えなさい。 **各9点**

(1) CDの長さを求めなさい。

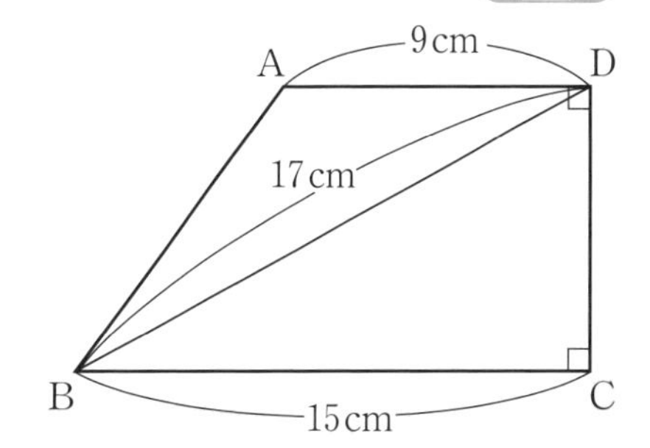

(2) ABの長さを求めなさい。

ヒント AからBCに垂線をひく。

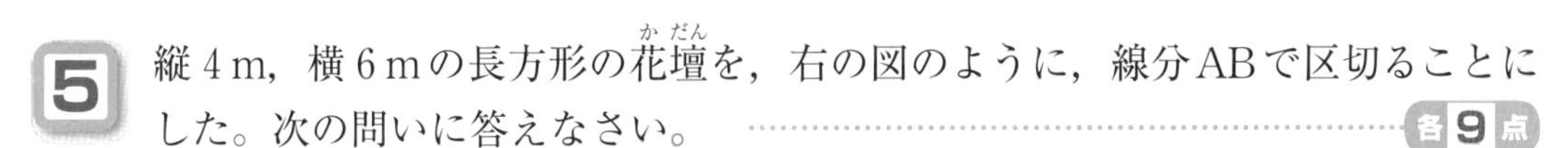

5 縦 4 m，横 6 m の長方形の花壇（かだん）を，右の図のように，線分ABで区切ることにした。次の問いに答えなさい。 **各9点**

(1) ABの長さを求めなさい。

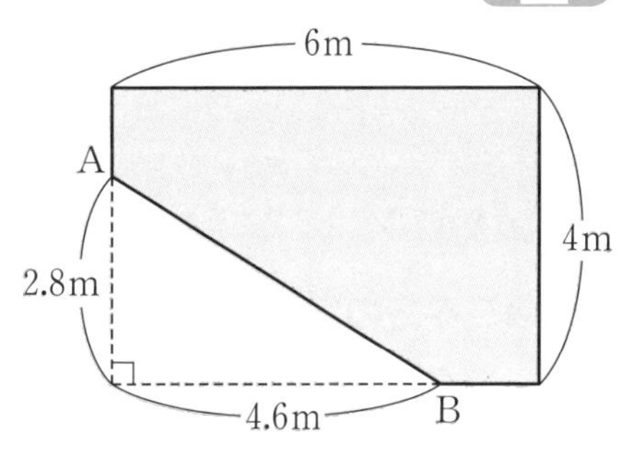

(2) 区切った後の花壇の周囲の長さを求めなさい。

44 三平方の定理の逆

 月　日  点　答えは別冊22ページ

1 △ABCの3辺の長さ a, b, c の間に, $a^2+b^2=c^2$ という関係が成り立つとき, ∠C＝90° となること（三平方の定理の逆という）を, 次のように証明した。□の中をうめなさい。　各8点

ヒント　$a^2+b^2=c^2$ が成り立つ直角三角形と, 直角をはさむ辺が a, b である三角形が合同であることをいえばよい。

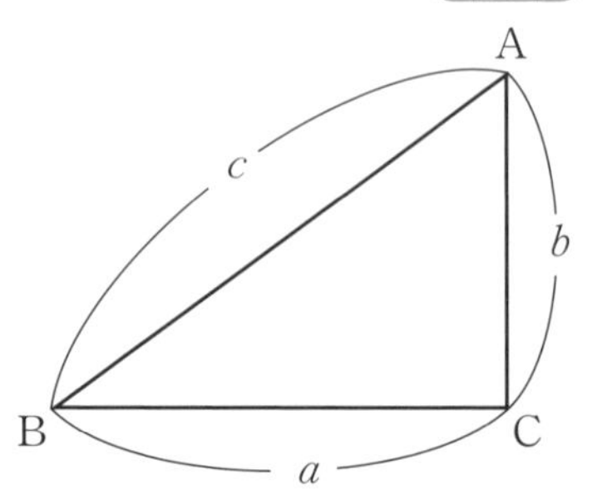

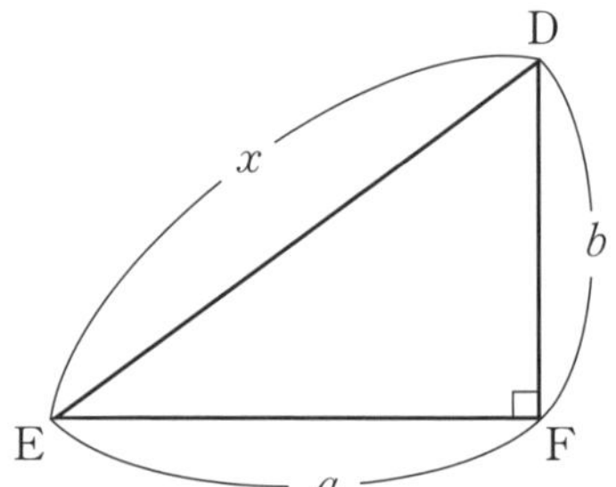

$a^2+b^2=c^2$ が成り立つ△ABCと, EF＝a, DF＝b, ∠F＝90° である直角三角形DEFを考える。

DE＝x とすると,

△DEFにおいて, 三平方の定理より,

a^2+ □ $=x^2$ ……①

一方, △ABCにおいて,

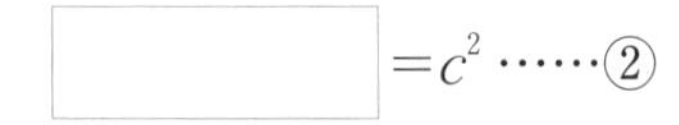

□ $=c^2$ ……②

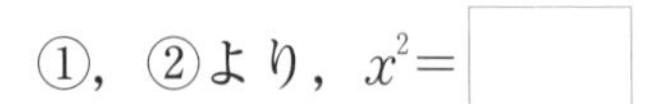

①, ②より, $x^2=$ □

$x>0$, $c>0$ であるから, $x=c$

したがって, □ がそれぞれ等しいから,

△ABC≡△DEF

したがって, ∠C＝ □ °

Memo 覚えておこう

三平方の定理の逆

△ABCの3辺の長さ a, b, c の間に,

$a^2+b^2=c^2$ という関係が成り立てば, ∠C＝90°

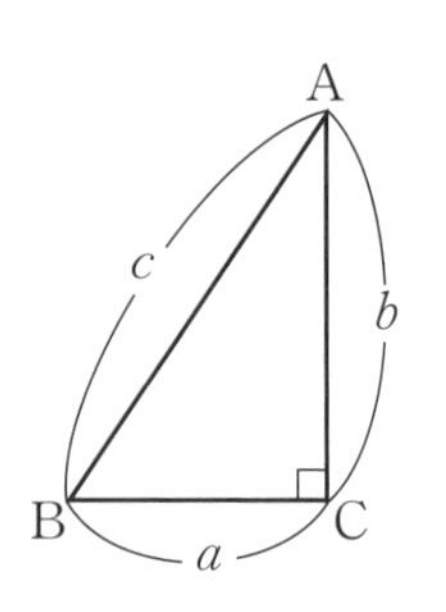

2 次の長さを３辺とする直角三角形ABCで，直角となるのはどの角か答えなさい。 ……… 各8点

(1) AB＝10 cm，BC＝8 cm，CA＝6 cm

[　　　　]

(2) AB＝6 cm，BC＝9 cm，CA＝$3\sqrt{5}$ cm

[　　　　]

(3) AB＝$\sqrt{3}$ cm，BC＝4 cm，CA＝$\sqrt{19}$ cm

[　　　　]

3 下の図の△ABCにおいて，直角三角形であるときは○を，そうでないときは×を，[　]の中に書きなさい。 ……… 各9点

(1)

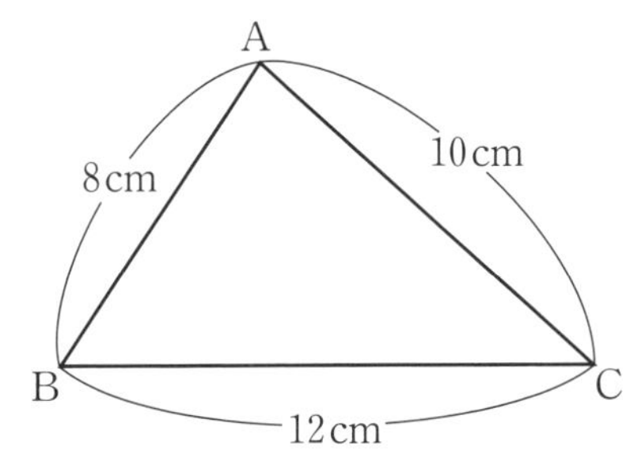

[　　　　]

(2)

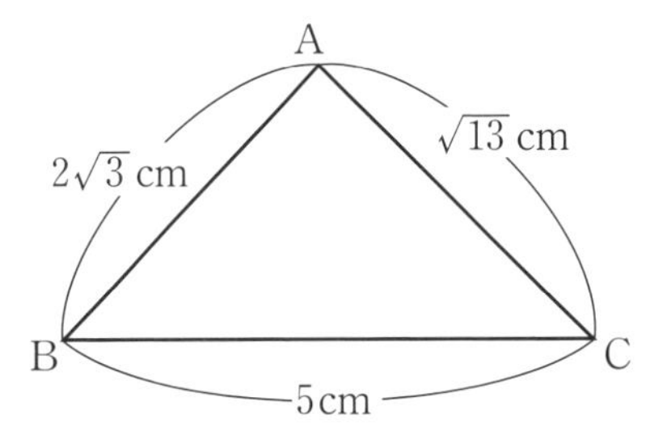

[　　　　]

4 次の長さを３辺とする三角形のうち，直角三角形となるものはどれか，記号で答えなさい。 ……… 各9点

(1) A．2 cm，3 cm，4 cm
B．5 cm，10 cm，12 cm
C．8 cm，15 cm，17 cm

[　　　　]

(2) A．$\sqrt{3}$ cm，$\sqrt{5}$ cm，$\sqrt{7}$ cm
B．$\sqrt{2}$ cm，$2\sqrt{2}$ cm，$\sqrt{10}$ cm
C．$\sqrt{3}$ cm，2 cm，$\sqrt{5}$ cm

[　　　　]

45 特別な辺の比の直角三角形①

月　日　点　答えは別冊23ページ

1 右の図は，1辺が2 cmの正三角形ABCである。頂点Aから辺BCにひいた垂線とBCとの交点をDとするとき，次の問いに答えなさい。

□，［ ］各7点

(1) ∠BADの大きさを求めなさい。

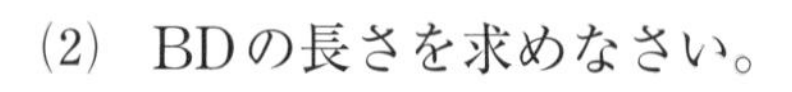

［　　　　］

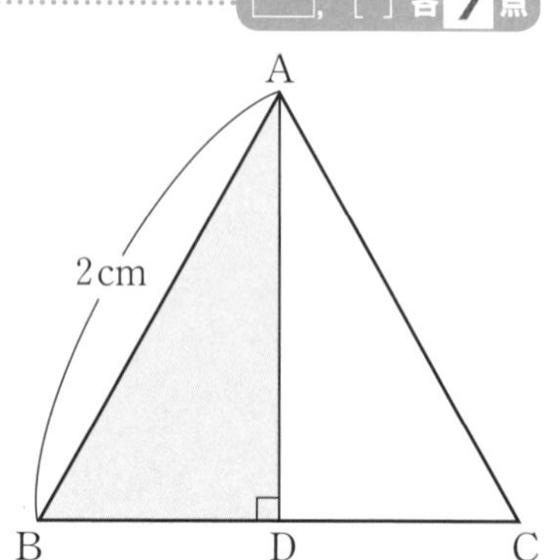

(2) BDの長さを求めなさい。

［　　　　］

(3) ADの長さを求めなさい。

［　　　　］

(4) 右の図の直角三角形ABDでは，次の関係が成り立つ。□の中をうめなさい。

AB：BD：DA＝　　：1：

Memo 覚えておこう

●60° の角をもつ直角三角形の3辺の長さの比

90°，30°，60° の直角三角形の辺の比は，

$2:1:\sqrt{3}$

である。

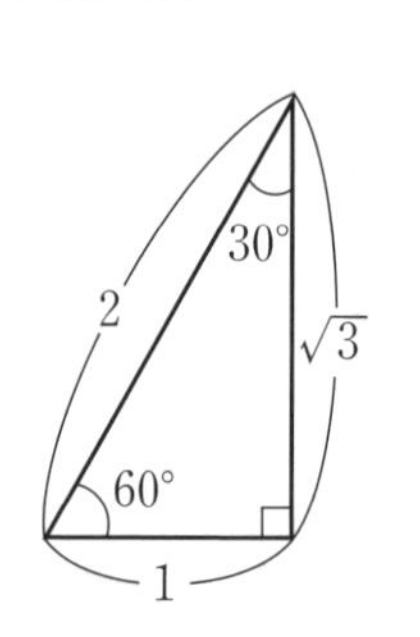

2 右の図は，直角三角形ABCである。次の問いに答えなさい。　各6点

(1) xの値を求めなさい。

［　　　　］

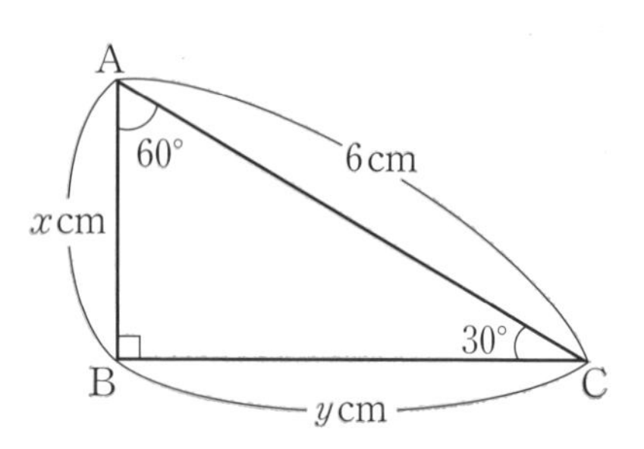

(2) yの値を求めなさい。

［　　　　］

3 下の図の直角三角形で，x，y，zの値を求めなさい。 各6点

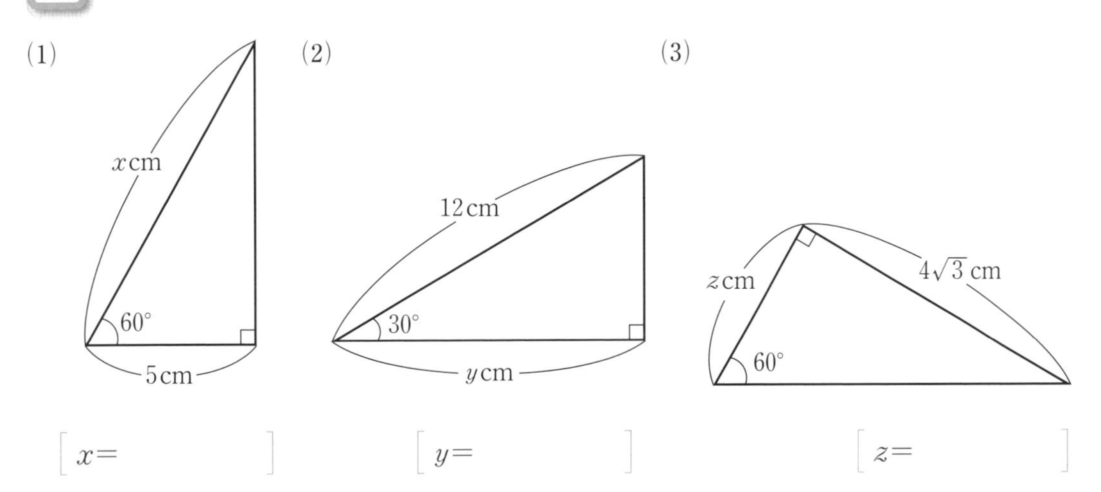

[$x=$]　[$y=$]　[$z=$]

4 下の図はいずれも正三角形である。x，y，zの値を求めなさい。 各7点

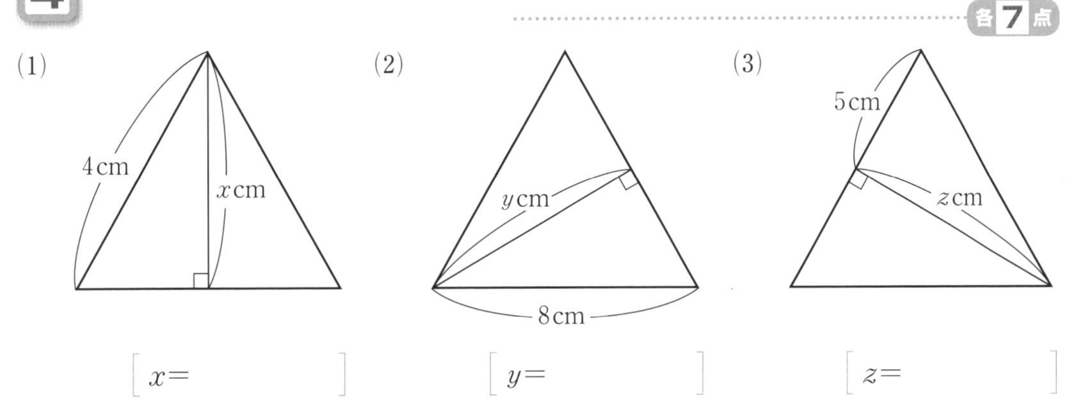

[$x=$]　[$y=$]　[$z=$]

5 右の図は，AD∥BC，AD＝6cm，BC＝18cm，AB＝DC＝12cm の台形ABCDである。点Aから辺BCに垂線AHをひくとき，次の問いに答えなさい。 各7点

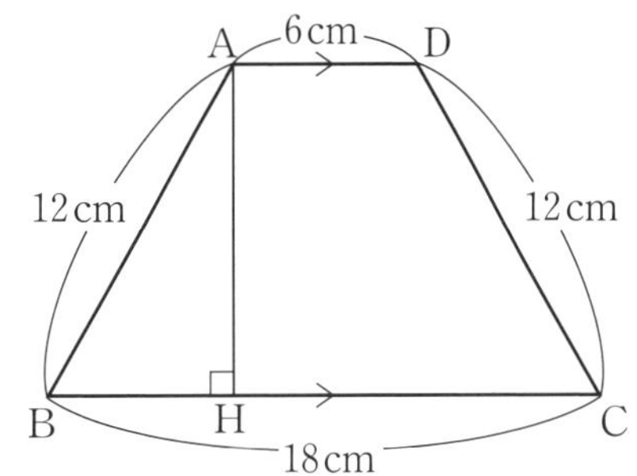

(1) BHの長さを求めなさい。

[　　]

(2) AHの長さを求めなさい。

[　　]

(3) ∠ABHの大きさを求めなさい。

[　　]

46 特別な辺の比の直角三角形②

月　　日　　　点　　答えは別冊23ページ

1

右の図は，１辺１cmの正方形ABCDに，対角線ACをかき入れたものである。次の問いに答えなさい。　□，［ ］各7点

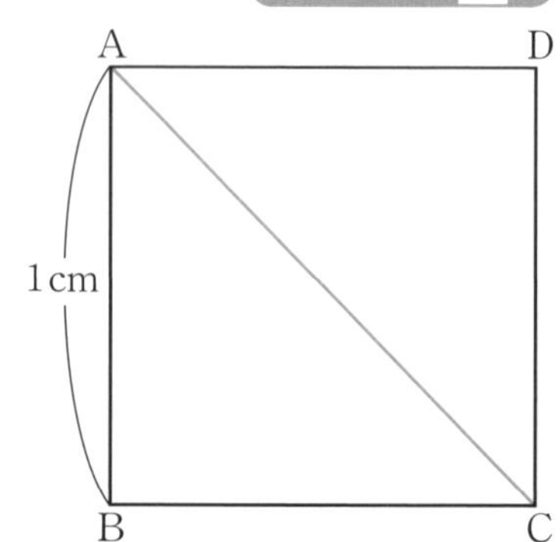

(1)　∠BACの大きさを求めなさい。

［　　　　　］

(2)　対角線ACの長さを求めなさい。

［　　　　　］

(3)　右の図の直角二等辺三角形ABCでは，次の関係が成り立つ。□の中をうめなさい。

AB：BC：AC＝ 1：　　　：

Memo 覚えておこう

●直角二等辺三角形の３辺の長さの比
45°，45°，90°の直角二等辺三角形の辺の比は，
$1:1:\sqrt{2}$
である。

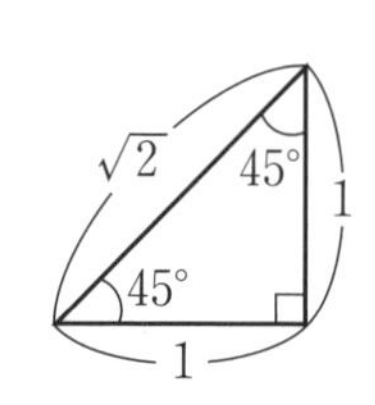

2

下の図の直角三角形で，xの値を求めなさい。　各8点

(1)

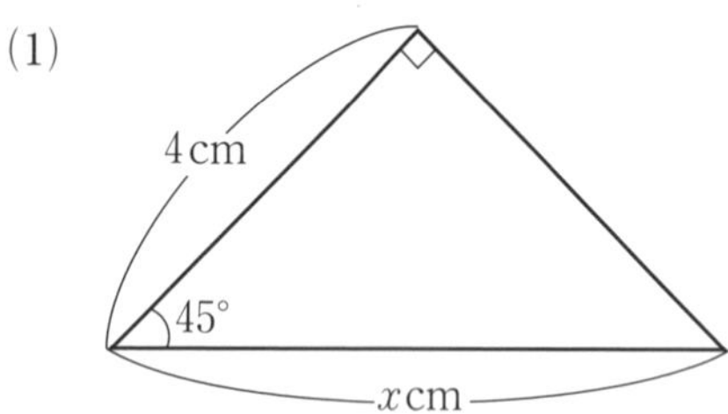

(2)

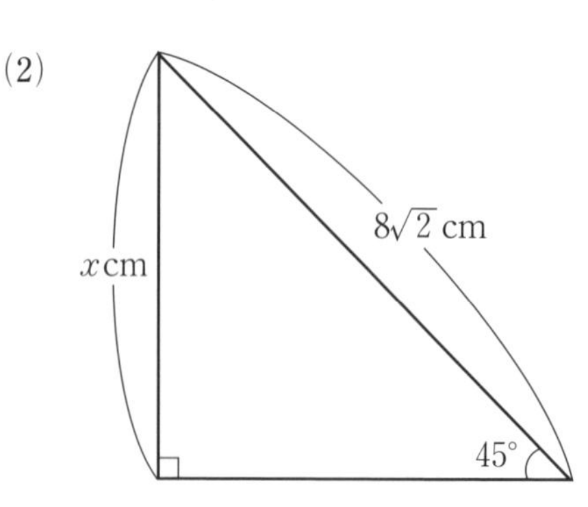

［　　　　　］　　　［　　　　　］

3 下の図は，いずれも AB＝AC，∠A＝90° の直角二等辺三角形ABCである。x，y，zの値を求めなさい。 各7点

(1) (2) 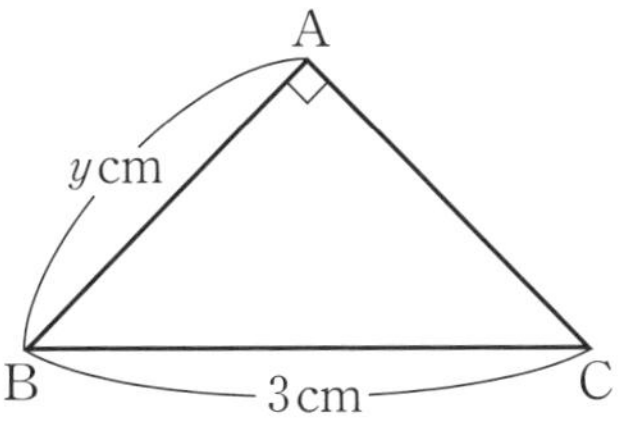 (3)

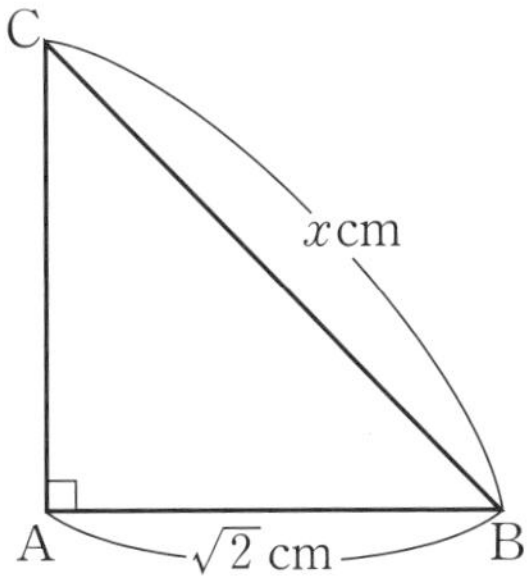

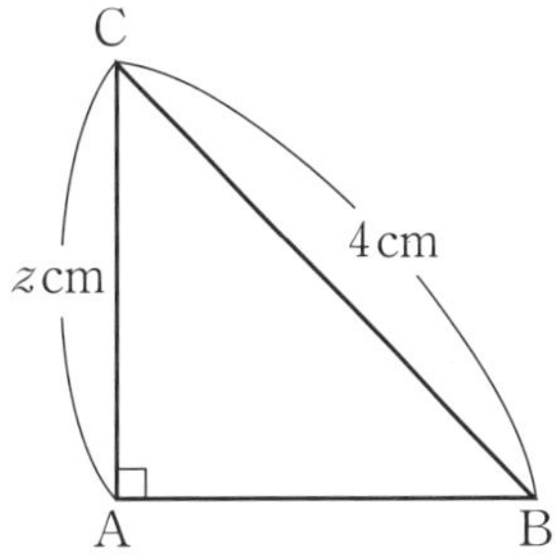

注意 答えは，分母に√ をふくまない形にする。

[x＝] [y＝] [z＝]

4 右の図は，∠A＝90°，AC＝1cmの直角二等辺三角形ABCの外側に，斜辺(しゃへん)BCを1辺とする直角二等辺三角形CBDをかき，さらに同様にして，直角二等辺三角形DBE，EBFをかいたものである。次の問いに答えなさい。 各7点

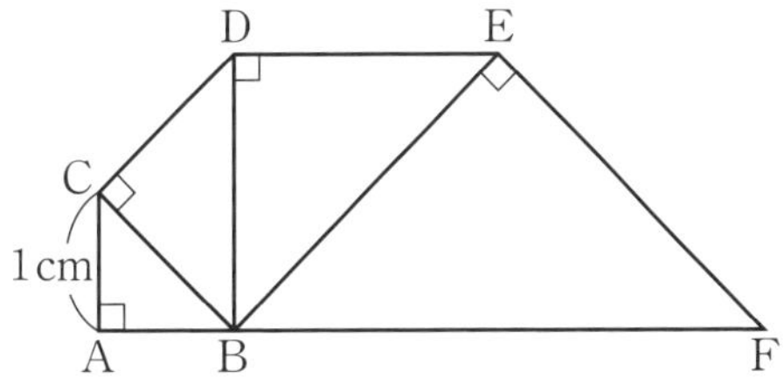

(1) CDの長さを求めなさい。

[ ]

(2) DEの長さを求めなさい。

[ ]

(3) BFの長さを求めなさい。

[ ]

5 右の図の直角三角形ABCで，∠B＝30°，∠C＝90°，AC＝DC，AB＝6cmである。このとき，次の辺の長さを求めなさい。 各7点

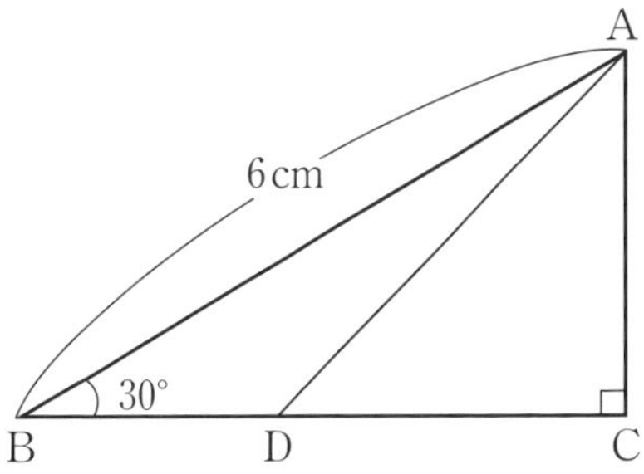

(1) AC

[ ]

(2) AD

[ ]

(3) BD

[ ]

47 特別な辺の比の直角三角形③

月　日　点　答えは別冊24ページ

1 下の図で，x の値を求めなさい。　各8点

(1) $\angle A=30°$，$\angle C=90°$

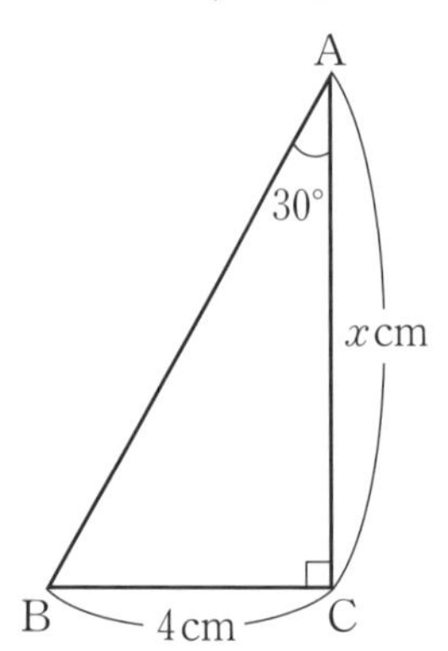

[　　　　]

(2) AB=BC=CA，CH⊥AB

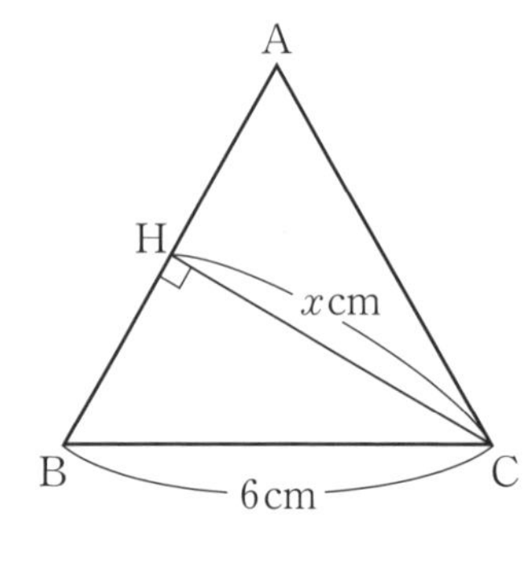

[　　　　]

(3) AB=AC，$\angle A=90°$

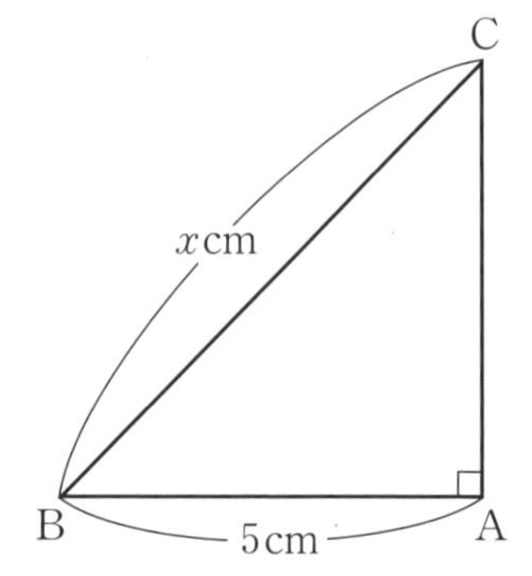

[　　　　]

(4) AB=AC，$\angle A=90°$

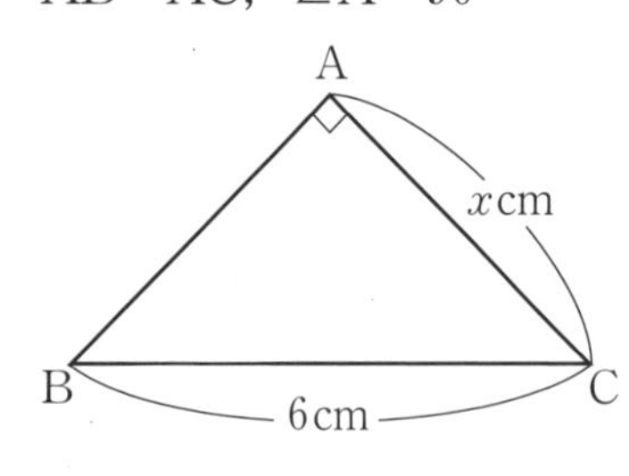

[　　　　]

(5) $\angle A=90°$，$\angle C=60°$

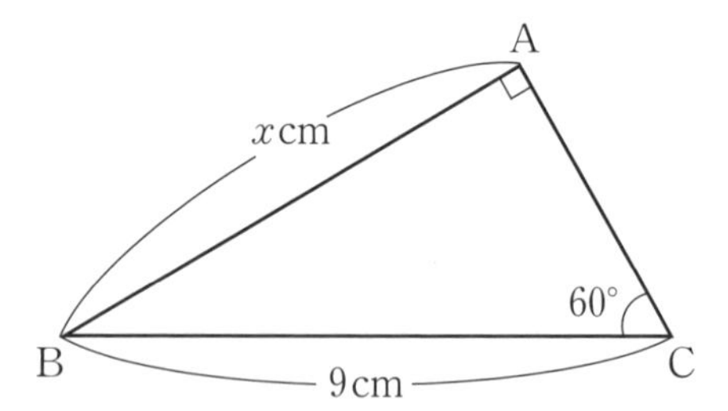

[　　　　]

2 右の図は，１組の三角定規を組み合わせたものである。ABの長さを求めなさい。 …… 10点

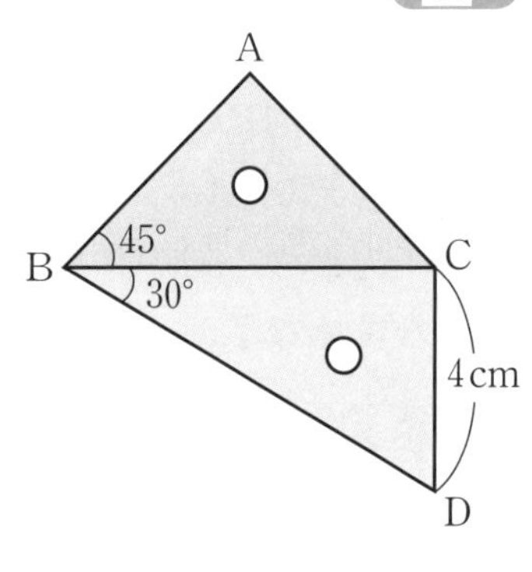

[　　　　　]

3 AD∥BC，∠B＝∠C＝60°，AD＝4cm，BC＝10cmの台形ABCDで，頂点Aから辺BCにひいた垂線をAHとするとき，次の問いに答えなさい。 …… 各10点

(1) BHの長さを求めなさい。

[　　　　　]

(2) ABの長さを求めなさい。

[　　　　　]

(3) 台形ABCDの周の長さを求めなさい。

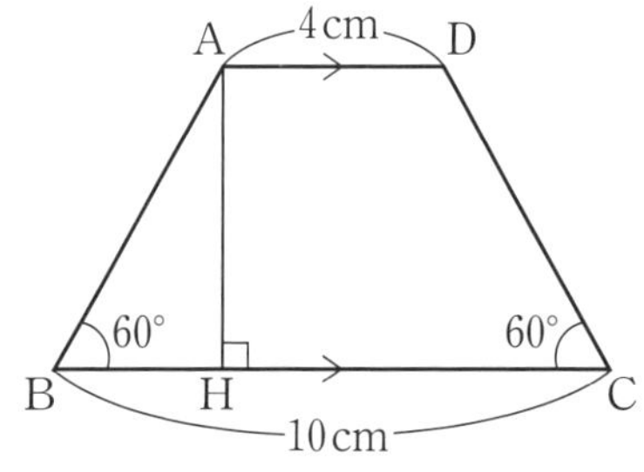

[　　　　　]

4 右の図は，AB＝8cm，AC＝5cm，∠B＝30°の△ABCである。次の問いに答えなさい。 …… 各10点

(1) 頂点AからBCにひいた垂線AHの長さを求めなさい。

[　　　　　]

(2) △ABCの面積を求めなさい。

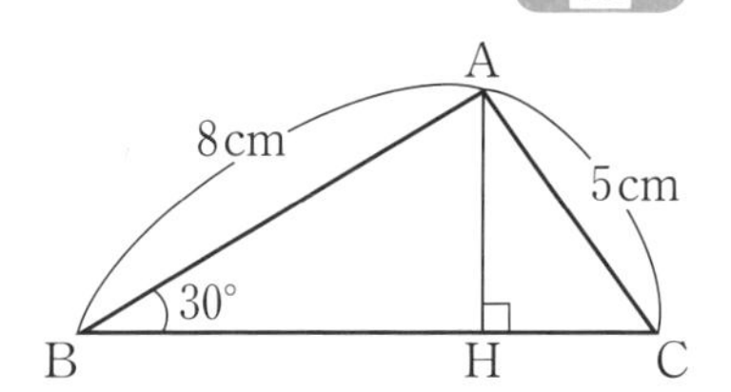

[　　　　　]

48 三平方の定理の応用①

月　日　点　答えは別冊24ページ

1 右の図は，正方形ABCDに対角線ACをかき入れたものである。次の問いに答えなさい。　各8点

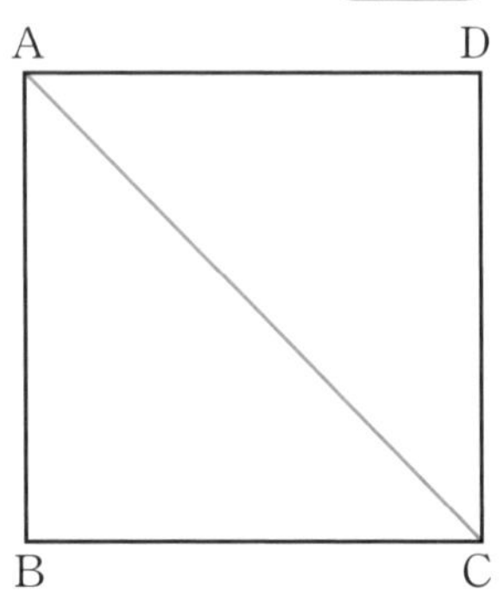

(1) 正方形の1辺の長さを1とするとき，対角線ACの長さを求めなさい。

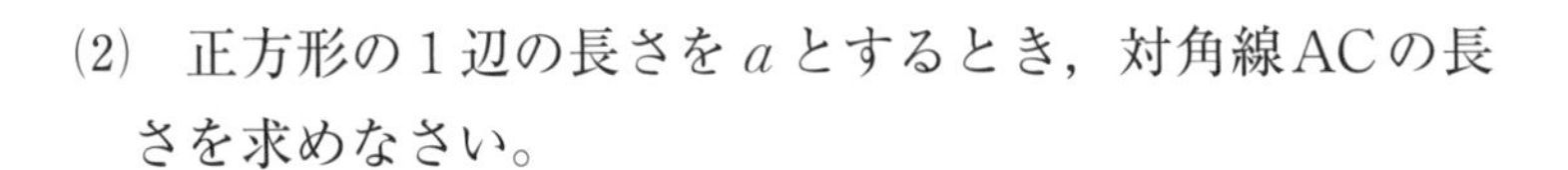

[　　　　]

(2) 正方形の1辺の長さを a とするとき，対角線ACの長さを求めなさい。

[　　　　]

ポイント

1辺の長さが a の正方形の対角線の長さ……$\sqrt{2}a$

2 次の問いに答えなさい。　各7点

(1) 1辺が8 cmの正方形の対角線の長さを求めなさい。

[　　　　]

(2) 1辺が $3\sqrt{2}$ cmの正方形の対角線の長さを求めなさい。

[　　　　]

(3) 対角線の長さが $4\sqrt{2}$ cmの正方形の1辺の長さを求めなさい。

[　　　　]

(4) 対角線の長さが16 cmの正方形の1辺の長さを求めなさい。

[　　　　]

対角線

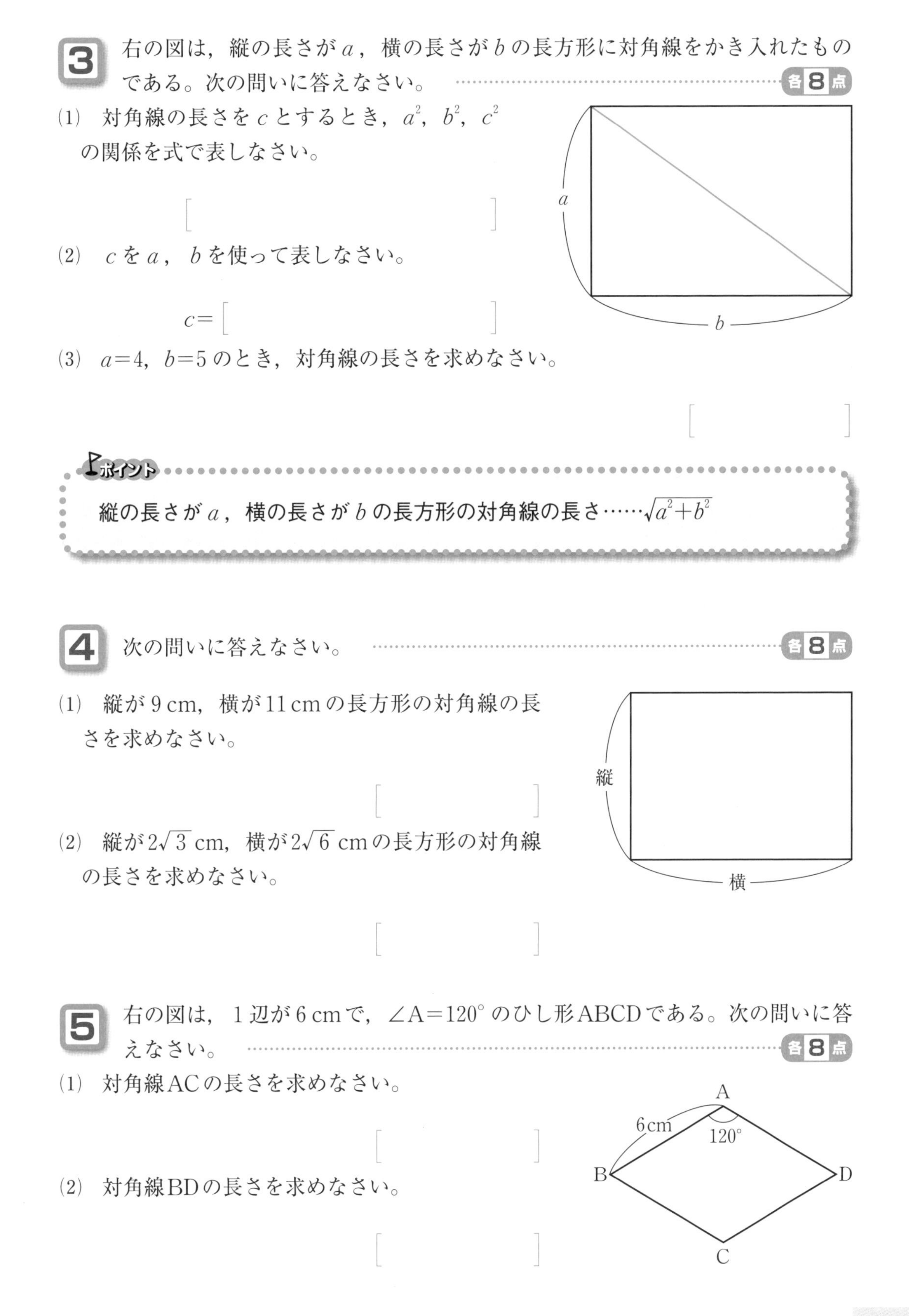

3

右の図は，縦の長さが a，横の長さが b の長方形に対角線をかき入れたものである。次の問いに答えなさい。 ……………… 各8点

(1) 対角線の長さを c とするとき，a^2，b^2，c^2 の関係を式で表しなさい。

[　　　　　　　]

(2) c を a，b を使って表しなさい。

$c=$ [　　　　　　　]

(3) $a=4$，$b=5$ のとき，対角線の長さを求めなさい。

[　　　　　　　]

ポイント

縦の長さが a，横の長さが b の長方形の対角線の長さ……$\sqrt{a^2+b^2}$

4

次の問いに答えなさい。 ……………… 各8点

(1) 縦が 9 cm，横が 11 cm の長方形の対角線の長さを求めなさい。

[　　　　　　　]

(2) 縦が $2\sqrt{3}$ cm，横が $2\sqrt{6}$ cm の長方形の対角線の長さを求めなさい。

[　　　　　　　]

5

右の図は，1 辺が 6 cm で，∠A=120° のひし形ABCDである。次の問いに答えなさい。 ……………… 各8点

(1) 対角線ACの長さを求めなさい。

[　　　　　　　]

(2) 対角線BDの長さを求めなさい。

[　　　　　　　]

49 三平方の定理の応用②

月　日　点　答えは別冊25ページ

1 右の図は，１辺の長さが１の正三角形ABCである。頂点Aから辺BCに垂線AHをひくとき，次の問いに答えなさい。……各7点

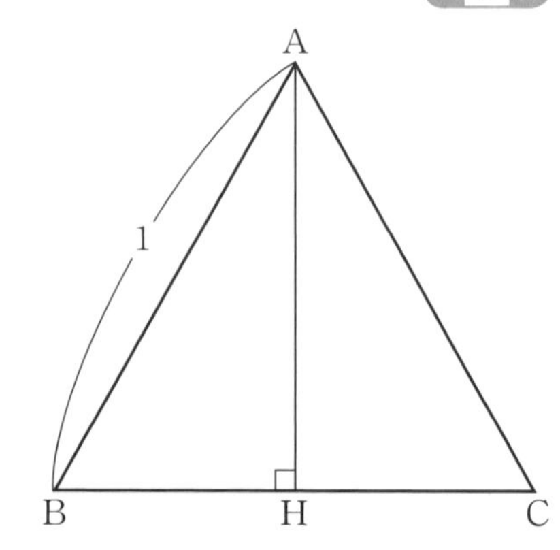

(1) ∠BAHの大きさを求めなさい。

［　　　　］

(2) BHの長さを求めなさい。

［　　　　］

(3) AHの長さを求めなさい。

［　　　　］

(4) △ABCの面積を求めなさい。

［　　　　］

2 右の図は，１辺の長さが a の正三角形ABCである。頂点Aから辺BCに垂線AHをひくとき，次の問いに答えなさい。……各8点

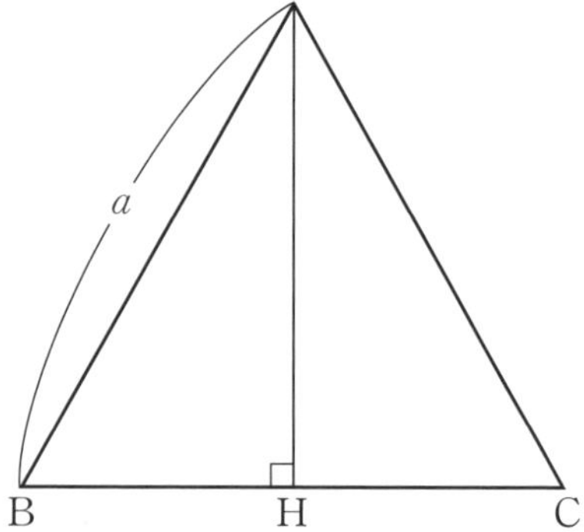

(1) AHの長さを求めなさい。

［　　　　］

(2) △ABCの面積を求めなさい。

［　　　　］

ポイント

●１辺が a の正三角形の高さと面積

高さ……$\frac{\sqrt{3}}{2}a$　　面積…$\frac{\sqrt{3}}{4}a^2$

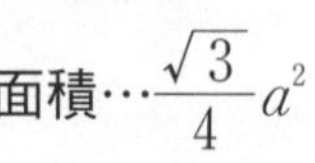

3 次の正三角形の高さを求めなさい。 ……各8点

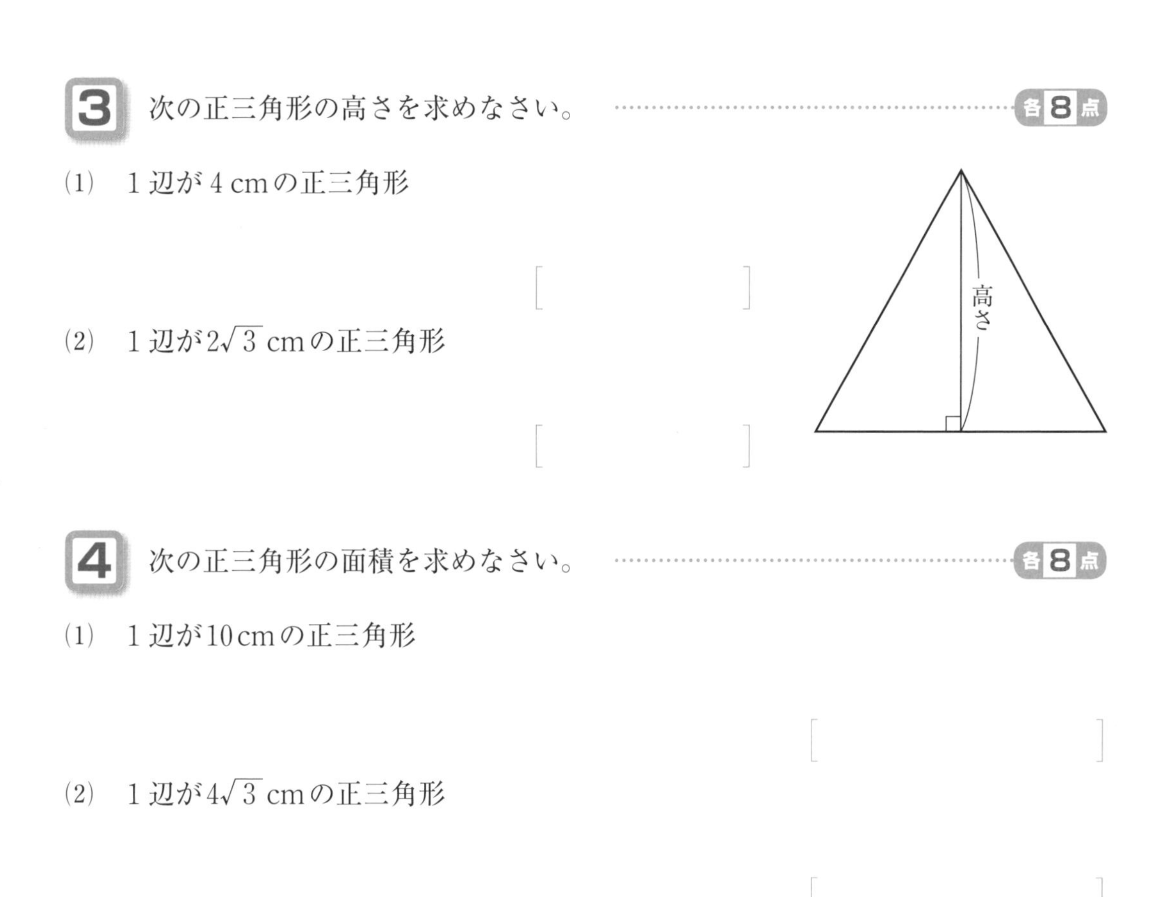

(1) 1辺が4 cmの正三角形

[　　　　]

(2) 1辺が$2\sqrt{3}$ cmの正三角形

[　　　　]

4 次の正三角形の面積を求めなさい。 ……各8点

(1) 1辺が10 cmの正三角形

[　　　　]

(2) 1辺が$4\sqrt{3}$ cmの正三角形

[　　　　]

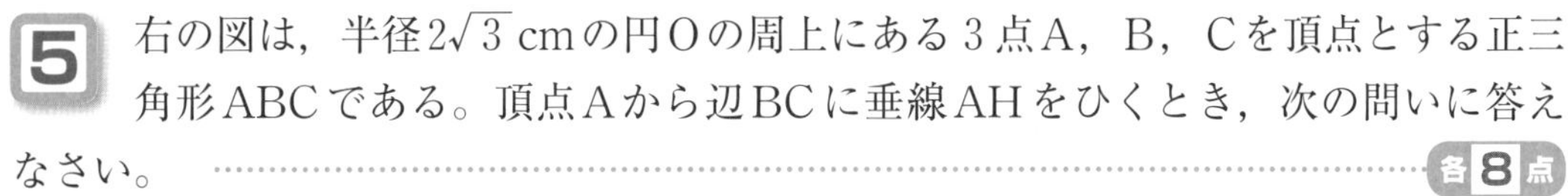

5 右の図は，半径$2\sqrt{3}$ cmの円Oの周上にある3点A，B，Cを頂点とする正三角形ABCである。頂点Aから辺BCに垂線AHをひくとき，次の問いに答えなさい。 ……各8点

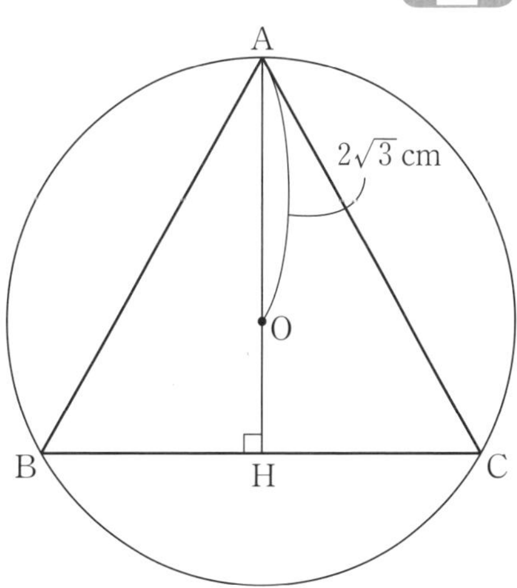

(1) AHの長さを求めなさい。

ヒント △OBHは，90°，30°，60°の直角三角形だから，辺の比は$2:1:\sqrt{3}$

[　　　　]

(2) 正三角形ABCの1辺の長さを求めなさい。

[　　　　]

(3) 正三角形ABCの面積を求めなさい。

[　　　　]

50 三平方の定理の応用③

月　日　点　答えは別冊25ページ

1 半径5 cmの円Oで，中心Oからの距離(きょり)が3 cmである弦(げん)ABの長さを，次のように求めた。□の中をうめなさい。……各8点

中心Oから弦ABにひいた垂線とABとの交点をHとすると，Hは弦ABの中点であるから，
AB＝2AH である。
AH＝x cm とすると，△OAHは直角三角形だから，$AH^2+OH^2=OA^2$

x^2+ □ $^2=5^2$

$x^2=$ □

$x>0$ であるから，$x=$ □

したがって，AB＝2× □ ＝ □ (cm)

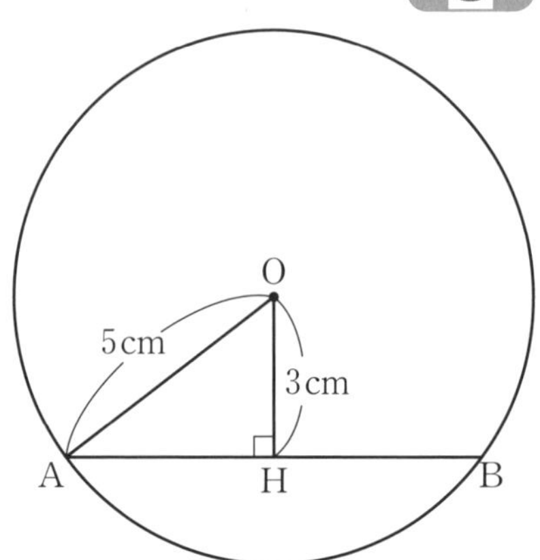

ポイント

半径 r の円Oの中心からの距離が d である弦の長さを ℓ とすると，

$\ell=2\sqrt{r^2-d^2}$

2 次の問いに答えなさい。……各8点

(1) 半径17 cmの円で，中心からの距離が5 cmである弦の長さを求めなさい。

[　　　　]

(2) 半径5 cmの円に長さ6 cmの弦をひいた。この弦から円の中心までの距離を求めなさい。

[　　　　]

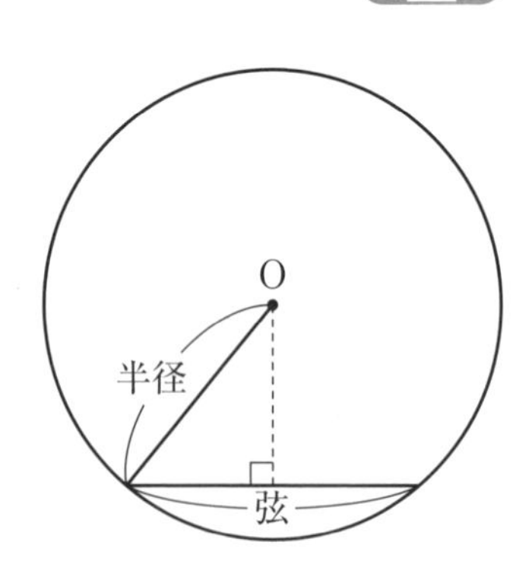

3 右の図のように，半径10 cmの円Oに弦ABをひいた。∠AOB=120° のとき，次の問いに答えなさい。 **各9点**

(1) 弦ABの長さを求めなさい。

ヒント OからABにひいた垂線をOPとすると△OAPは直角三角形である。

[　　　　　]

(2) △OABの面積を求めなさい。

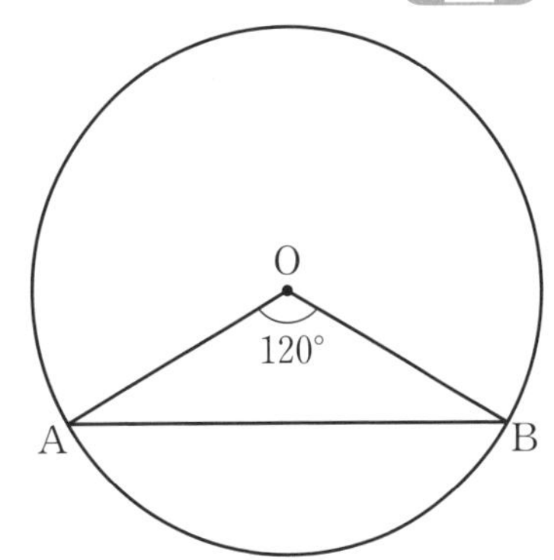

[　　　　　]

4 右の図のように，半径5 cmの円Oに，中心からの距離が10 cmである点Pから接線をひき，接点をAとする。接線PAの長さを求めなさい。 **8点**

ヒント 接点を通る円の半径と円の接線は垂直である。

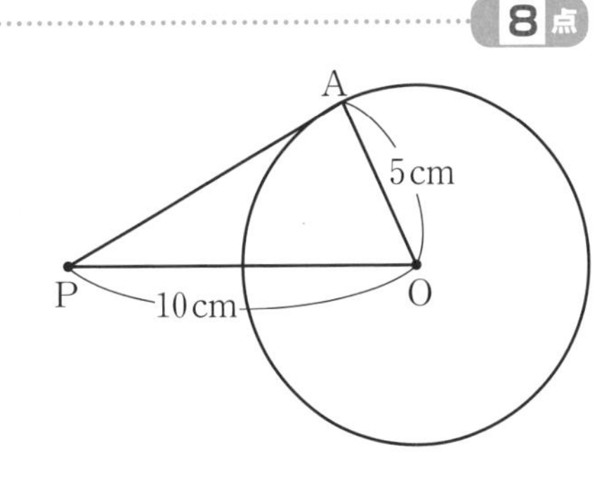

[　　　　　]

5 次の問いに答えなさい。 **各9点**

(1) 右の図のように，半径5 cmの円O外の点Pから円Oに接線をひき，接点をAとする。PA=12 cm のとき，POの長さを求めなさい。

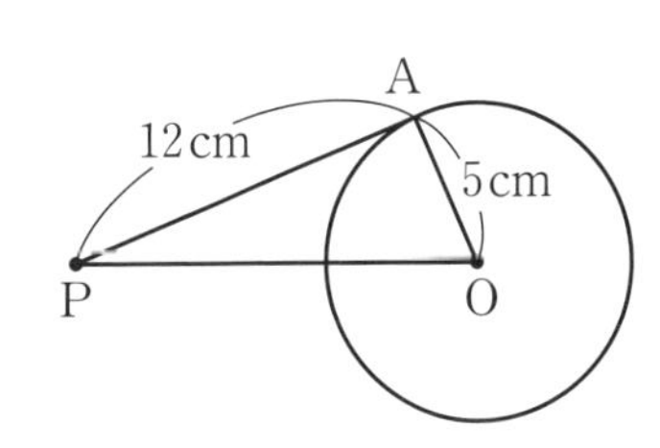

[　　　　　]

(2) 点Oを中心とする大小2つの円があり，半径は3 cmと5 cmである。小さい円の周上の点を通る接線と大きい円との交点を，右の図のようにA，Bとする。弦ABの長さを求めなさい。

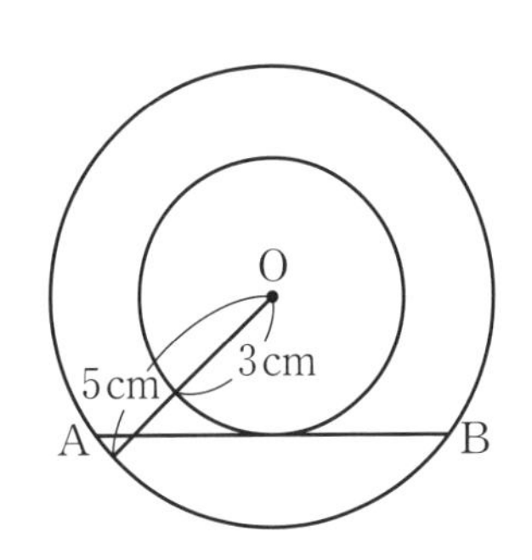

[　　　　　]

51 三平方の定理の応用④

月　日　点　答えは別冊26ページ

1 右の図のように，ABを直径とする半円Oがある。半円Oの周上の点Pを通る接線と，A，Bを通る半円Oの接線との交点をそれぞれC，Dとする。
AC＝8 cm，BD＝2 cmのとき，直径ABの長さを次のように求めた。□の中をうめなさい。　各5点

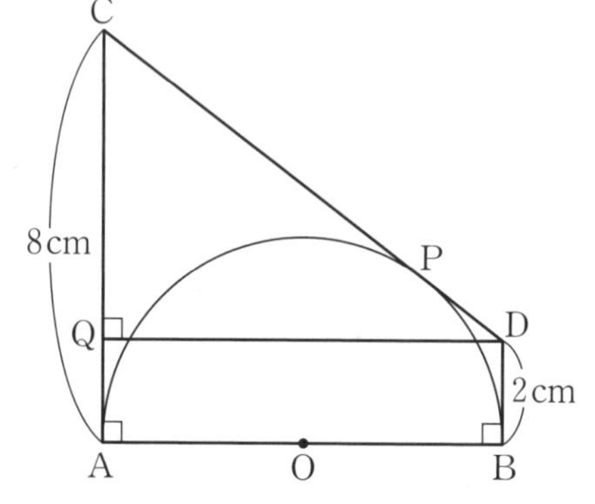

点DからACに垂線DQをひいて，直角三角形CQDをつくる。

CP＝CA＝□cm

DP＝DB＝□cm

よって，CD＝CP＋DP＝□(cm)

CQ＝CA－QA＝□(cm)

したがって，直角三角形CQDにおいて，三平方の定理より，

$QD=\sqrt{CD^2-CQ^2}=$□(cm)＝AB

2 右の図のように，ABを直径とする円Oの周上に，A，Bとは異なる点Cをとり，点Bにおける円Oの接線と直線ACとの交点をDとする。円Oの半径が4 cm，∠BAD＝30°のとき，斜線(しゃせん)部分の面積を求めなさい。　15点

ヒント　OとCを結ぶ。OからACに垂線OHをひくと，△AOH≡△COHがいえる。

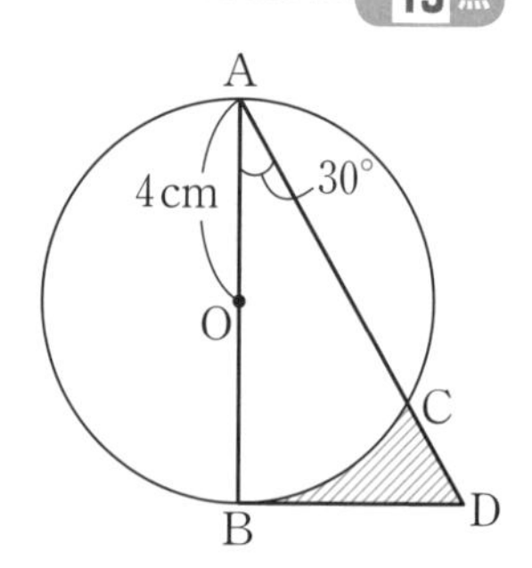

［　　　　］

3 右の図のように，4点A，B，C，Dは円Oの周上の点で，ADは直径である。円Oの半径を5 cm，AB＝8 cm，AC＝5 cmとするとき，次の問いに答えなさい。……各15点

(1) BDの長さを求めなさい。

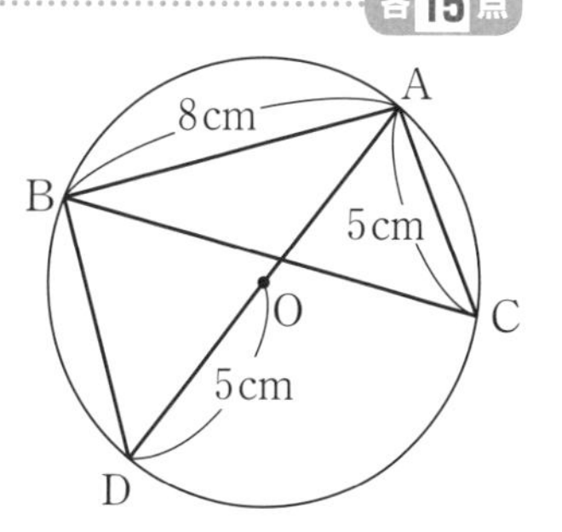

[　　　　]

(2) AからBCに垂線をひくことにより，△ABCの面積を求めなさい。

[　　　　]

4 右の図のように，半径が13 cmの球を，中心Oから5 cmの距離(きょり)にある平面で切ったとき，切り口の円の面積を求めなさい。……15点

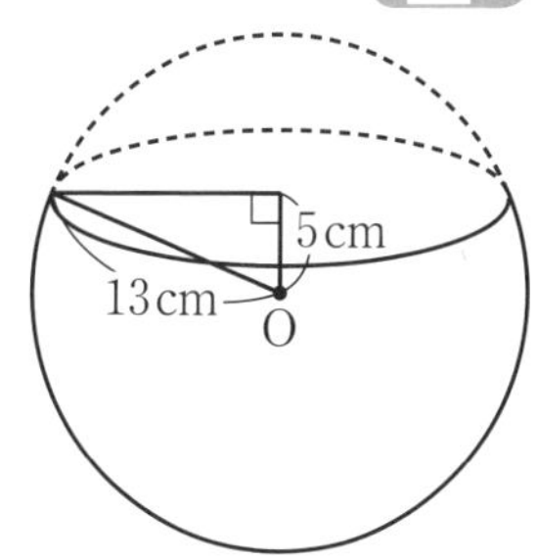

[　　　　]

5 高さが8 cmの円錐(えんすい)に，右の図のように半径が3 cmの球Oがちょうどぴったり入っている。点D，Eは球と円錐の接点である。この円錐の底面の円の半径を求めなさい。……15点

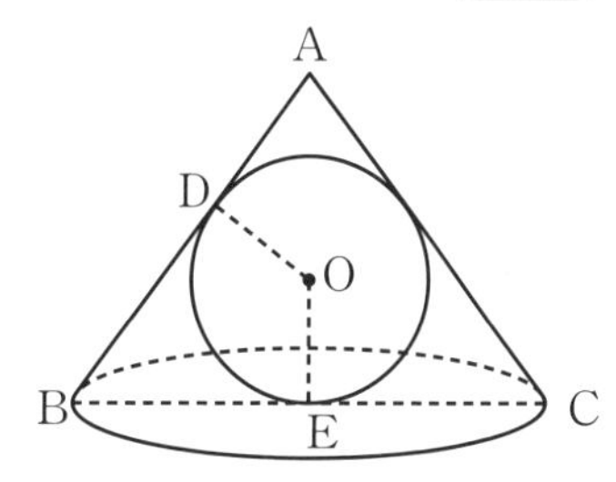

[　　　　]

52 三平方の定理の応用⑤

1 右の図は，AD//BC，AD＝AB＝6cm，BC＝10cm の台形ABCDである。頂点Aから辺BCにひいた垂線と辺BCとの交点をHとすると，BH＝3cm である。次の問いに答えなさい。 各8点

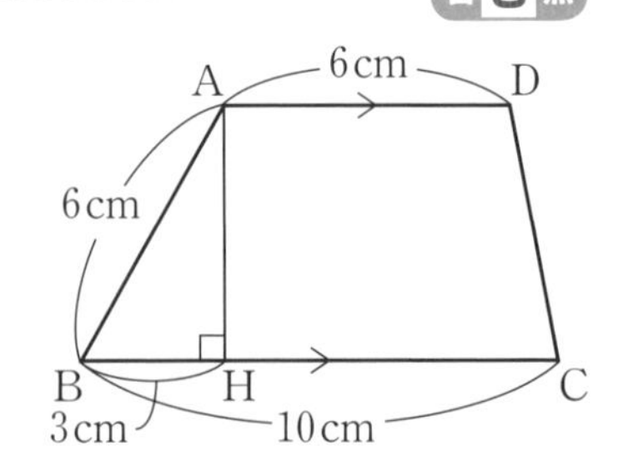

(1) 台形ABCDの面積を求めなさい。

[　　　　]

(2) 辺CDの長さを求めなさい。

[　　　　]

2 右の図は，1辺が8cmのひし形ABCDである。対角線ACの長さが6cmのとき，次の問いに答えなさい。 各8点

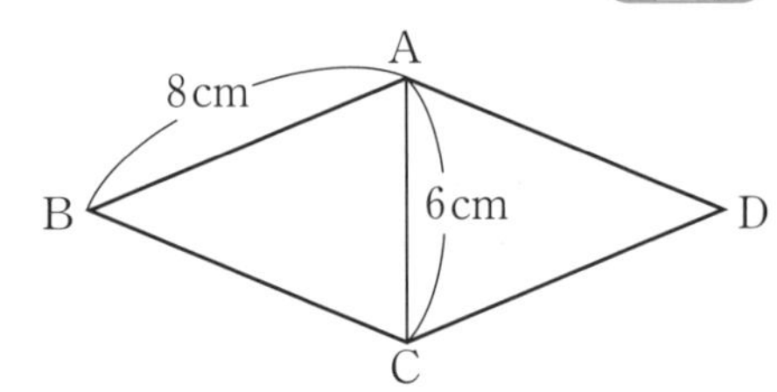

(1) 対角線BDの長さを求めなさい。

[　　　　]

(2) ひし形ABCDの面積を求めなさい。

[　　　　]

(3) 頂点Aから辺BCにひいた垂線と辺BCとの交点をHとするとき，線分BHの長さを求めなさい。

[　　　　]

3 $\angle A=90°$，$OA=AB=2\,cm$ の直角二等辺三角形OABを，右の図のように，点Oを中心として60°回転させてできた三角形を△OA′B′とする。このとき，O，B，B′を頂点とする三角形の面積を求めなさい。 …… 20点

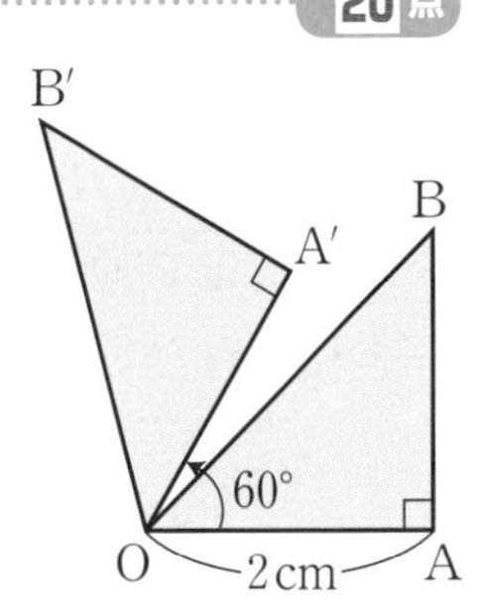

［　　　　　］

4 右の図の△ABCで，Hは頂点Aから辺BCにひいた垂線と辺BCとの交点である。BH＝9cm，CH＝4cm，$AB^2:AC^2=9:4$ のとき，次の問いに答えなさい。 …… 各10点

(1) AH＝$x$cmとして，xについての比例式をつくりなさい。

ヒント $AB^2=AH^2+BH^2$

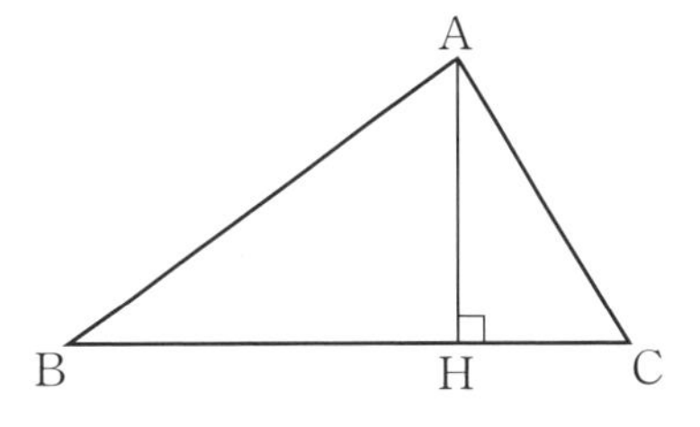

［　　　　　］

(2) (1)の比例式を解いて，AHの長さを求めなさい。

［　　　　　］

5 右の図のように，1辺が8cmの正方形ABCDの紙を，頂点Bが辺ADの中点Mに重なるように折り返した。そのときの折り目の線分をPQとする。線分MPの長さを求めなさい。 …… 20点

ヒント MP＝BP＝$x$cmとする。

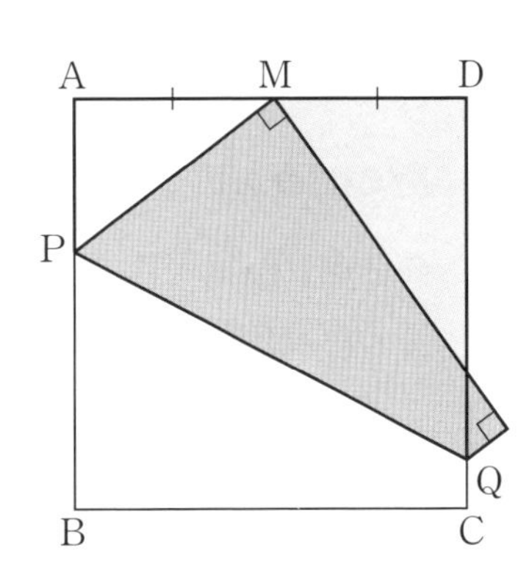

［　　　　　］

53 三平方の定理の応用⑥

 月　日  点　答えは別冊27ページ

1 座標平面上に2点P(2, 3), Q(7, 6)があるとき，PQ間の距離を次のようにして求めた。□の中をうめなさい。　各6点

点P，Qを通り，x軸，y軸に平行な直線をそれぞれひいて，直角三角形PQRをつくる。

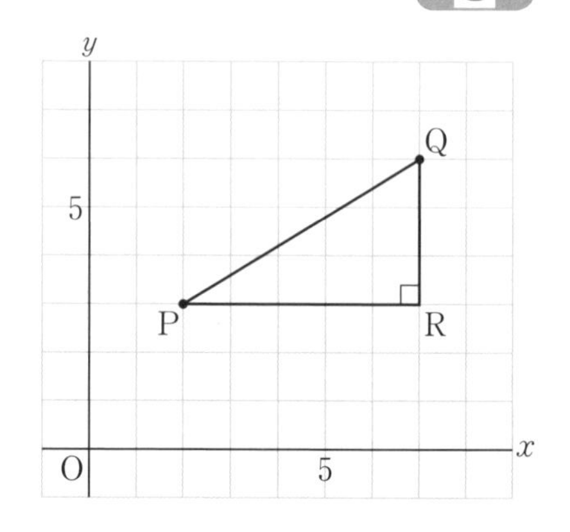

PR＝□－2

QR＝□－3

$PQ^2=PR^2+QR^2$ だから，

$PQ^2=$ $□^2+□^2$

$PQ=\sqrt{□}$

2 座標平面上に3点A(4, 3), B(1, －2), C(－2, 0)があるとき，次の問いに答えなさい。　各6点

(1) A，B間の距離を求めなさい。

[　　　　]

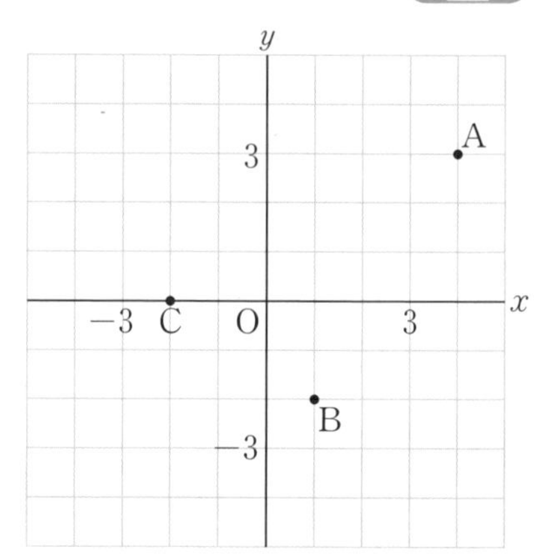

(2) B，C間の距離を求めなさい。

[　　　　]

(3) A，C間の距離を求めなさい。

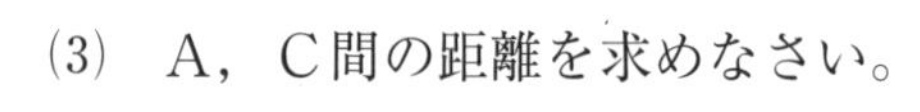

[　　　　]

Memo 覚えておこう

● **2点P(x_1, y_1)，Q(x_2, y_2)があるとき，2点間の距離をdとすると，**

$$d=\sqrt{(x_2-x_1)^2+(y_2-y_1)^2}$$

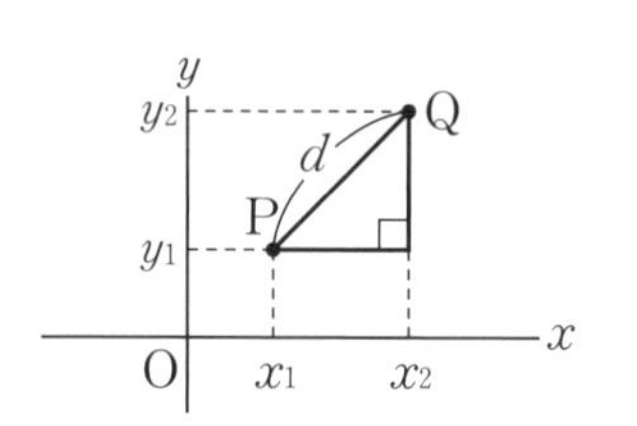

3 右の座標平面上の地図で，次の問いに答えなさい。ただし，方眼の１目盛りを１mとする。……各7点

⑴　A，B間の距離を求めなさい。

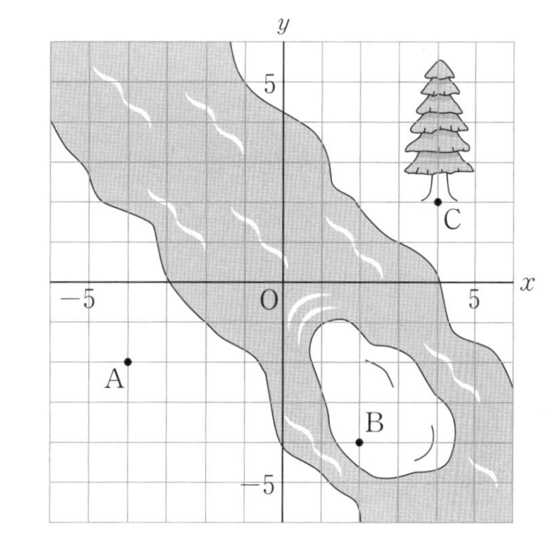

［　　　　　］

⑵　B，C間の距離を求めなさい。

［　　　　　］

⑶　C，A間の距離を求めなさい。

［　　　　　］

⑷　３点A，B，Cを結んでできる△ABCはどのような三角形か答えなさい。

［　　　　　］

4 右の図のように，関数 $y=x^2$ のグラフ上に２点A，Bがある。A，Bの x 座標がそれぞれ３，−1であるとき，次の問いに答えなさい。……［ ］各6点

⑴　２点A，Bの座標を求めなさい。

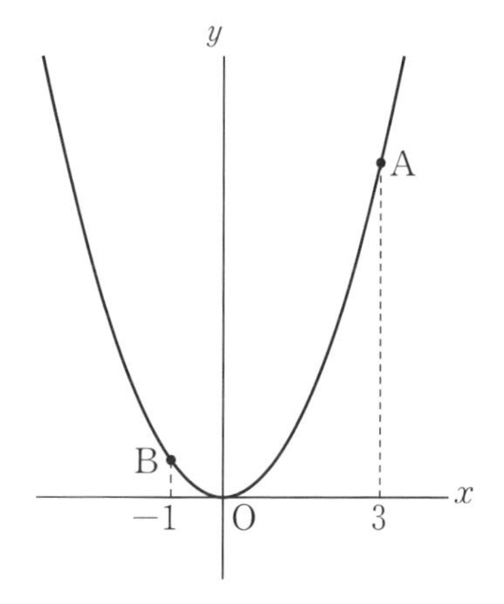

A［　　　　　］

B［　　　　　］

⑵　２点A，B間の距離を求めなさい。

［　　　　　］

⑶　３点A，B，Oを結んでできる△ABOの面積を求めなさい。

［　　　　　］

54 三平方の定理の応用⑦

月　日　点　答えは別冊27ページ

1 右の図の立方体について，次の問いに答えなさい。 各8点

(1) 立方体の1辺の長さを1とするとき，線分EGの長さを求めなさい。

[　　　　]

(2) 立方体の1辺の長さを1とするとき，対角線AGの長さを求めなさい。

ヒント △AEGは，∠AEG＝90°の直角三角形。

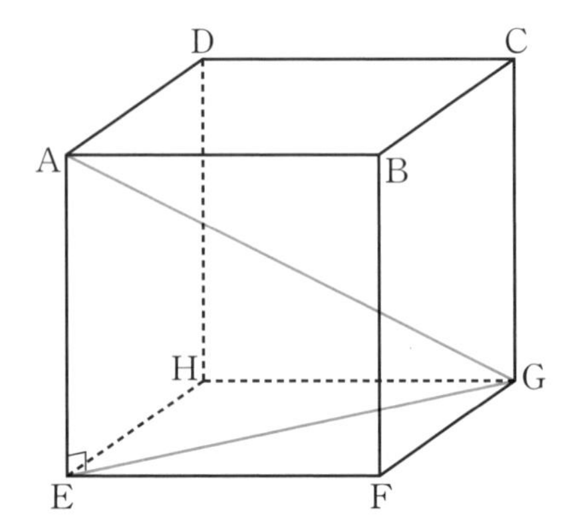

[　　　　]

(3) 立方体の1辺の長さを a とするとき，線分EGの長さを求めなさい。

[　　　　]

(4) 立方体の1辺の長さを a とするとき，対角線AGの長さを求めなさい。

[　　　　]

ポイント

1辺の長さが a である立方体の対角線の長さ……$\sqrt{a^2+a^2+a^2}=\sqrt{3}a$

2 次の立方体の対角線の長さを求めなさい。 各8点

(1) 1辺が2 cmの立方体

[　　　　]

(2) 1辺が $\sqrt{3}$ cmの立方体

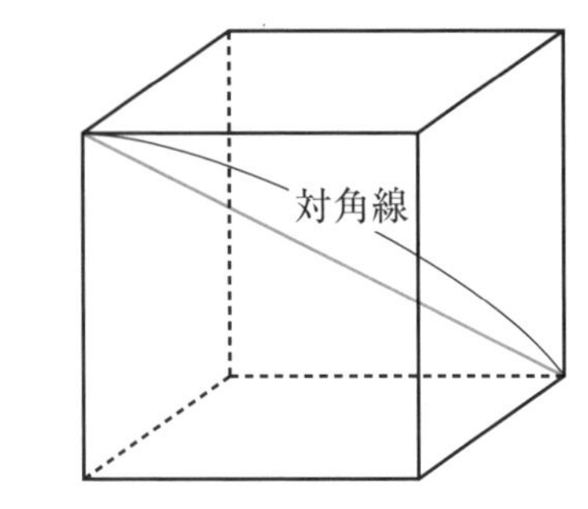

[　　　　]

3

右の図は，AE＝3cm，EF＝4cm，FG＝5cm の直方体である。次の問いに答えなさい。 各8点

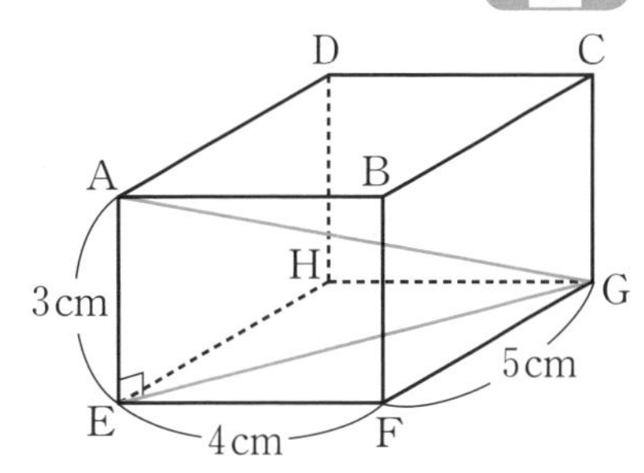

(1) 線分EGの長さを求めなさい。

[　　　　　]

(2) 直方体の対角線AGの長さを求めなさい。

ヒント △AEGは，∠AEG＝90° の直角三角形。

[　　　　　]

4

右の図は直方体である。FG＝a，EF＝b，AE＝c とするとき，次の問いに答えなさい。 各9点

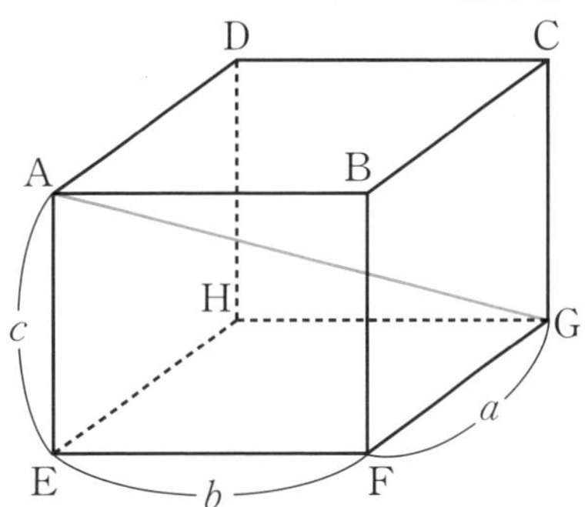

(1) 線分EGの長さを，a，b を使って表しなさい。

[　　　　　]

(2) 対角線AGの長さを，a，b，c を使って表しなさい。

ヒント 直角三角形AEGで考える。

[　　　　　]

ポイント

3 辺の長さが，a，b，c の直方体の対角線の長さ……$\sqrt{a^2+b^2+c^2}$

5

次の直方体の対角線の長さを求めなさい。 各9点

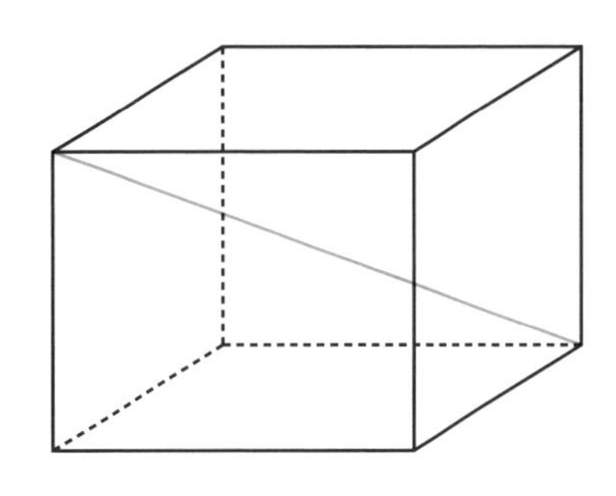

(1) 3 辺の長さが 4 cm，5 cm，7 cm の直方体

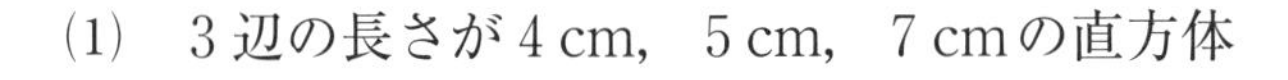

[　　　　　]

(2) 3 辺の長さが10cm，10cm，5 cm の直方体

[　　　　　]

55 三平方の定理の応用⑧

 月 日   点 答えは別冊28ページ

1 右の図のような正四角錐(せいしかくすい)OABCDがある。底面は1辺の長さが8 cmの正方形で，他の辺の長さはすべて12 cmである。この正四角錐の体積を，次のように求めた。□の中をうめなさい。 各5点

ヒント 頂点Oから，底面ABCDに垂線をひく。
$V=\frac{1}{3}\times$底面積×高さ

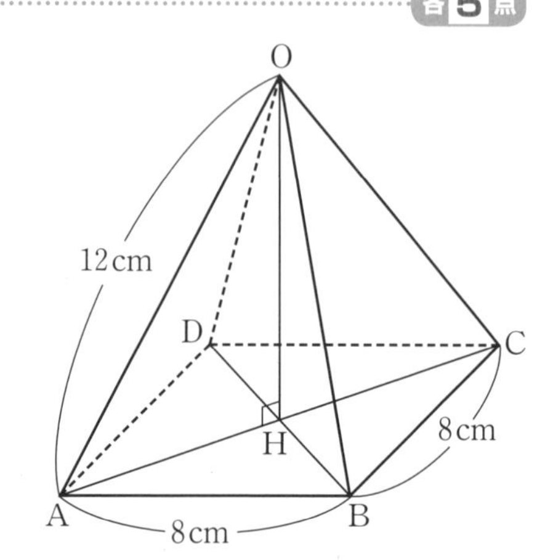

△ABCは直角二等辺三角形だから，

$AB:AC=1:\sqrt{2}$

よって，AC=□(cm)

頂点Oから底面ABCDに垂線OHをひく。
点Hは正方形の対角線の中点であるから，

$AH=\frac{1}{2}AC=$□(cm)

△OAHは，∠AHO=90°の直角三角形だから，

$OH^2=$□$^2-($□$)^2=$□

OH>0であるから，OH=□(cm)

正方形ABCDの面積は□cm^2であるから，
この正四角錐の体積を$V cm^3$とすると，

$V=\frac{1}{3}\times$(正方形ABCDの面積)×(高さ)

$=\frac{1}{3}\times$□×□

$=$□(cm^3)

Memo 覚えておこう

●**底面積がS，高さがhの角錐(四角錐，三角錐など)の体積**

$\frac{1}{3}Sh$

2 右の図は，正四角錐OABCDである。次の問いに答えなさい。

各10点

(1) 底面を正方形ABCDとみるとき，この正四角錐の高さOHを求めなさい。

ヒント まず，AHの長さを求める。

[　　　　　]

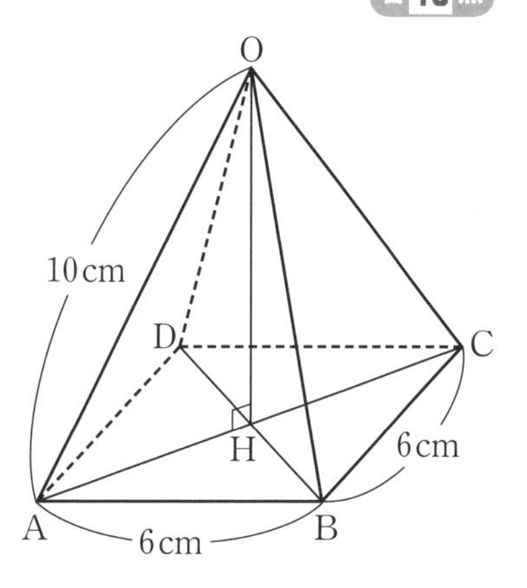

(2) この正四角錐の体積を求めなさい。

[　　　　　]

3 右の図は，1辺の長さが6cmの正四面体ABCDである。次の問いに答えなさい。

各6点

(1) 辺BCの中点をMとするとき，線分DMの長さを求めなさい。

[　　　　　]

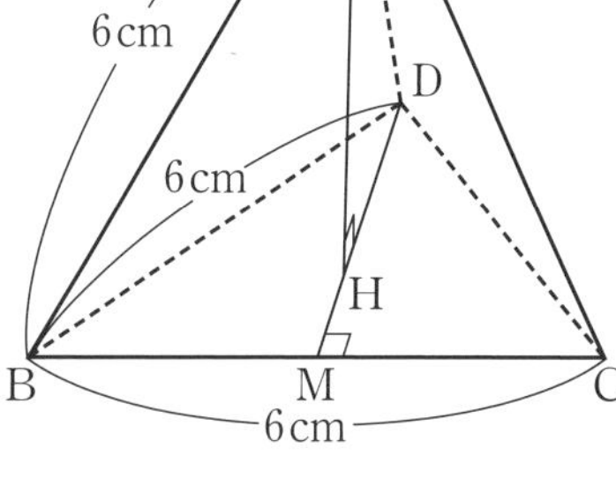

(2) △BCDの面積を求めなさい。

[　　　　　]

(3) 頂点Aから面BCDに垂線AHをひくと，DH＝BH＝CHとなる。線分DHの長さを求めなさい。

ヒント △HBMの3辺の比は $2:1:\sqrt{3}$

[　　　　　]

(4) △AHDは，∠AHD＝90°の直角三角形である。この正四面体の高さAHを求めなさい。

[　　　　　]

(5) この正四面体の体積を求めなさい。

[　　　　　]

56 三平方の定理の応用⑨

1 右の図は，底面の半径BOが3 cm，母線の長さABが9 cmの円錐(えんすい)である。次の問いに答えなさい。 各10点

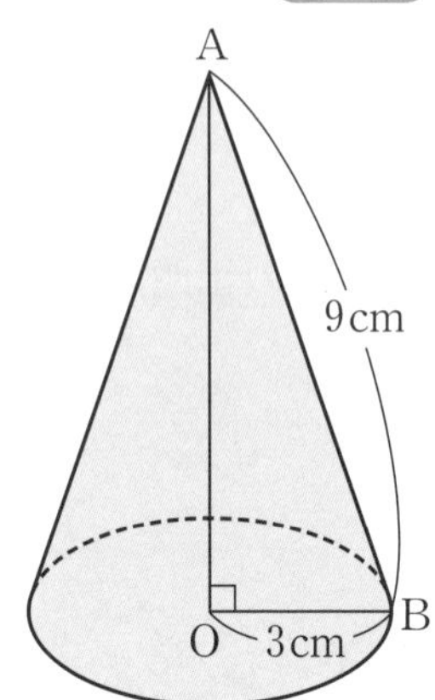

(1) 高さAOを求めなさい。

[　　　　]

(2) この円錐の体積を求めなさい。

[　　　　]

Memo 覚えておこう

●底面の半径が r，高さが h の円錐の体積

$$\frac{1}{3}\pi r^2 h$$

2 次の問いに答えなさい。 各10点

(1) 下の図で，円錐の高さを求めなさい。

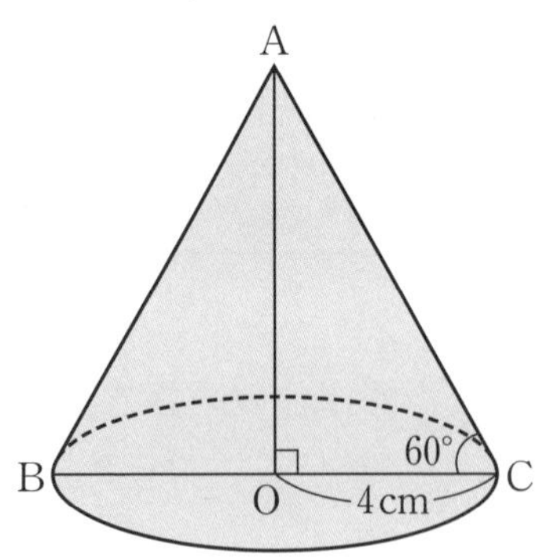

[　　　　]

(2) 下の図で，円錐の母線の長さを求めなさい。

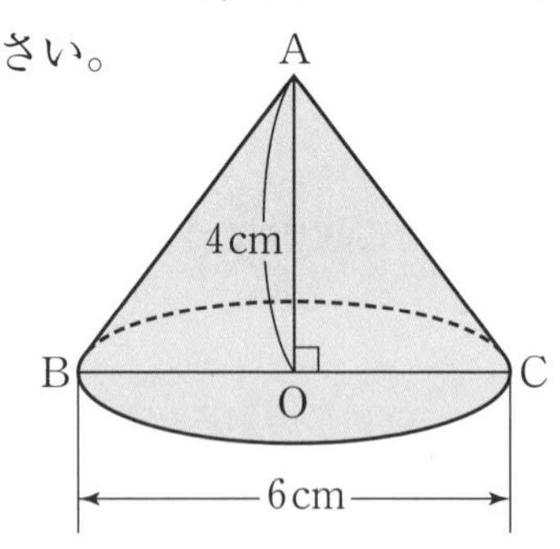

[　　　　]

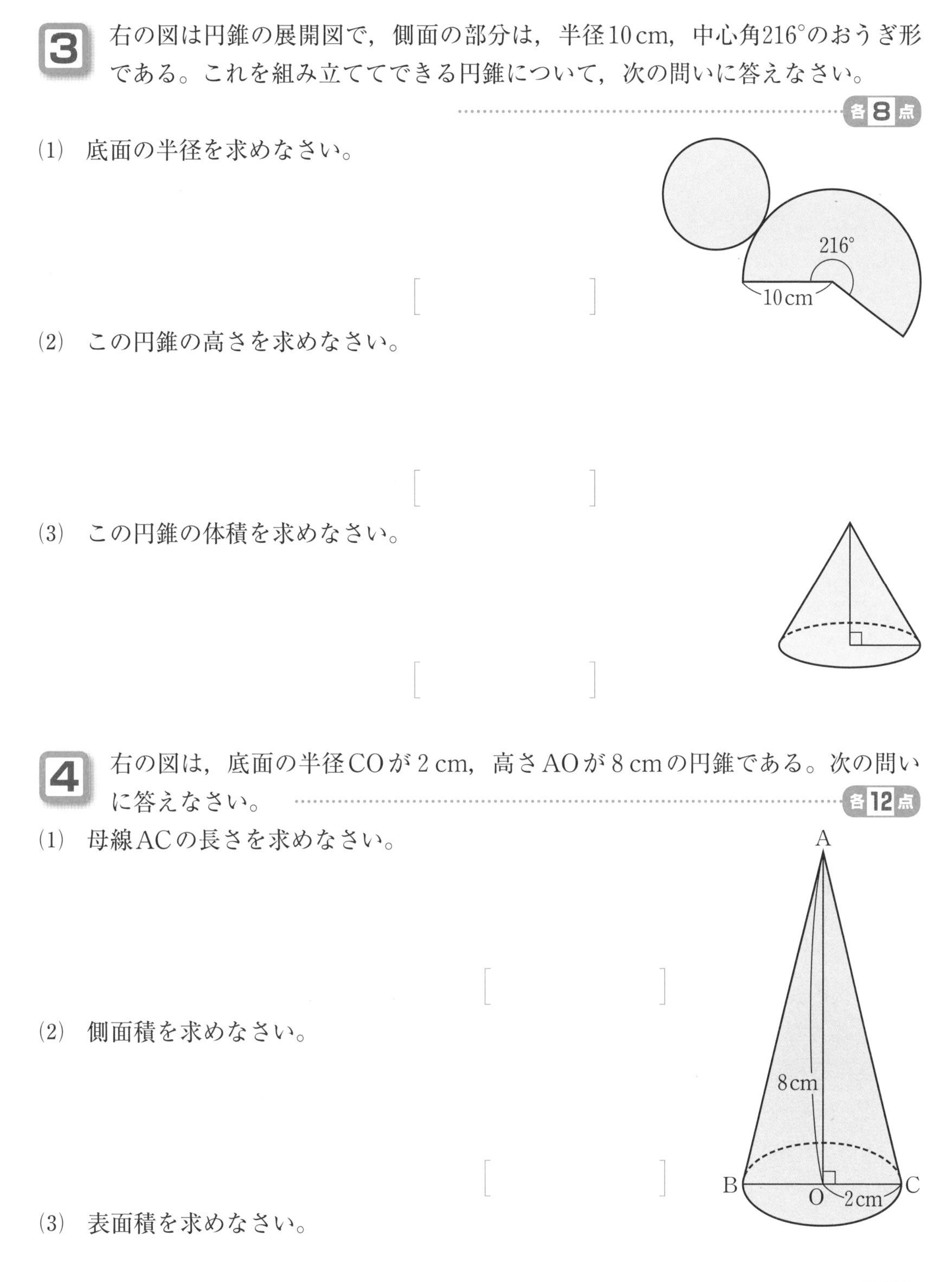

3 右の図は円錐の展開図で，側面の部分は，半径10cm，中心角216°のおうぎ形である。これを組み立ててできる円錐について，次の問いに答えなさい。

各8点

(1) 底面の半径を求めなさい。

[ ]

(2) この円錐の高さを求めなさい。

[ ]

(3) この円錐の体積を求めなさい。

[ ]

4 右の図は，底面の半径COが2cm，高さAOが8cmの円錐である。次の問いに答えなさい。

各12点

(1) 母線ACの長さを求めなさい。

[ ]

(2) 側面積を求めなさい。

[ ]

(3) 表面積を求めなさい。

[ ]

57 三平方の定理のまとめ①

 月　日  点　答えは別冊29ページ

1 下の図の直角三角形で，x の値を求めなさい。 …… 各7点

(1)

x cm

12 cm

16 cm

[　　　　]

(2)

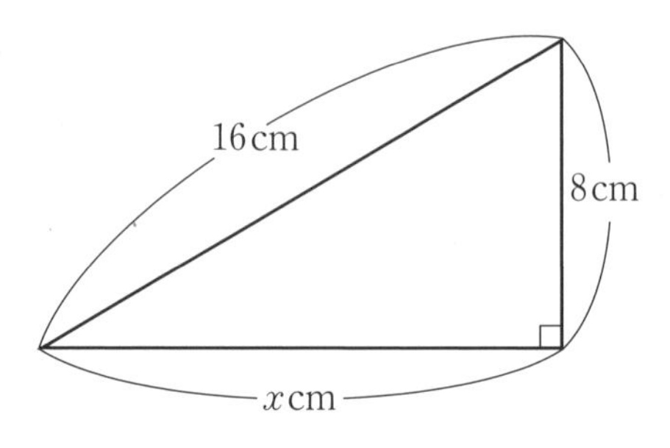

[　　　　]

2 右の図で，四角形ABCDと四角形DCEFはともに1辺が3 cmの正方形である。次の問いに答えなさい。 …… 各8点

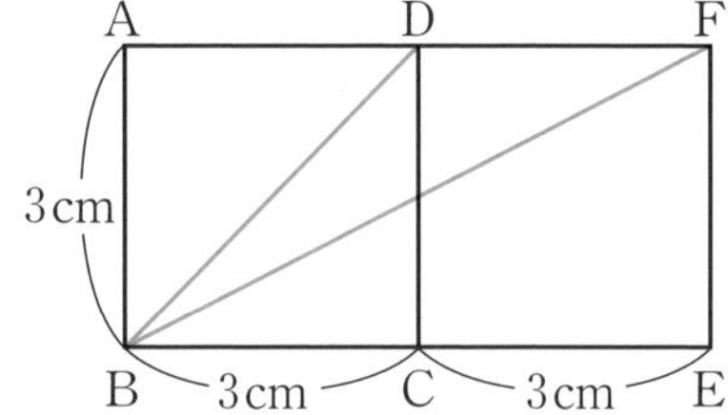

(1) 線分BDの長さを求めなさい。

[　　　　]

(2) 線分BFの長さを求めなさい。

[　　　　]

3 次の長さを3辺とする三角形のうち，直角三角形となるものはどれか，記号で答えなさい。 …… 各7点

(1) A．5 cm，6 cm，7 cm
B．7 cm，24 cm，25 cm
C．12 cm，15 cm，17 cm

[　　　　]

(2) A．$\sqrt{2}$ cm，$\sqrt{3}$ cm，$\sqrt{5}$ cm
B．$2\sqrt{3}$ cm，4 cm，$\sqrt{5}$ cm
C．2 cm，$2\sqrt{2}$ cm，4 cm

[　　　　]

4 右の図の△ABCについて，次の問いに答えなさい。

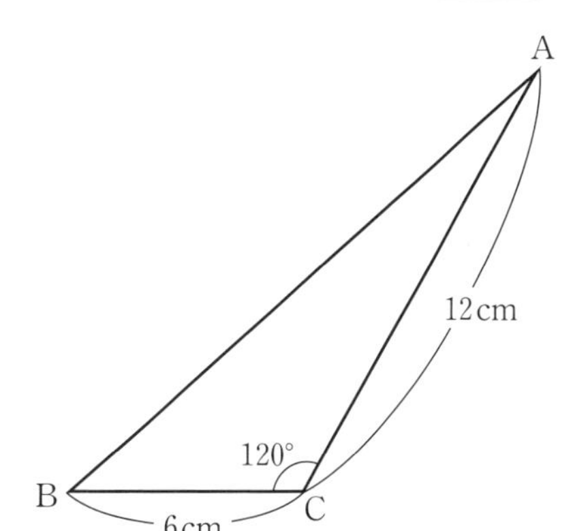

(1) BCを底辺とみるとき，△ABCの高さを求めなさい。

[　　　　　　]

(2) △ABCの面積を求めなさい。

[　　　　　　]

5 半径4cmの2つの円O，O′がある。円Oの中心は円O′の周上にあり，円O′の中心は円Oの周上にある。円Oと円O′の交点を，右の図のようにA，Bとする。次の問いに答えなさい。

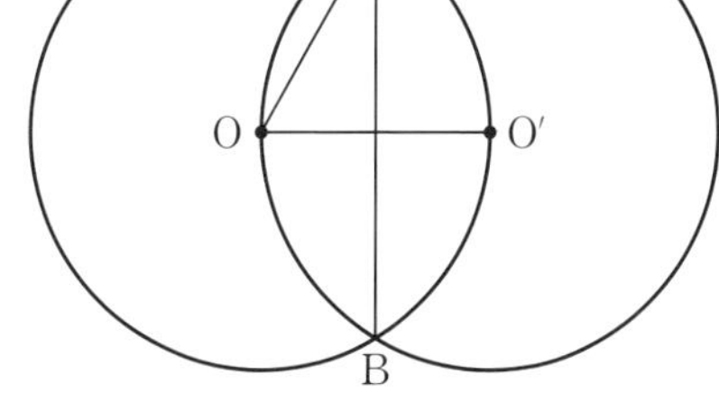

(1) ∠AOO′の大きさを求めなさい。

[　　　　　　]

(2) 弦(げん)ABの長さを求めなさい。

[　　　　　　]

6 右の図は，底面ABCDが長方形となっている四角錐(しかくすい)OABCDである。次の問いに答えなさい。

各8点

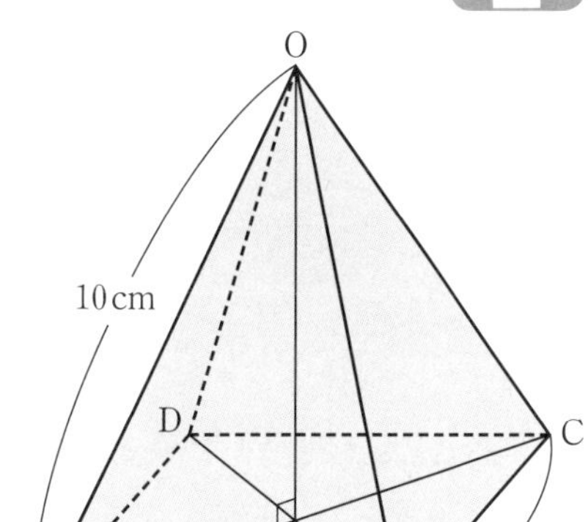

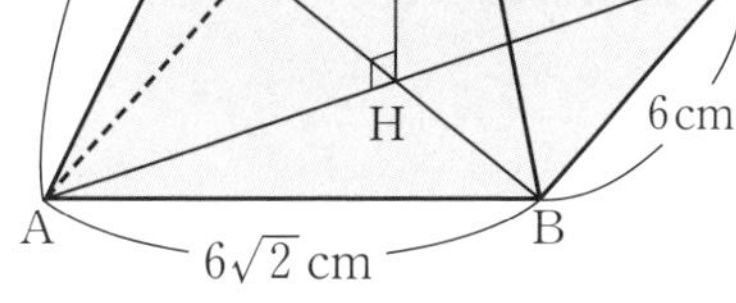

(1) 線分ACの長さを求めなさい。

[　　　　　　]

(2) 頂点Oから底面ABCDにひいた垂線の長さOHを求めなさい。

[　　　　　　]

(3) この四角錐の体積を求めなさい。

[　　　　　　]

58 三平方の定理のまとめ②

1 右の図は，∠A＝60°，AB＝BC＝6 cm，∠ABC＝∠BDA＝90° の四角形ABCDである。次の問いに答えなさい。 各8点

(1) 対角線BDの長さを求めなさい。

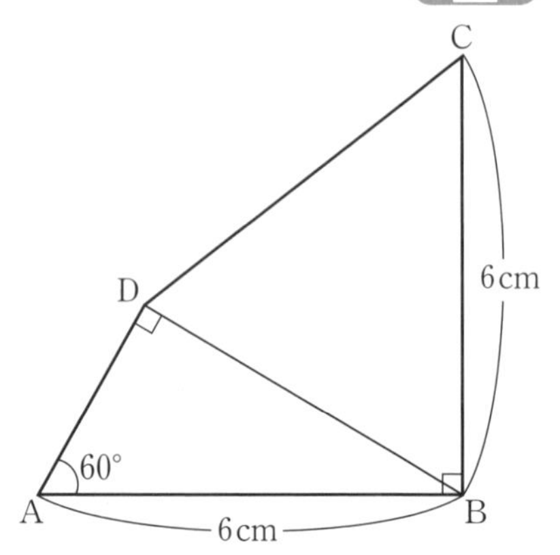

［　　　　　］

(2) 四角形ABCDの面積を求めなさい。

［　　　　　］

2 右の図のような円錐（えんすい）の展開図がある。次の問いに答えなさい。 各8点

(1) この展開図を組み立ててできる円錐の高さを求めなさい。

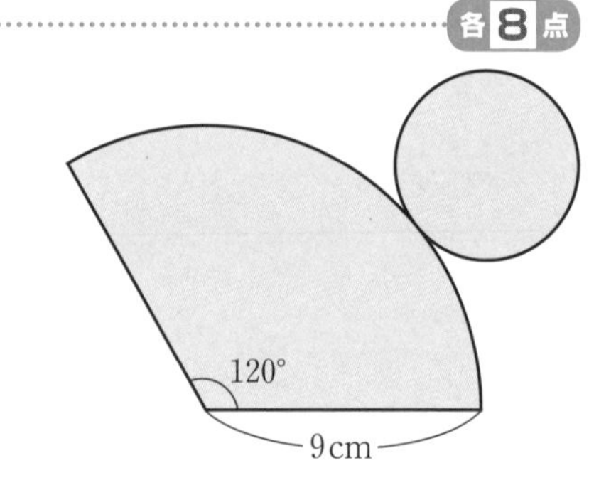

［　　　　　］

(2) 体積を求めなさい。

［　　　　　］

3 座標平面上の 3 点A(4, −2)，B(−6, 8)，C(−2, −4)を結んでできる△ABCについて，次の問いに答えなさい。 各8点

(1) もっとも長い辺の長さを求めなさい。

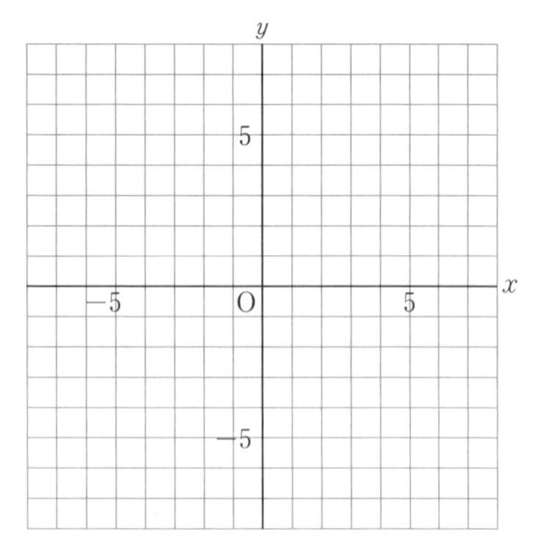

［　　　　　］

(2) △ABCはどのような三角形か答えなさい。

［　　　　　］

4 右の図の△ABCについて，次の□の中をうめなさい。 …… 各4点

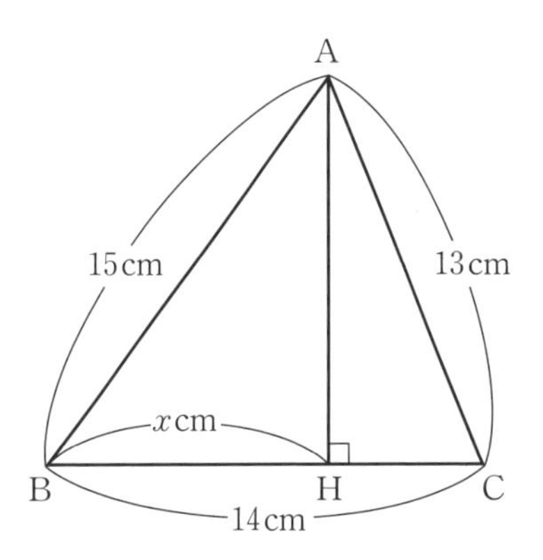

頂点Aから辺BCに垂線AHをひき，
BH＝$x$cmとする。
直角三角形ABHで，三平方の定理より，

$AH^2=AB^2-BH^2$

$=\square^2-\square^2$ ……①

また，HC＝$(14-x)$ cmと表されるから，
直角三角形ACHで，三平方の定理より，

$AH^2=AC^2-HC^2$

$=\square^2-(\square)^2$ ……②

①，②より，AH^2を消去すると，

$\square^2-x^2=\square^2-(14-x)^2$

これを解くと，$x=\square$ (cm)

5 右の図は，1辺が12cmの正四面体ABCDである。辺CDの中点をM，頂点Aから面BCDにひいた垂線をAHとするとき，次の問いに答えなさい。

…… 各6点

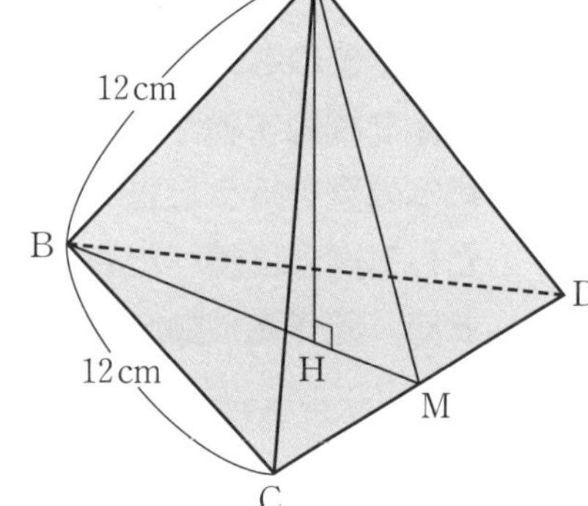

(1) AMの長さを求めなさい。

[　　　　　]

(2) HMの長さを求めなさい。

[　　　　　]

(3) AHの長さを求めなさい。

[　　　　　]

(4) 正四面体ABCDの体積を求めなさい。

[　　　　　]

59 標本調査

月　日　点　答えは別冊30ページ

1 ある集団について何かを調べるとき，その集団の全部のものについて調べることを全数調査という。これに対し，集団の全体の傾向(けいこう)を推測するために，もとの集団の一部を取り出して調べることを標本(ひょうほん)調査という。次の(1)～(5)の各調査のうち，全数調査が適当なものにはAを，標本調査が適当なものにはBを，[　]の中に書きなさい。 各6点

(1) 新聞社の行う世論調査

[　　　]

(2) 日本の人口などを調べる国勢調査

[　　　]

(3) 学校で行う進路希望調査

[　　　]

(4) かんづめ工場の品質検査

[　　　]

(5) けい光灯の寿命(じゅみょう)調査

[　　　]

Memo 覚えておこう

- **集団全部のものについて調査することを，全数調査という。**
- **全体を推測するために，集団の一部を調査することを，標本(ひょうほん)調査という。**
- **標本調査を行うとき，傾向を知りたい集団全体を母集団(ぼしゅうだん)，母集団の一部分として実際に調べたものを標本という。また，標本をかたよりなく選ぶことを，無作為(むさくい)に抽出(ちゅうしゅつ)するという。**

2 ある都市の有権者84578人から，1000人を選んで世論調査を行うとき，次の問いに答えなさい。 各7点

(1) この調査の母集団(ぼしゅうだん)は何人か答えなさい。

[　　　]

(2) この調査の標本は何人か答えなさい。

[　　　]

3 池に白色と黒色のコイが1000匹(ぴき)放流してある。網(あみ)を使って20匹のコイを標本としてつかまえ，白色と黒色のコイの数を数えて池にもどすという作業を10回試みて，下の表の結果を得た。次の問いに答えなさい。 各7点

回数	1	2	3	4	5	6	7	8	9	10	平均
白色のコイの数	13	10	14	12	11	13	11	10	13	13	
黒色のコイの数	7	10	6	8	9	7	9	10	7	7	

(1) 10回の標本調査の結果から，白色のコイの数と黒色のコイの数の比を，もっとも簡単な整数の比で表しなさい。

[　　　　]

(2) この池の白色のコイの数を推定しなさい。

ヒント 母集団も同じ割合でコイがいると考える。

[約　　　　]

4 ある容器に米粒(こめつぶ)が入っている。この中から400粒の米粒を取り出し，赤色に染めてもとの容器にもどし，よくかきまぜた。さらに，この中からひとつかみの米粒を取り出したところ，1000粒あって，その中に赤色の米粒が20粒入っていた。このことから，もとの容器に入っていた米粒の数を，次のように推定した。□の中をうめなさい。 各7点

標本として取り出した米粒は，□粒で，このうち，□粒が赤色であった。標本中の米粒に対する赤色の米粒の割合は□%である。

容器の中にも標本と同じ割合で赤色の米粒が入っていると推定されるので，容器に入っている米粒をx粒とすると，次の式が成り立つ。

$x\times\square=400$

これを解くと，

$x=\square$（粒）

この容器には，約□粒の米粒が入っていると推定される。

60 中学図形の復習①

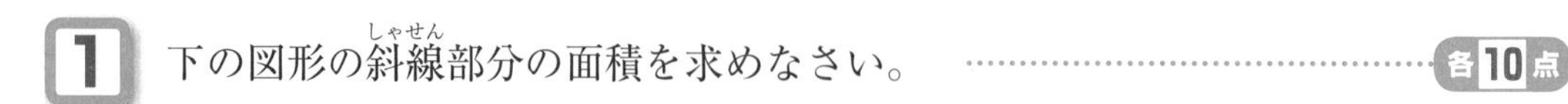

1 下の図形の斜線(しゃせん)部分の面積を求めなさい。 ……… 各10点

(1)

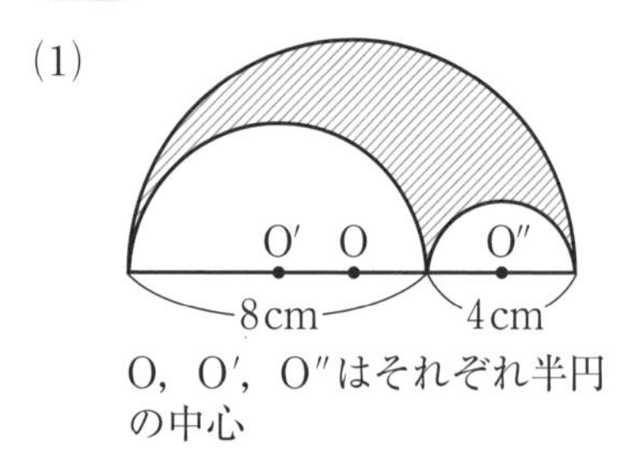

O，O′，O″はそれぞれ半円の中心

(2)

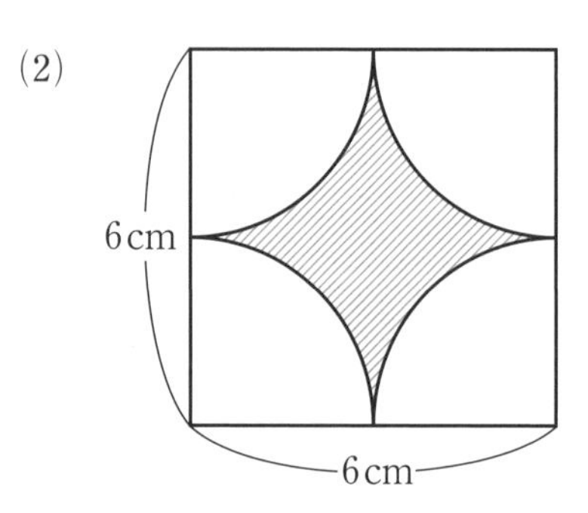

［　　　　］　　［　　　　］

2 下の図の直角三角形で，x の値を求めなさい。 ……… 各10点

(1)

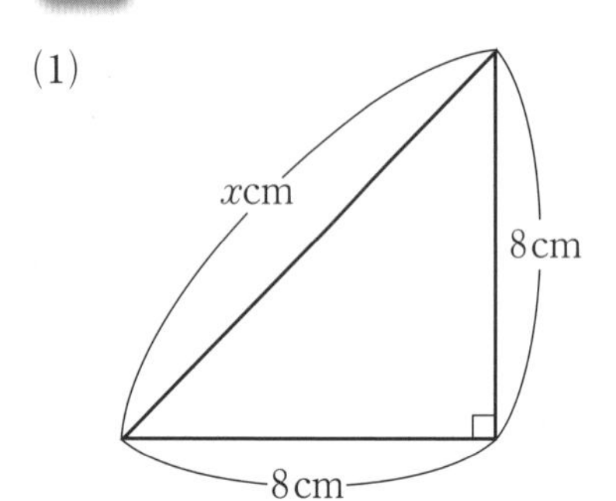

(2)

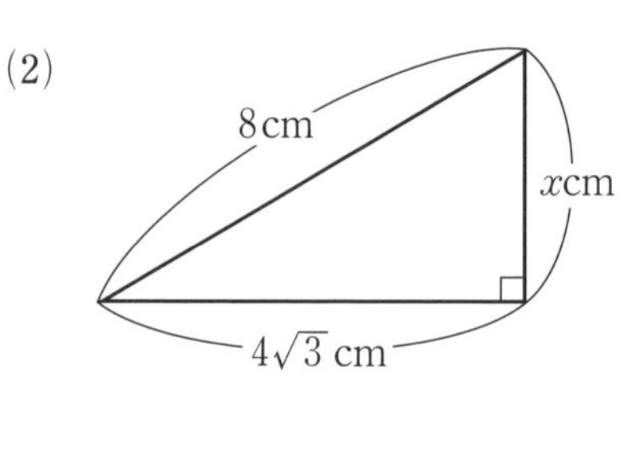

［　　　　］　　［　　　　］

3 右の図は，AB＝AC の二等辺三角形である。底辺BCの垂直二等分線を作図しなさい。 ……… 10点

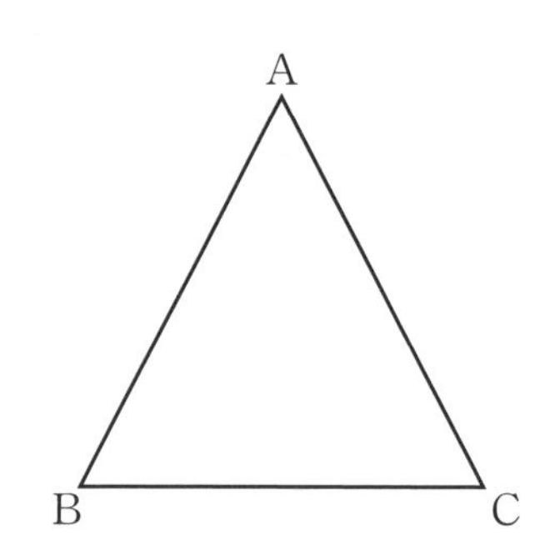

4 右の図で，AB，CD，EFはいずれもBDに垂直である。次の問いに答えなさい。 各10点

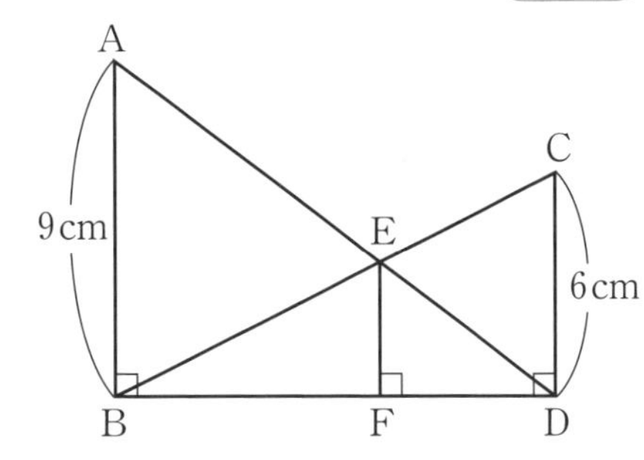

(1) BF：FDを求めなさい。

[　　　　　　]

(2) EFの長さを求めなさい。

[　　　　　　]

5 右の図は，正三角形ABCの辺AC上に点Pをとり，APを1辺とする正三角形APQをその外側にかいたものである。点PとB，点QとCを結ぶとき，PB＝QCであることを証明しなさい。 10点

(証明)

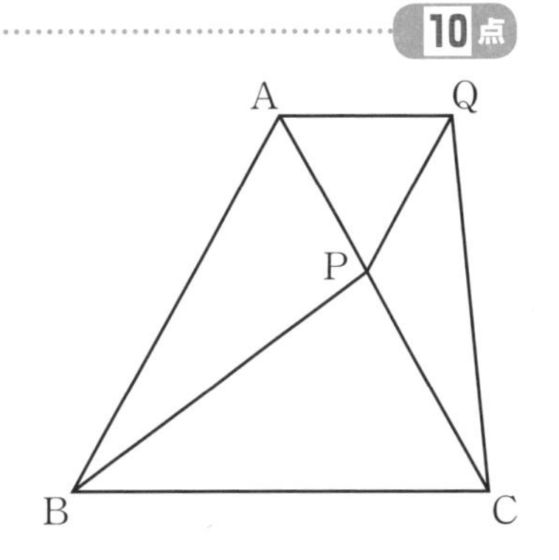

6 右の図は，底面が正六角形の六角柱である。次の問いに答えなさい。

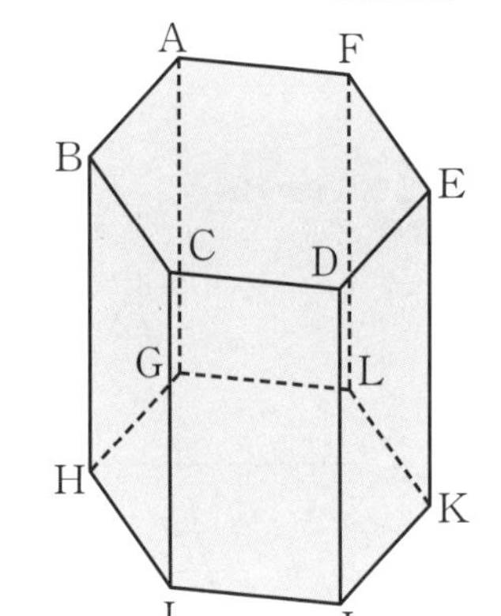

(1) 面BHICと平行な辺をすべて答えなさい。

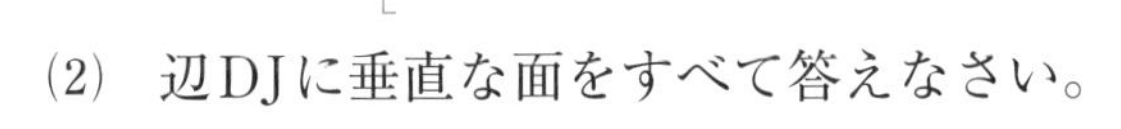

(2) 辺DJに垂直な面をすべて答えなさい。

[　　　　　　]

(3) 辺CIと平行な辺をすべて答えなさい。

[　　　　　　]

(4) 辺CIとねじれの位置にある辺をすべて答えなさい。

61 中学図形の復習②

月　　日　　点　　答えは別冊31ページ

1 下の図で，3つの直線ℓ，m，nが平行であるとき，xの値を求めなさい。　各7点

(1)

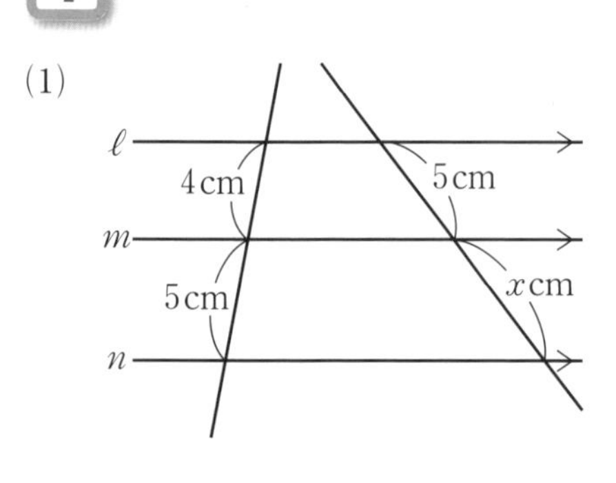

(2)

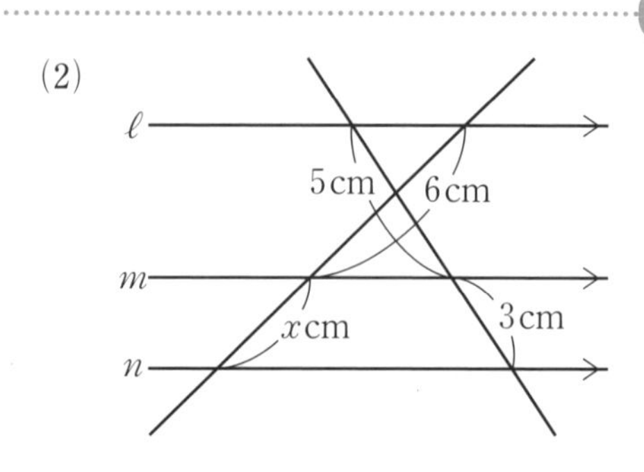

[　　　　]　　[　　　　]

2 下の図で，$\angle x$の大きさを求めなさい。　各7点

(1)

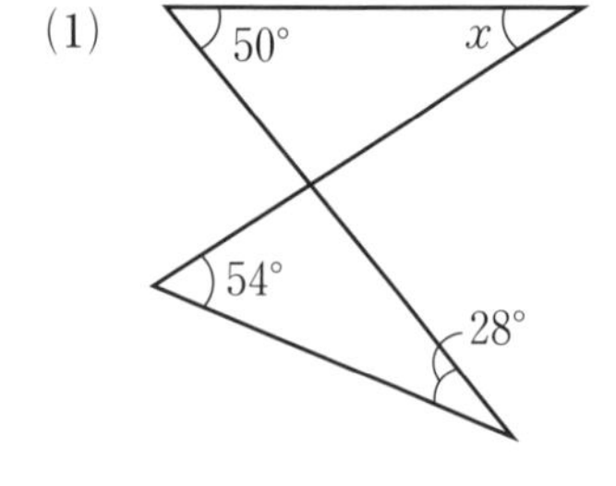

(2)

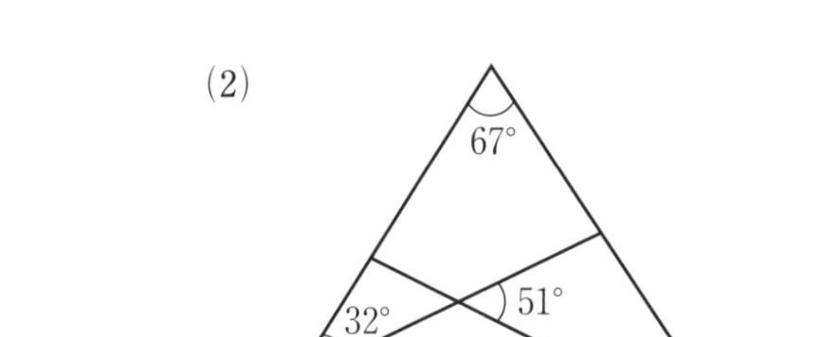

[　　　　]　　[　　　　]

3 下の図で，$\ell /\!/ m$のとき，$\angle x$の大きさを求めなさい。　各7点

(1)　(2)

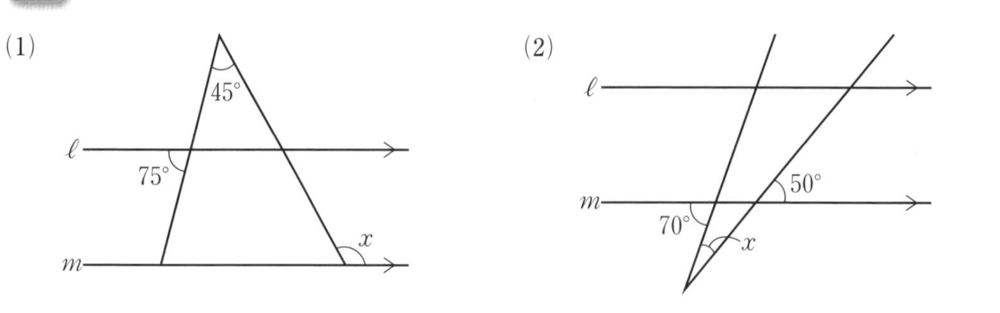

[　　　　]　　[　　　　]

4 下の立体の表面積と体積を求めなさい。 ……………… [ ] 各8点

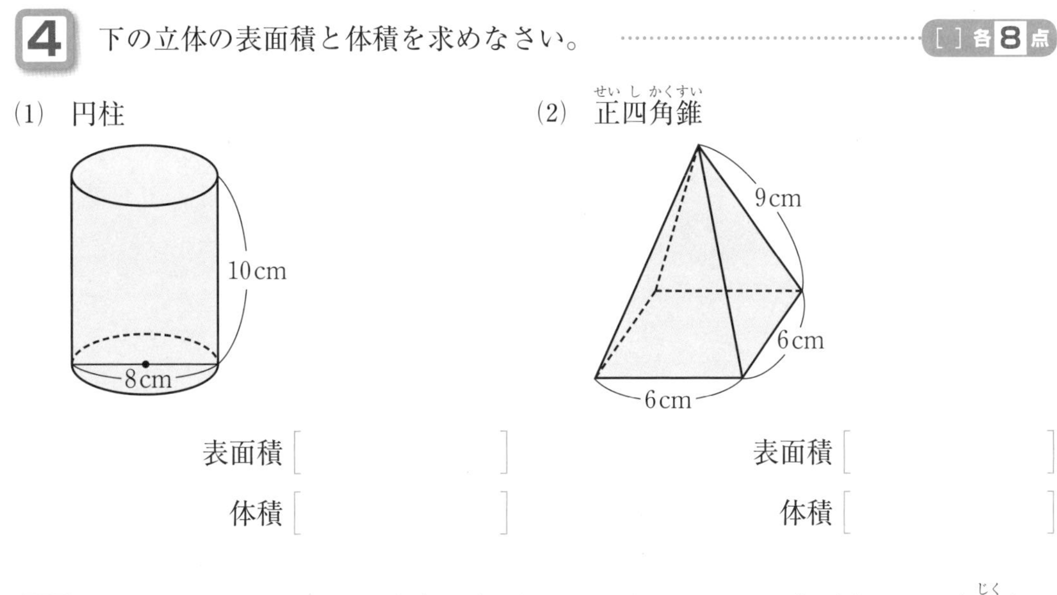

5 右の図は，∠B＝90°の直角三角形ABCである。この三角形を辺ABを軸として1回転させてできる立体と，辺BCを軸として1回転させてできる立体の体積を求めなさい。 ……………… 各8点

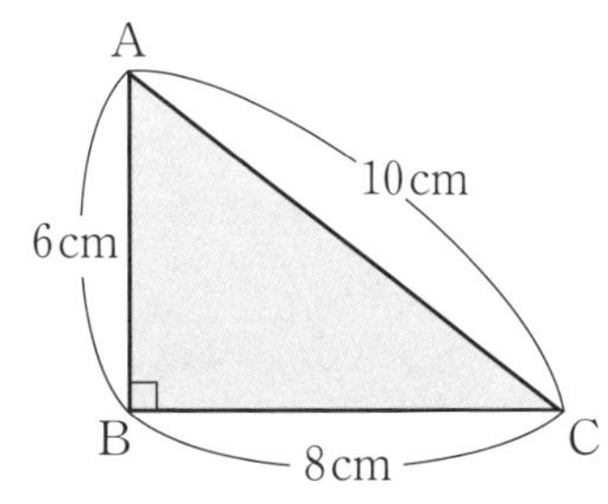

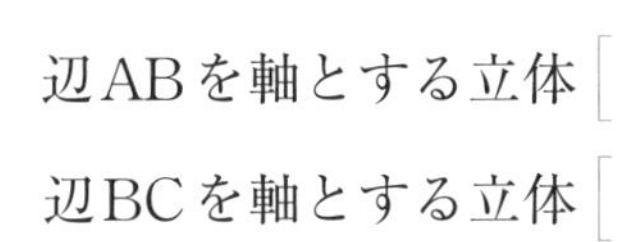

6 AB＝ACの二等辺三角形ABCで，点B，Cから対辺にひいた垂線をそれぞれBD，CEとするとき，BD＝CEであることを証明しなさい。 ……… 10点

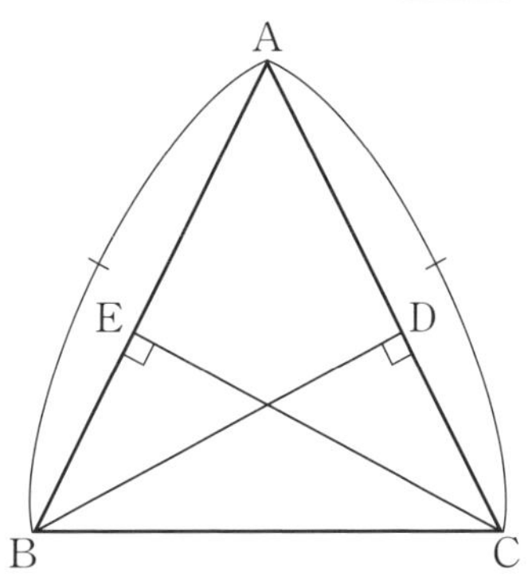

62 中学図形の復習③

月　　日　　点　答えは別冊32ページ

1 下の図の円Oで，∠xの大きさを求めなさい。 ……… 各5点

(1)

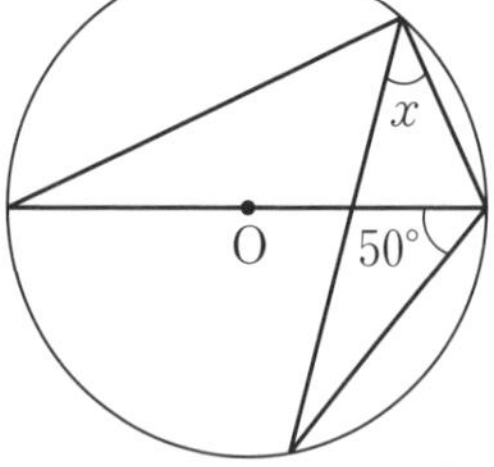

x　O　50°

［　　　　］

(2)

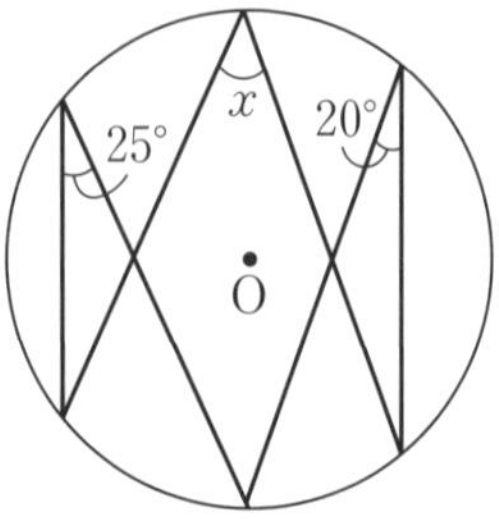

25°　x　20°　O

［　　　　］

2 下の図で，x，yの値を求めなさい。 ……… ［ ］各6点

(1) BC∥DE

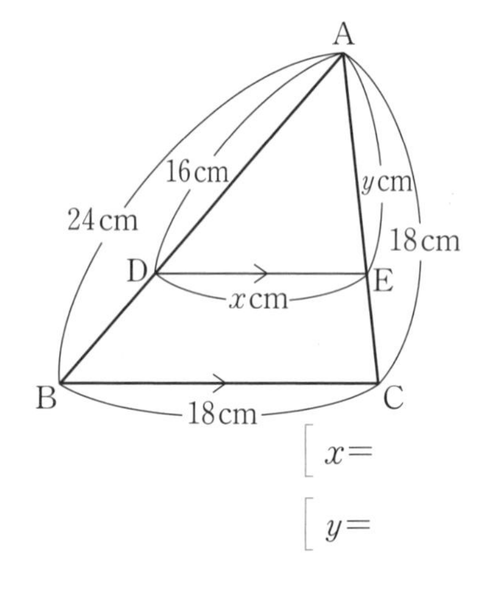

［x=　　　　］

［y=　　　　］

(2) AD∥BC

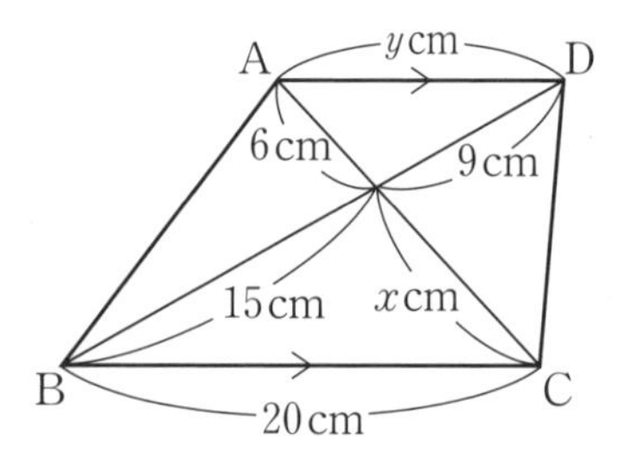

［x=　　　　］

［y=　　　　］

3 右の図は立方体の展開図である。この展開図を組み立ててつくった立方体について，次の問いに答えなさい。 ………

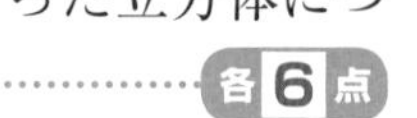

(1) 辺ABに平行な面を，㋐～㋕の記号ですべて答えなさい。

［　　　　］

(2) 面㋐と平行な面を，㋐～㋕の記号ですべて答えなさい。

［　　　　］

(3) 辺ABに垂直な面を，㋐～㋕の記号ですべて答えなさい。

［　　　　］

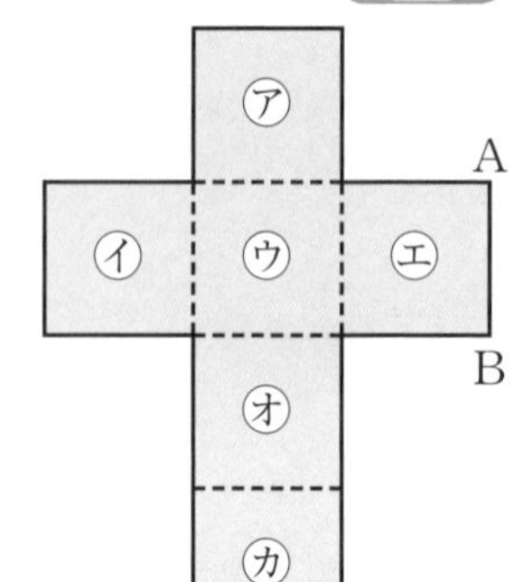

4 右の図は円錐（えんすい）の展開図である。次の問いに答えなさい。

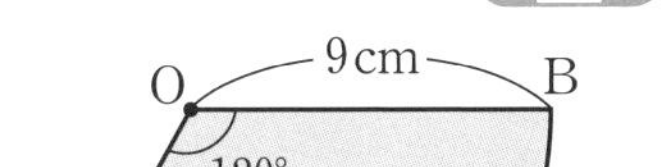

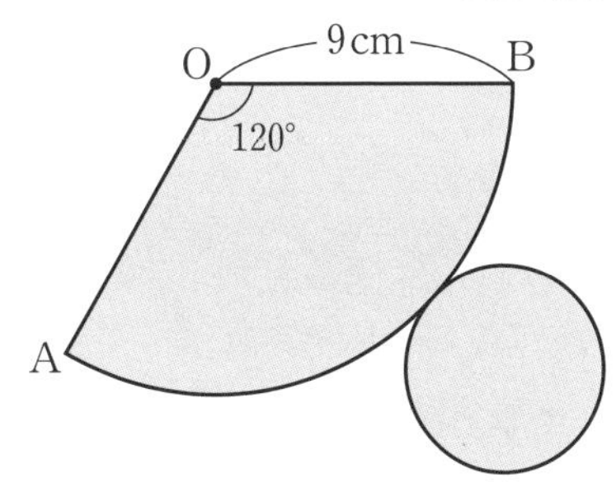

(1) $\overset{\frown}{AB}$の長さを求めなさい。

(2) 底面の円の半径を求めなさい。

(3) おうぎ形AOBの面積を求めなさい。

(4) この展開図を組み立ててできる円錐の表面積を求めなさい。

(5) この展開図を組み立ててできる円錐の高さを求めなさい。

(6) この展開図を組み立ててできる円錐の体積を求めなさい。

5 右の図のような，底面の面積が56cm²，高さが12cmの円錐を逆さまにした形の容器がある。この容器に9cmの深さまで水を入れたとき，次の問いに答えなさい。

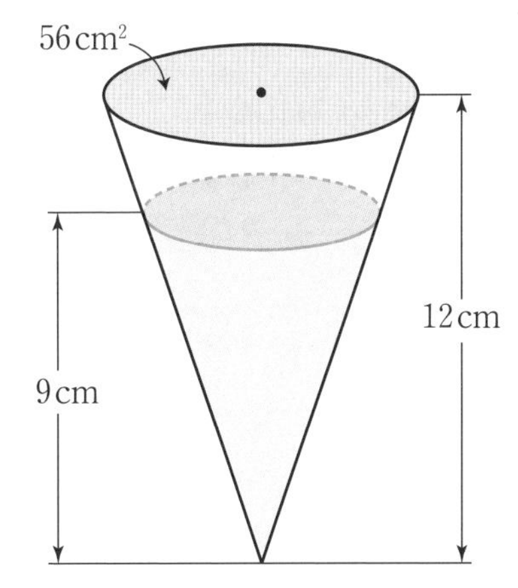

(1) 水面の円の面積を求めなさい。

(2) 水の体積は，この容器の容積の何倍か求めなさい。

「中学基礎100」アプリ テスト前 5科4択 で，

スキマ時間にもテスト対策！

問題集

アプリ

＼日常学習 テスト1週間前／

『中学基礎がため100%』シリーズに取り組む！

＼定期テスト直前！／

テスト必出問題を「4択問題アプリ」でチェック！

アプリの特長

『中学基礎がため100%』の5教科各単元にそれぞれ対応したコンテンツ！

＊ご購入の問題集に対応したコンテンツのみ使用できます。

テストに出る重要問題を4択問題でサクサク復習！

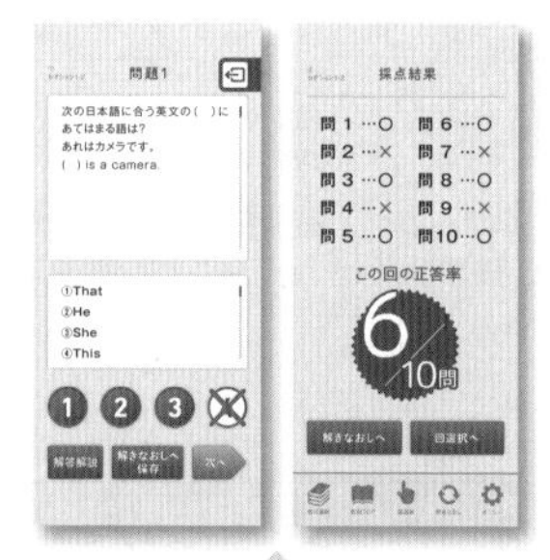

間違えた問題は「解きなおし」で，何度でもチャレンジ。テストまでに100点にしよう！

＊アプリのダウンロード方法は，本書のカバーそで（表紙を開いたところ），または1ページ目をご参照ください。

中学基礎がため100%

できた！ 中3数学 図形・データの活用

2021年2月　第1版第1刷発行
2024年7月　第1版第4刷発行

発行人／志村直人
発行所／株式会社くもん出版
〒141-8488
東京都品川区東五反田2-10-2　東五反田スクエア11F
☎ 代表　03(6836)0301
編集直通　03(6836)0317
営業直通　03(6836)0305

印刷・製本／TOPPAN株式会社

デザイン／佐藤亜沙美(サトウサンカイ)
カバーイラスト／いつか
本文イラスト／平林知子
本文デザイン／岸野祐美・永見千春・池本円(京田クリエーション)・坂田良子
編集協力／株式会社カルチャー・プロ

©2021　KUMON PUBLISHING Co.,Ltd. Printed in Japan

ISBN 978-4-7743-3108-9

落丁・乱丁本はおとりかえいたします。
本書を無断で複写・複製・転載・翻訳することは，法律で認められた場合を除き，禁じられています。
購入者以外の第三者による本書のいかなる電子複製も一切認められていませんのでご注意ください。　CD57505

くもん出版ホームページ　https://www.kumonshuppan.com/

＊本書は『くもんの中学基礎がため100%　中3数学　図形編』を改題し，新しい内容を加えて編集しました。

公文式教室では、随時入会を受けつけています。

KUMONは、一人ひとりの力に合わせた教材で、
日本を含めた世界60を超える国と地域に「学び」を届けています。
自学自習の学習法で「自分でできた!」の自信を育みます。

公文式独自の教材と、経験豊かな指導者の適切な指導で、
お子さまの学力・能力をさらに伸ばします。

お近くの教室や公文式についてのお問い合わせは **0120-372-100**（ミンナニ ヒャクテン）
受付時間 9:30～17:30　月～金（祝日除く）

教室に通えない場合、通信で学習することができます。

公文式通信学習　検索

通信学習についての詳細は **0120-393-373**
受付時間 10:00～17:00　月～金(水・祝日除く)

お近くの教室を検索できます　くもんいくもん　検索

公文式教室の先生になることについてのお問い合わせは　0120-834-414
くもんの先生　検索

公文教育研究会

公文教育研究会ホームページアドレス
https://www.kumon.ne.jp/

これだけは覚えておこう

中3数学　図形の要点のまとめ

図形と相似

①　三角形の相似条件

(1)　3組の辺の比が等しい。

(2)　2組の辺の比とその間の角が等しい。

(3)　2組の角がそれぞれ等しい。

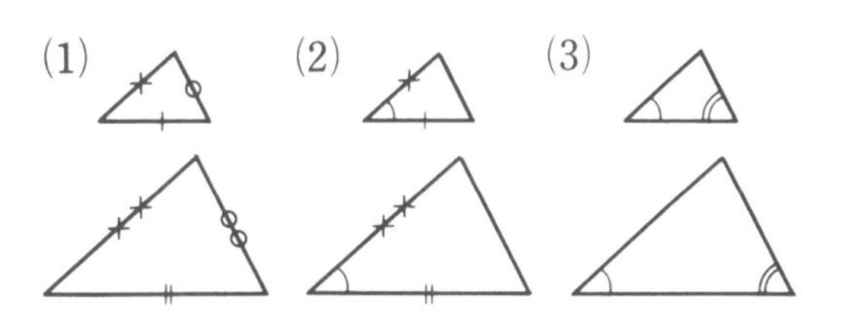

②　縮図と拡大図

(1)　測量への相似の利用

直接には測ることの困難な2地点間の距離や高さなどを，相似を利用して求めることができる。

(2)　縮図…もとの図形と相似で，もとの図形を縮小した図

(3)　拡大図…もとの図形と相似で，もとの図形を拡大した図

(4)　縮尺…縮図で，実際の長さを縮めた割合を縮尺という。

③　三角形と比

(1)　右の図の△ABCで，BC // DEならば，次の関係が成り立つ。

・AD：AB＝AE：AC＝DE：BC

・AD：DB＝AE：EC

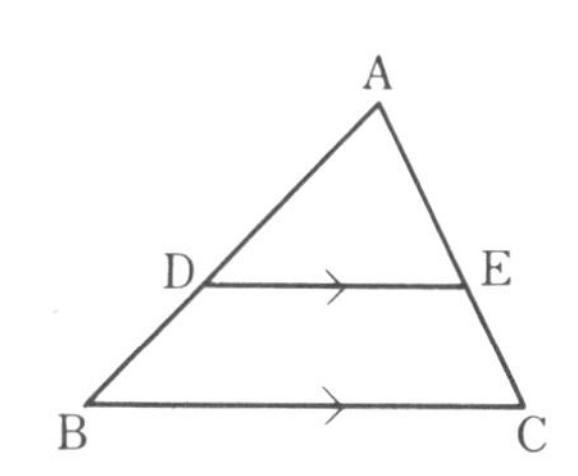

(2)　△ABCの2辺AB，AC上に，点P，Qがあるとき，

・AP：AB＝AQ：ACならば
　PQ // BC

・AP：PB＝AQ：QCならば
　PQ // BC

④　平行線と比

3つ以上の平行線に，1つの直線がどのように交わっても，その直線は平行線によって一定の比に分けられる。

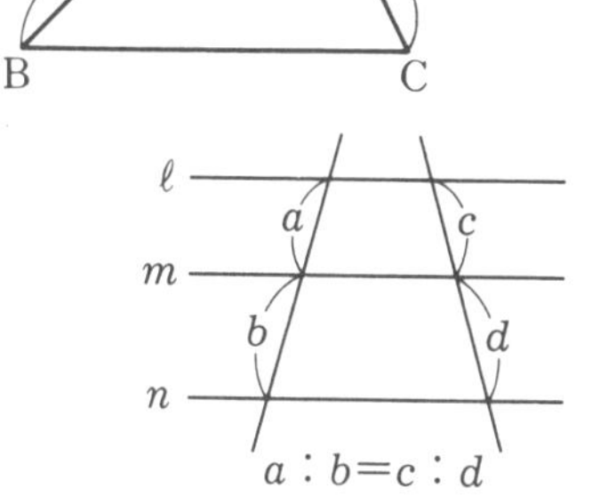

⑤　中点連結定理

△ABCの2辺AB，ACの中点をそれぞれM，Nとすると，

MN // BC　　$MN=\frac{1}{2}BC$

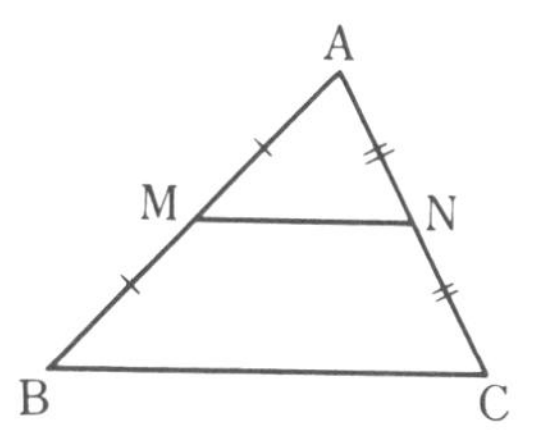

中学基礎がため100％

できた！中3数学

図形・データの活用

別冊解答書

答えと考え方

1 相似　P.4-5

1 答

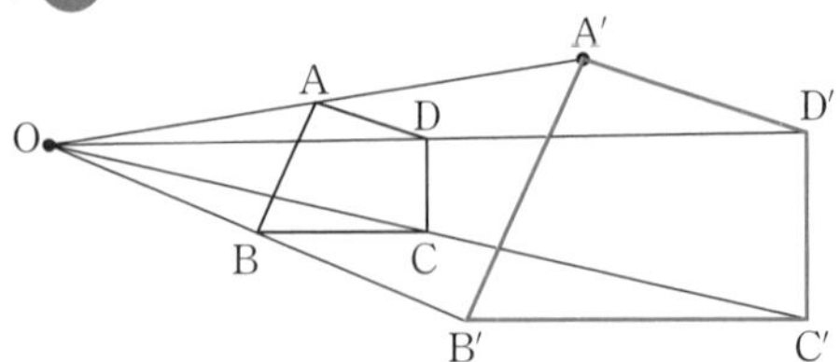

2 答 (1) 相似　(2) ∽

(3) C′　D′

3 答 (1)

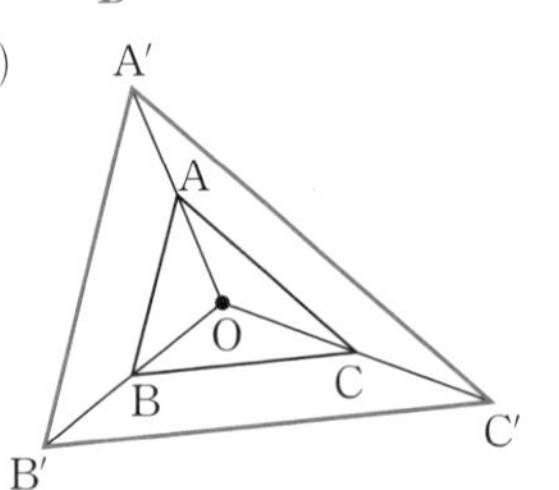

(2)

4 答 (1) 点F　(2) ∠G　(3) ∠C
(4) 辺IJ　(5) 辺BC

2 相似な図形の性質①　P.6-7

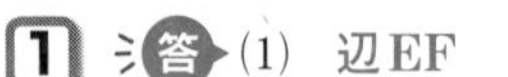

1 答 (1) 辺EF　(2) 2：1
(3) 2：1　(4) 2 cm

考え方
(2) AB：EF＝9.6：4.8＝2：1
(3) BC：FG＝6：3＝2：1
(4) 四角形ABCDと四角形EFGHの相似比は2：1である。
EH＝$x$cmとすると，
2：1＝4：x　x＝2
よって，EH＝2cm

2 答 (1) 2：1　(2) 5 cm
(3) 6 cm

考え方
(1) △ABCと△DEFで，辺BCと辺EFが対応しているので，相似比は，8：4＝2：1
(2) DE＝$x$cmとすると，
2：1＝10：x　x＝5

3 答 (1) 3　2
(2) 3　2
24
8
(3) 3　2
33
11

4 答 (1) 2：3　(2) x＝4.8
(3) y＝3.75

考え方
(1) 辺BCと辺B′C′が対応しているので，
BC：B′C′＝3.4：5.1＝2：3
(2) AB：A′B′＝2：3
3.2：x＝2：3
2x＝9.6　x＝4.8
(3) 2.5：y＝2：3
2y＝7.5　y＝3.75

3 相似な図形の性質②　P.8-9

1 答 (1) 4：3　(2) 12cm
(3) 9 cm　(4) 18cm

考え方
(1) 辺BCと辺FGが対応しているので，相似比は，20：15＝4：3
(2) EF＝$x$cmとすると，
16：x＝4：3
4x＝48　x＝12

2 答 (1) 2：3　(2) 12.6cm
(3) 6 cm

考え方
(1) 辺OBと辺OB′が対応しているので，相似比は，8：12＝2：3

3 答 (1) 70°　(2) 60°
(3) $\frac{2}{3}$　(4) 9 cm　(5) 8 cm

考え方

(1)　∠Eに対応しているのは∠Bである。

(2)　∠C＝∠F＝50°
よって，
∠A＝180°−70°−50°＝60°

(3)　BC：EF＝2：3 より，
$\frac{BC}{EF}=\frac{2}{3}$

4 答 (1)　3：2　(2)　110°　(3)　3 cm　(4)　4.4 cm

考え方

(1)　辺DCと辺GCが対応しているので，相似比は，6：4＝3：2

(2)　∠Aと∠Eが対応しているので，
∠A＝110°

(3)　AD＝$x$cm とすると，
x：2＝3：2　x＝3

4 相似な図形の性質③ P.10-11

1 答 (1)　65°　(2)　1：2　(3)　2.2 cm　(4)　2.4 cm

考え方

(1)　∠H＝∠D
＝360°−80°−145°−70°
＝65°

(2)　辺CDと辺GHが対応しているので，相似比は，2.3：4.6＝1：2

(3)　AD＝$x$cm とすると，
x：4.4＝1：2
2x＝4.4　x＝2.2

2 答 (1)　3：2　(2)　60°　(3)　80°　(4)　7.5 cm

考え方

(1)　辺BCと辺EFが対応しているので，相似比は，12：8＝3：2

(3)　∠D＝∠A
＝180°−60°−40°＝80°

3 答 (1)　60°　(2)　90°　(3)　4 cm　(4)　4.8 cm

考え方

(3)　辺BCと辺FGが対応していて，相似比が，3：2であるから，
FG＝$x$cm とすると，
6：x＝3：2
3x＝12　x＝4

4 答 (1)　3：2　(2)　$\frac{3}{2}$　(3)　$\frac{2}{3}$　(4)　6 cm　(5)　6 cm

考え方

(1)　辺OAと辺OA′が対応しているので，相似比は，12：8＝3：2

(4)　A′B′＝$x$cm とすると，
9：x＝3：2
3x＝18　x＝6

5 三角形の相似条件① P.12-13

1 答 (1)　⑥
2組の角がそれぞれ等しい。

(2)　④
2組の辺の比とその間の角がそれぞれ等しい。

(3)　⑤
3組の辺の比がすべて等しい。

2 答 (1)　②
2組の角がそれぞれ等しい。

(2)　②
2組の辺の比とその間の角がそれぞれ等しい。

考え方

(1)　①の残りの角は
180°−(50°＋65°)＝65°
②の残りの角は
180°−(45°＋75°)＝60°
③の残りの角は55°と80°

(2)　①との辺の比は，
18：12＝3：2と24：18＝4：3
であるから，間の角は等しいが，2組の辺の比が等しくない。
②との辺の比は，
18：12＝24：16＝3：2で，その間の角は60°である。
③の角は47°であるから，間の角が等しくない。

3 答 (1)　∠A＝∠D，または
AB：DE＝BC：EF

(2)　∠B＝∠E，または
∠C＝∠F，または
AB：DE＝AC：DF

考え方

(1)　2組の辺の比が等しいので，その間の角が等しければ，
△ABC∽△DEF となる。
　または，もう1組の辺の比も等しければ，△ABC∽△DEF となる。

6 三角形の相似条件② P.14-15

1 答 (1)　**2組の辺の比とその間の角がそれぞれ等しい。**

(2)　**3：2**

(3)　**2組の角がそれぞれ等しい。**

考え方

(1)　△ABC と△ADE で，
AB：AD＝AC：AE＝(2＋1)：2
　また，∠Aは2つの三角形に共通なので，2組の辺の比とその間の角がそれぞれ等しいことがいえる。
(2)　AD：DB＝2：1 より，
AD：AB＝2：(2＋1)
　よって，△ABC と△ADE の相似比は，3：2
(3)　DE∥BC より，同位角が等しい。

2 答 (1)　**3：1**　　(2)　**3：1**

(3)　**△AED**

(4)　**2組の辺の比とその間の角がそれぞれ等しい。**

(5)　**3：1**

考え方

(1)　12：4＝3：1
(2)　9：3＝3：1
(4)　AB：AE＝AC：AD＝3：1
　また，∠Aは2つの三角形に共通なので，△ABC と△AED は，2組の辺の比とその間の角がそれぞれ等しいことがいえる。

3 答 (1)　**∠ACB**　(2)　**△AED**

(3)　**2組の角がそれぞれ等しい。**

考え方

(1)　∠ADE＝180°－50°－∠A
∠ACB＝180°－50°－∠A
よって，∠ADE＝∠ACB
(2)　△ABC と△AED で，
∠Aは共通，∠ABC＝∠AED
　よって，2組の角がそれぞれ等しいから，△ABC∽△AED である。

4 答 (1)　**∠BED**　(2)　**△EBD**

(3)　**2組の角がそれぞれ等しい。**

考え方

(1)　∠BAC＝180°－90°－∠B
∠BED＝180°－90°－∠B
よって，∠BAC＝∠BED
(2)　△ABC と△EBD で，
∠Bは共通，
∠ACB＝∠EDB＝90°
　よって，2組の角がそれぞれ等しいから，△ABC∽△EBD である。

5 答 (1)　**∠ACE**

(2)　**∠BFE，∠CFD**

(3)　**△ACE，△FBE，△FCD**

(4)　**2組の角がそれぞれ等しい。**

考え方

(1)　∠ABD＝180°－90°－∠A
∠ACE＝180°－90°－∠A
よって，∠ABD＝∠ACE
(2)　等しい角の関係は，下の図のようになる。

7 三角形と相似① P.16-17

1 答 **2　1　2　1**

DO　BO

COB

2組の辺の比とその間の角

COB

考え方

　2組の辺の比とその間の角が等しいことをいう。対応する辺をまちがえないようにする。

2 答 DCO
COD
２組の角
CDO

考え方
AB∥DC より，錯角が等しいことと対頂角が等しいことを使って，相似条件の２組の角がそれぞれ等しいことを示す。

3 答 1　3　1　3
1　3
CB　DB　AC　ED
３組の辺の比
EBD
DEB
錯角

4 答 (1)　△ABO と△CDO において，
仮定より，
∠ABO＝∠CDO ……①
また，対頂角は等しいから，
∠AOB＝∠COD ……②
①，②より，２組の角がそれぞれ等しいから，△ABO∽△CDO
(2)　12cm

考え方
(2)　線分 BO と線分 DO が対応しているから，△ABO と△CDO の相似比は，6：8＝3：4
CO＝$x$cm とすると，
9：x＝3：4
$3x=36$　$x=12$

8 三角形と相似② P.18-19

1 答 (1)　5　2
5　2
BC　BD
２組の辺の比とその間の角
CBD
(2)　5：2　(3)　8 cm

考え方
(1)　AB：CB＝25：10＝5：2
BC：BD＝10：4＝5：2
(3)　DC＝$x$cm とすると，
20：x＝5：2
$5x=40$　$x=8$

2 答 CBD
BCD
B
２組の角
CBD

3 答 (1)　$x=25$　(2)　$x=6$
(3)　$x=9$　(4)　$x=\frac{21}{2}$(10.5)
(5)　$x=14$　(6)　$x=16$

考え方
(1)　△ABC∽△AED より，
x：15＝30：18　$x=25$
(2)　△ABC∽△BDC より，
x：3＝4：2　$x=6$
(3)　△ABC∽△DBE より，
x：6＝12：8　$x=9$
(4)　△ABC∽△DBA より，
14：x＝16：12(＝12：9)
$x=\frac{21}{2}$
(5)　△ABC∽△AED より，
x：7＝16：8　$x=14$
(6)　△ABC∽△DAC より，
20：x＝25：20　$x=16$

9 三角形と相似③ P.20-21

1 答 BDA
B
２組の角
DBA

2 答 (1)　a　bc
(2)　12cm　(3)　10cm

考え方
(2)　条件より，$a=6$，$b=3$
(1)を用いて c を求めればよい。
$a^2=bc$ より，$36=3c$　$c=12$
(3)　$a^2=bc$ より，
$a^2=5\times20=100$　$a=10$

3 答 (1) 辺BA　(2) 辺DB

(3) $\frac{75}{4}$ cm (18.75 cm)

考え方
(3) AB : DB = BC : BA より,
$15 : 12 = BC : 15$
$5 : 4 = BC : 15$
$4BC = 75$
$BC = \frac{75}{4}$ (cm)

4 答 (1) BEC
C
2組の角
BEC
(2) 3 cm

考え方
(2) △ADC∽△BEC より,
AC : BC = DC : EC
DC = x cm とすると,
$6 : 8 = x : 4$
$8x = 24$　$x = 3$

10 三角形と相似④ P.22-23

1 答 B′
B′C′
2B′M′
B′M′
2組の辺の比とその間の角
A′B′M′

2 答 (1) 2組の辺の比とその間の角がそれぞれ等しい。

(2) 3 : 2　(3) $\frac{10}{3}$ cm

考え方
(2) 辺ABと辺EBが対応しているので, 相似比は, 6 : 4 = 3 : 2
(3) DE = x cm とすると,
$5 : x = 3 : 2$
$3x = 10$　$x = \frac{10}{3}$

3 答 (1) 40°　(2) △DBA

考え方
(1) $\angle BAD = \frac{1}{2}\angle BAC$
$= \frac{1}{2}(180° - 60° - 40°) = 40°$

4 答 72
36
DBC
C
2組の角
BDC
BC　DC
BC

考え方
$\angle ABC = (180° - 36°) \div 2 = 72°$
$\angle DBC = \frac{1}{2} \times 72° = 36°$

11 三角形と相似⑤ P.24-25

1 答 (1) △MOB
(2) 2組の角がそれぞれ等しい。
(3) 2 : 1　(4) 2 : 1　(5) 6 cm

考え方
(1), (2) AD∥BC より, 錯角が等しいことを使う。
(3) AD = BC = 2BM
(5) OD : OB = 2 : 1 より,
BD : OD = 3 : 2
BD = 9 cm だから,
$9 : OD = 3 : 2$
$3OD = 18$　$OD = 6$ (cm)

2 答 C　60
EDC
ADC
2組の角
ADC

3 答 (1) 3 cm　(2) 9 cm

考え方
AD∥BC より平行線の錯角は等しく, 2組の角がそれぞれ等しいから,
△AOD∽△COB
相似比は, 6 : 12 = 1 : 2
(1) AO : CO = 1 : 2 より,
AO : AC = 1 : 3
(2) DO : BO = 1 : 2 より,
BD : BO = 3 : 2

4 答 ECF
B(ABE)　C(ECF)
AEC

CEF（FEC）
D（ADF）
CEF（FEC）
2組の角
ABE　　ECF

12 相似の利用①　P.26-27

1 答 (1)

(2)

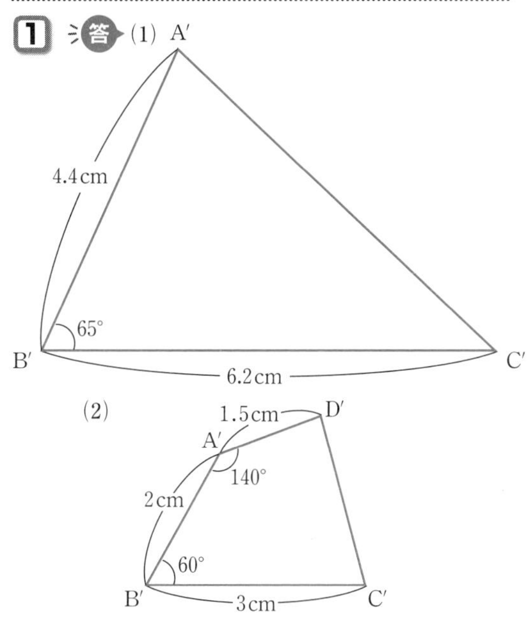

(3)　AB…3 cm　　BC…20 cm

2 答 (1)　4 cm　(2)　40 m

3 答 (1)　5 cm　(2)　10 m
(3)　10 cm

考え方
(2)　5 cm×200＝1000 cm＝10 m
(3)　10 m×$\frac{1}{100}$＝$\frac{1}{10}$ m＝10 cm

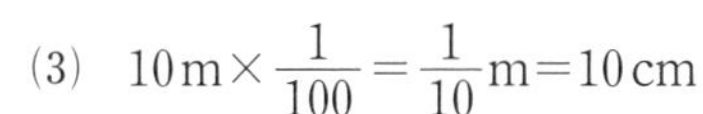

4 答

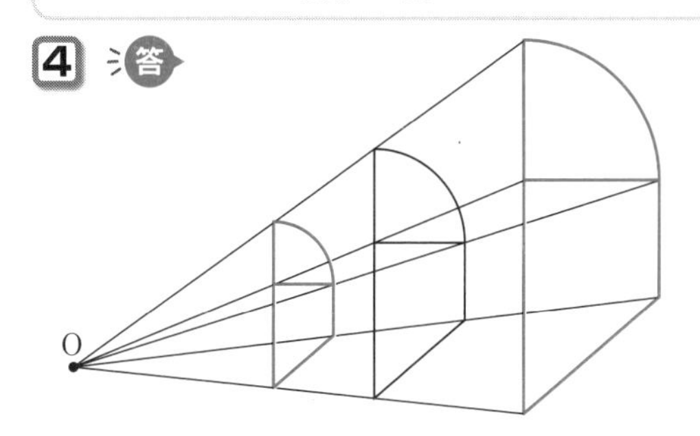

考え方
図形の各頂点とOを結び，その長さの$\frac{3}{2}$倍，$\frac{2}{3}$倍の点をそれぞれとる。

13 相似の利用②　P.28-29

1 答 (1)　$\frac{1}{1000}$…7 cm
$\frac{1}{2000}$…3.5 cm
(2)　80 m

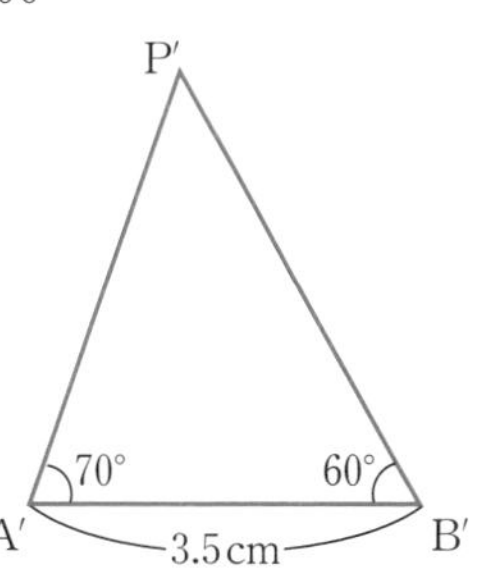

考え方
(2)　$\frac{1}{2000}$の縮図で，A′B′は3.5 cmとなる。P′A′を測ると，P′A′＝4 cm
したがって，PA＝80 mとなる。

2 答 53 m

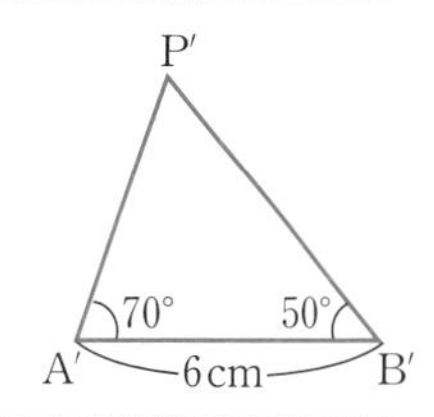

考え方
縮尺を$\frac{1}{1000}$とすると，P′A′＝5.3 cm
したがって，PA＝53 m

3 答 17.6 m

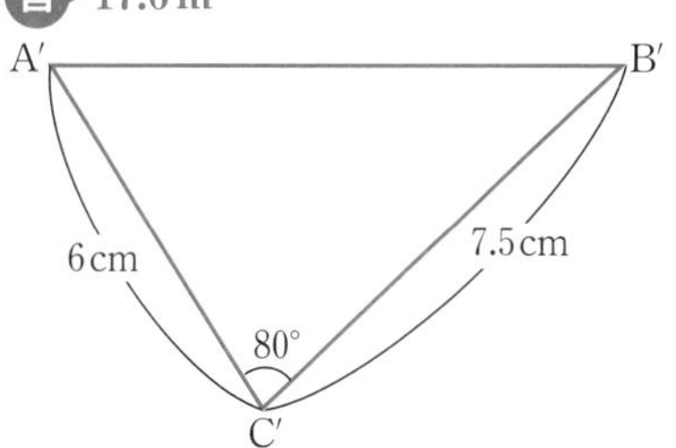

4 答 19 m

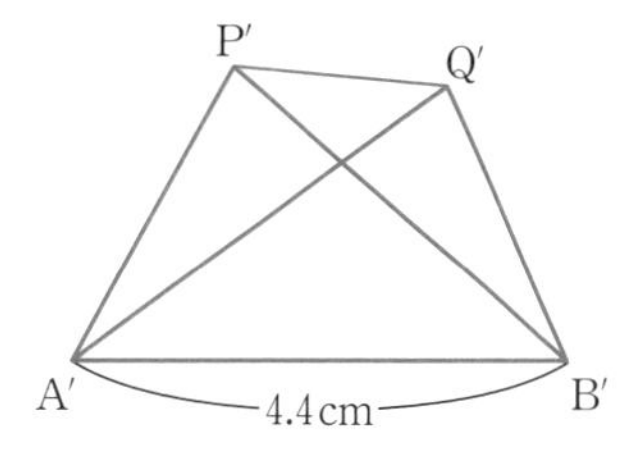

考え方
縮尺を$\frac{1}{1000}$とすると，P′Q′＝1.9 cm
したがって，PQ＝19 m

14 相似の利用③　P.30-31

1 答 (1) $\frac{1}{400}$

(2) **16.8 m**

(3) **18.3 m**

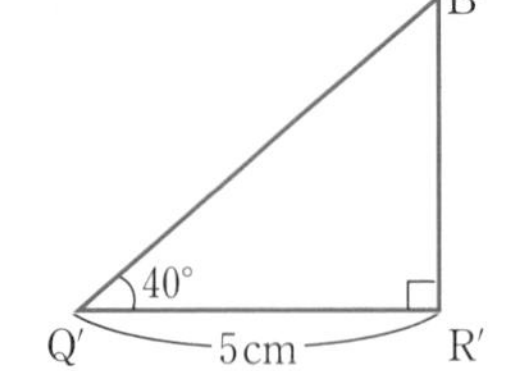

考え方

B′R′を測ると，B′R′=4.2 cm
したがって，BR=16.8 m となる。

2 答 **49.5 m**

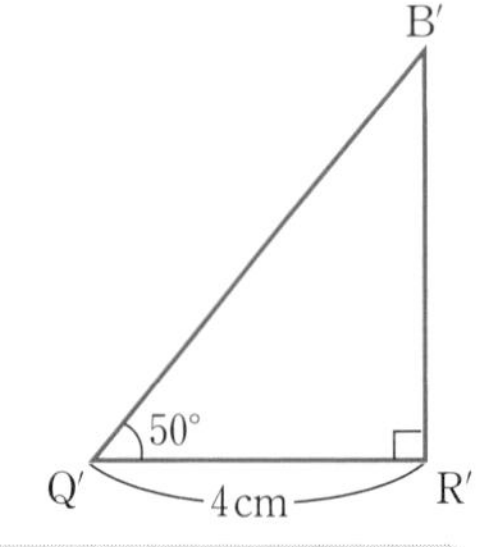

考え方

縮尺を $\frac{1}{1000}$ とすると，Q′R′=4 cm となる。B′R′を測ると，B′R′=4.8 cm
したがって，BR=48 m
目の高さが 1.5 m だから，テレビ塔の高さは 49.5 m

3 答 **12.5 m**

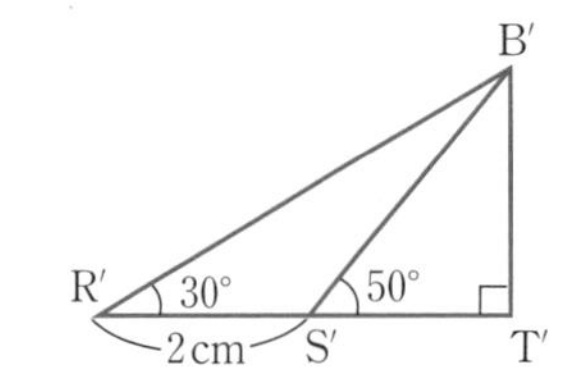

考え方

縮尺を $\frac{1}{500}$ とすると，R′S′=2 cm となる。B′T′を測ると，B′T′=2.2 cm
したがって，BT=11 m
目の高さが 1.5 m だから，木の高さは 12.5 m

4 答 (1) **9.5 m**　(2) **13 m**

考え方

(1) 右の図で考えると，㋐の三角形と㋑の三角形は相似だから，
$1 : x = 0.6 : 5.7$
$x = 9.5$

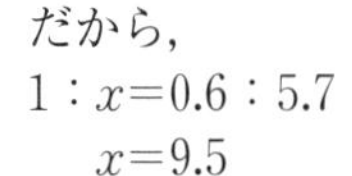

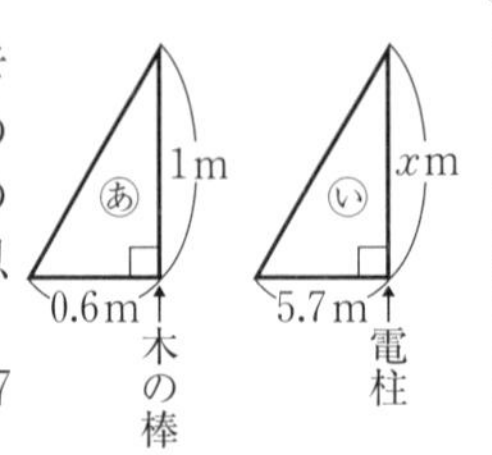

(2) 右の図で考えると，㋒の三角形は㋐の三角形と相似だから，
$y : 1 = 5.4 : 0.6$　$y = 9$
よって，木の高さは，
$4 + 9 = 13$ (m)

15 相似のまとめ①　P.32-33

1 答 (1) **辺EH**　(2) **∠F**

(3) **2 : 3**　(4) **8 cm**　(5) **7.5 cm**

考え方

(4) 四角形ABCDと四角形EFGHの相似比は 2 : 3 であるから，
BC : 12 = 2 : 3
3BC = 24　BC = 8 (cm)

(5) 5 : HG = 2 : 3
2HG = 15　HG = 7.5 (cm)

2 答 (1) **△BOC**

(2) **2組の角がそれぞれ等しい。**

(3) **$x=9$**　(4) **$y=15$**

考え方

(2) AD∥CB より，錯角は等しいから，∠DAO=∠CBO
また，∠AOD=∠BOC である。

(3) $x : 13.5 = 6 : 9$
$x : 13.5 = 2 : 3$
$3x = 27$　$x = 9$

3 答 **ACD**

ACB　**ADC**

A

2組の角

ABC　**ACD**

4 答 (1) **2組の角がそれぞれ等しい。**

(2) **2 : 1**　(3) **16 cm**

考え方

(2) 辺ACと辺ADが対応しているから，相似比は，12 : 6 = 2 : 1

5 答 (1) **△FBD，△DBE，△FDE**

(2) **10 cm**　(3) **3 cm**

考え方

(2) △ABC∽△FBD より求める。

(3) AB : FB = AC : FD
4 : (CF+5) = 1 : 2
CF+5 = 8　よって，CF = 3 (cm)

16 相似のまとめ② P.34-35

1 答 COD

1　2　1　2

DO

AO　CO　BO　DO

3 組の辺の比

COD

CDO

2 答 (1) △ABCと△ACDにおいて,

AB : AC=4 : 3

AC : AD=4 : 3

よって, AB : AC=AC : AD ……①

∠Aは共通 ……②

①, ②より, 2組の辺の比とその間の角がそれぞれ等しいから,

△ABC∽△ACD

(2) 7.5cm

考え方

(2) △ABCと△ACDにおいて,

AB : AC=16 : 12=4 : 3

DC=$x$cmとすると,

10 : x=4 : 3

$4x=30$　$x=7.5$

3 答 (1) △ABCと△HBAにおいて,

仮定より,

∠BAC=∠BHA=90° ……①

また, ∠Bは共通 ……②

①, ②より,

2組の角がそれぞれ等しいから,

△ABC∽△HBA

(2) 12cm

4 答 34.8m

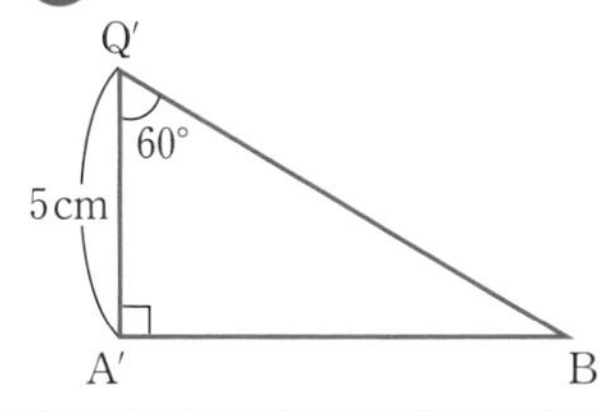

考え方

AQ=18.5+1.5=20(m)

縮尺を$\frac{1}{400}$とすると, A′Q′=5cm

となる。A′B′を測ると,

A′B′=8.7cm　AB=34.8m

17 平行線と線分の比① P.36-37

1 答 ABC

ABC

A

2 組の角

ABC

AB　AC　DE

2 答 (1) 6cm　(2) 5.4cm

考え方

(1) DE//BCより,

AD : AB=AE : AC

6 : 9=4 : AC

6AC=36

AC=6(cm)

(2) DE//BCより,

AD : AB=DE : BC

6 : 9=DE : 8.1

2 : 3=DE : 8.1

3DE=16.2

DE=5.4(cm)

3 答 (1) △EDC

(2) $x=4.8\left(\frac{24}{5}\right)$　(3) $y=\frac{25}{3}$

考え方

(2) AB//DEより,

AC : EC=AB : ED

x : 8=6 : 10

$10x=48$　$x=4.8$

4 答 (1) $x=7.5\left(\frac{15}{2}\right)$　(2) $x=18$

(3) $x=6$　(4) $x=7.5\left(\frac{15}{2}\right)$

考え方

(1) AB//CDより,

OC : OA=OD : OB

x : 12=5 : 8

$8x=60$

$x=\frac{15}{2}=7.5$

(2) AB//CDより,

CD : AB=OD : OB

5 : 12=7.5 : x

$5x=90$　$x=18$

18 平行線と線分の比② P.38-39

1 答 DBF(B)
BDF
2組の角　DBF
DB　DF

2 答 EC
6　3 (2　1)
2

3 答 (1) $x=4$　(2) $x=16$
(3) $x=3$　(4) $x=12$

考え方
(1) AD：DB＝AE：EC より，
$8:x=6:3$
$6x=24$　$x=4$
(2) AD：DB＝AE：EC より，
$6:(x-6)=9:15$
$9x=144$　$x=16$
(3) AD：DB＝AE：EC より，
$20:4=(18-x):x$
$20x=4(18-x)$
$24x=72$　$x=3$
(4) AD：DB＝AE：EC より，
$6:4=x:8$
$4x=48$　$x=12$

4 答 (1) $(15-x):x=2:1$
(2) $x=5$　(3) $\frac{20}{3}$ cm

考え方
(1) $15:x=3:1$,
$15:(15-x)=3:2$ も正解。
(2) $2x=15-x$
$3x=15$　$x=5$
(3) △ADE∽△ABC より，
AD：AB＝DE：BC
DE＝$x$cm とすると，
$2:3=x:10$
$3x=20$　$x=\frac{20}{3}$

19 平行線と線分の比③ P.40-41

1 答 AG　GH
平行四辺形
DE　EF
DE　EF

2 答 4.5cm $\left(\frac{9}{2}\text{cm}\right)$

考え方
1より，AB：BC＝DE：EF
EF＝$x$cm とすると，
$8:6=6:x$　$x=4.5$

3 答 (1) $x=8$　(2) $x=5$

考え方
(1) $12:x=9:6$
$9x=72$　$x=8$
(2) $4:8=x:10$
$8x=40$　$x=5$

4 答 (1)

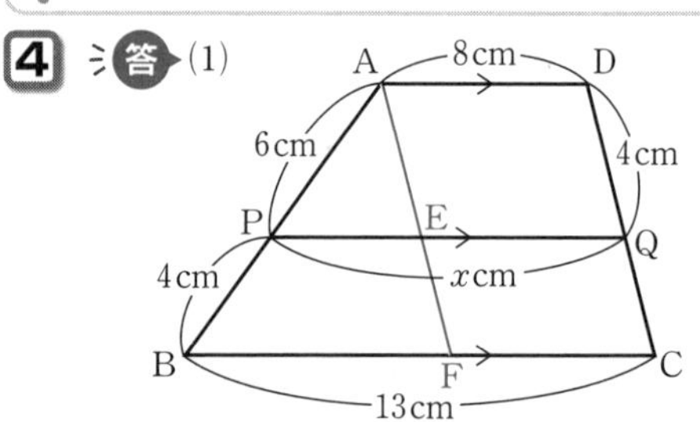

(2) $\frac{8}{3}$ cm　(3) 8 cm　(4) 5 cm
(5) 3 cm　(6) $x=11$

考え方
(3) 四角形AEQDは平行四辺形。
(4) (3)より EQ＝FC＝8(cm)
BF＝BC－FC＝13－8
＝5(cm)
(5) △APE∽△ABF より，
AP：AB＝PE：BF
6：10＝PE：5
PE＝3(cm)
(6) x＝PE＋EQ＝3＋8＝11(cm)

20 平行線と線分の比④ P.42-43

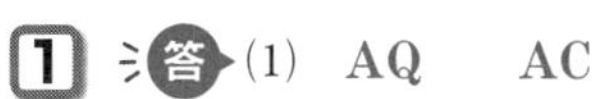

1 答 (1) **AQ**　**AC**

A

2組の辺の比とその間の角

ABC

APQ

PQ　**BC**

(2) **CRQ**

CQ

PB

PB

BC

2 答 (1) ×　(2) ×　(3) ○

3 答 ①

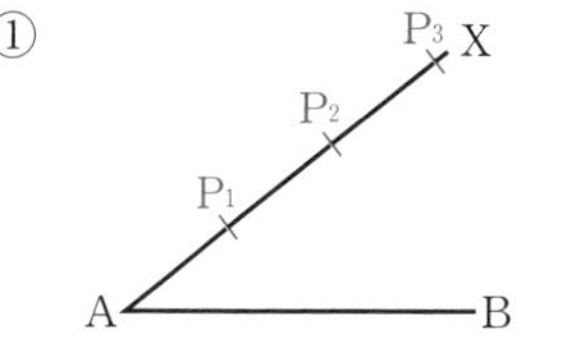

②

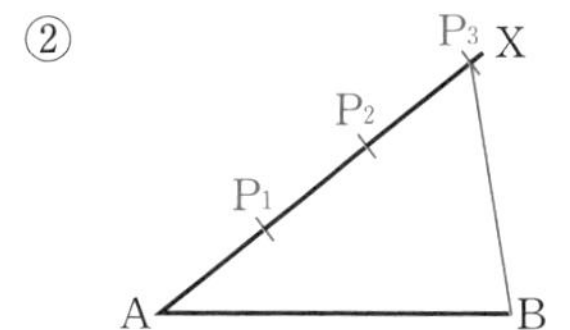

③

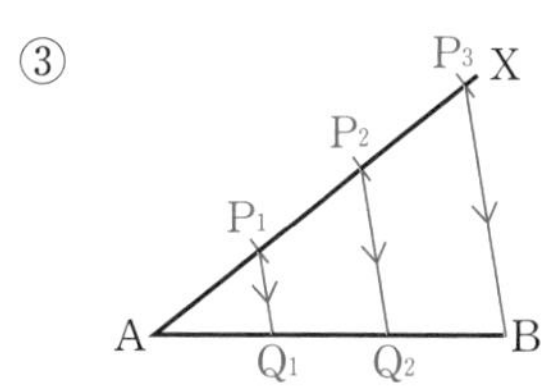

4 答 ①

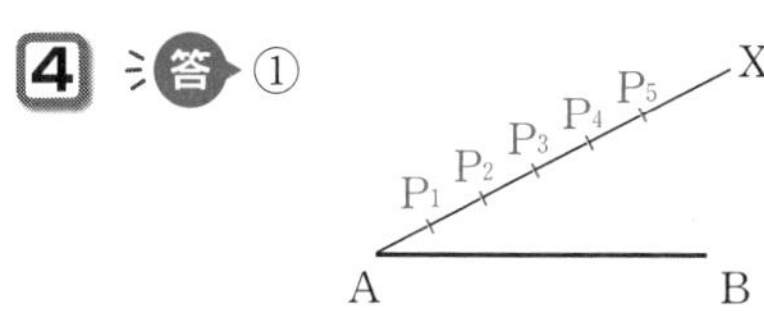

② ③

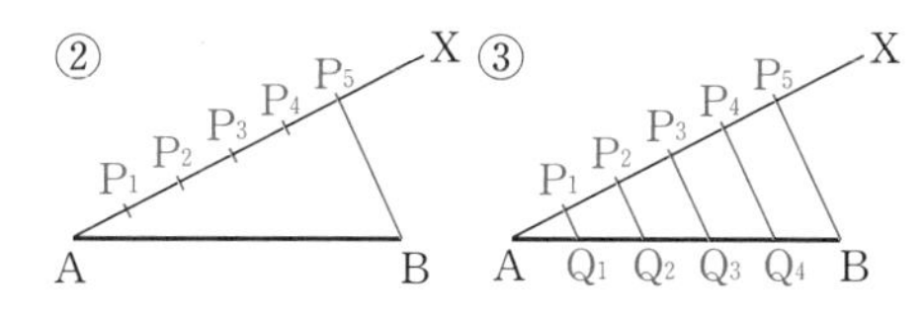

考え方

① 点Aを通る半直線AXをひいて，等間隔に点P_1，…，P_5をとる。
② 点P_5とBを結ぶ。
③ 点P_1を通り，直線P_5Bと平行な直線をひき，線分ABとの交点をQ_1とする。
　Q_2，Q_3，Q_4についても同様である。

21 平行線と線分の比⑤ P.44-45

1 答 $x=3.75\left(\frac{15}{4}\right)$

考え方

△OACで，DF//ACより，
OD：OA＝OF：OC
　$x:6=2.5:4$
　　$4x=15$
　　$x=\frac{15}{4}=3.75$

2 答 (1) **3 cm**　(2) **2 cm**
(3) **9 cm**　(4) **4：3**

考え方

(1) AI：IC＝1：2より，
　AI：AC＝1：(1＋2)
　　AI：9＝1：3
　　　AI＝3(cm)
(2) △OAIで，EJ//AIより，
　OE：OA＝EJ：AI
　EJ＝$x$cmとすると，
　2：(2＋1)＝x：3
　　　$3x=6$　$x=2$
(3) △OAIで，EJ//AIより，
　OJ：OI＝OE：OA
　OI＝$x$cmとすると，
　6：x＝2：3
　　$2x=18$　$x=9$
(4) JG//ICより，
　JG：IC＝OG：OC
　　　＝OE：OA＝2：3
　JG：6＝2：3より，JG＝4
　JG//AIより，
　△JGK∽△IAK
　JK：KI＝JG：AI＝4：3

3 答 (1) **3：5**　(2) **3：5**

(3) **9.6 cm**$\left(\frac{48}{5}\text{cm}\right)$

(4) **12.8 cm**$\left(\frac{64}{5}\text{cm}\right)$

(5) **5：8**

考え方

(1) AC：AE＝3：(3＋2)＝3：5

(2) △AEFで，CG∥EF より，
CG：EF＝AC：AE＝3：5

(3) CG＝$x$cm とすると，
3：5＝x：16
$5x=48$
$x=\frac{48}{5}=9.6$

(4) △FABで，GD∥AB より，
GD：AB＝FG：FA
＝EC：EA
＝2：5
GD＝$x$cm とすると，
2：5＝x：8
$5x=16$　$x=\frac{16}{5}$
よって，CD＝CG＋GD
$=\frac{48}{5}+\frac{16}{5}=\frac{64}{5}$
＝12.8 (cm)

(5) $8:\frac{64}{5}=40:64=5:8$

4 答 **BCED**
平行四辺形
AB　**BC**
EC′
A′B′　**B′C′**
A′B′　**B′C′**

22 中点連結定理① P.46-47

1 答 **AC**　**AN**
2組の辺の比とその間の角
AMN
BC
AMN

2 答 **6 cm**

考え方

1より，MN＝$\frac{1}{2}$BC＝$\frac{1}{2}\times12$
＝6(cm)

3 答 (1) **4 cm**　(2) **5 cm**　(3) **50°**

考え方

(1) AD＝$\frac{1}{2}$AB＝$\frac{1}{2}\times8=4$(cm)

(2) DE＝$\frac{1}{2}$BC＝$\frac{1}{2}\times10=5$(cm)

(3) 中点連結定理より，DE∥BC
同位角は等しいので，
∠B＝∠ADE＝50°

4 答 (1) **6 cm**　(2) **4 cm**
(3) **10 cm**

考え方

(3) EG＝EF＋FG＝6＋4
＝10(cm)

5 答 (1) **3 cm**　(2) **9 cm**
(3) **平行四辺形**

考え方

(2) DF＋DE＋EF
＝$\frac{1}{2}$BC＋$\frac{1}{2}$AC＋$\frac{1}{2}$AB
＝3＋2＋4＝9(cm)

(3) DE∥AC，DF∥BC より，
DE∥FC，DF∥EC となり，2組の対辺がそれぞれ平行である。

23 中点連結定理② P.48-49

1 答 (1) **6 cm**　(2) **PS，QR**
(3) **平行四辺形**

考え方

(1) △ABCで，中点連結定理より，
PQ＝$\frac{1}{2}$AC

(2) △ABDで，PS∥BD
△BCDで，QR∥BD

(3) PS∥QR，SR∥PQ

2 答 (1) **5 cm**　(2) **7 cm**
(3) **90°**　(4) **90°**　(5) **長方形**

考え方

(3)，(4) ひし形の対角線は垂直に交わることより，
ACはPS，BD，QRと垂直。
BDはPQ，AC，SRと垂直。

3 答 **APQ**
2組の角
APQ
AC

4 答 (1) 1：2　(2) 3 cm
(3) 4 cm

考え方
(1) MはABの中点で，MN//BCより，NはDCの中点となる。
(2) △ADNと△LCNにおいて，対頂角より，
∠AND＝∠LNC
AD//LCより，錯角は等しいから，
∠ADN＝∠LCN
(1)より，DN＝CN
よって，△ADN≡△LCN
AD＝CL＝3(cm)
(3) △ABLにおいて，
$MN=\frac{1}{2}BL=\frac{1}{2}(5+3)=4$(cm)

24 中点連結定理③　P.50-51

1 答 (1) 8 cm　(2) 4 cm
(3) 2：3　(4) $\frac{16}{3}$cm

2 答 (1) 2：1　(2) 1：2　(3) 3：1

考え方
(3) $GE=\frac{1}{2}DF$，$DF=\frac{1}{2}AE$ より，
$GE=\frac{1}{4}AE$

3 答 (1) DE　FC
EC
ED
EC
(2) 6 cm

考え方
(2) △BGDで，中点連結定理より，
DG＝2EC＝8(cm)
△AECで，
$DF=\frac{1}{2}EC=2$(cm)　よって，
FG＝DG－DF
＝8－2＝6(cm)

4 答 (1) 1：2
(2) MA　PB
AB
CD
NP

考え方
(1) △DABで，中点連結定理より，
$MP=\frac{1}{2}AB$

25 平行線と線分の比のまとめ①　P.52-53

1 答 (1) $x=10$　(2) $x=3$
(3) $x=18$

考え方
(1) △ABCで，中点連結定理より，
$x=2\times5=10$

2 答 (1) $x=6$　$y=8$
(2) $x=2$　$y=16$

考え方
(1) △AEG∽△AFDで，
AG：AD＝EG：FDより，
$8:12=4:x$
$8x=48$　$x=6$
△BCEで，中点連結定理より，
EC＝FD×2＝12(cm)
y＝EC－EG＝12－4＝8

3 答 (1) $x=\frac{50}{3}$　$y=9$
(2) $x=9$　$y=24.5\left(\frac{49}{2}\right)$
(3) $x=4.5\left(\frac{9}{2}\right)$　(4) $x=\frac{16}{3}$

考え方
(3) $4:3=6:x$
$4x=18$　$x=4.5$
(4) $x:8=4:6$
$6x=32$　$x=\frac{16}{3}$

4 答 (1) 8 cm　(2) 6 cm
(3) 10 cm

考え方
(1) BP：PD＝BL：AD
＝1：2
BP：BD＝1：3
$BP=\frac{1}{3}BD=8$(cm)
(2) ACとBDの交点をEとすると，
AC//NM，DM＝MCより，
$DQ=\frac{1}{2}DE=6$(cm)
(3) PQ＝BD－BP－DQ
＝24－8－6＝10(cm)

26 平行線と線分の比のまとめ② P.54-55

1 答 (1) **6 cm**　(2) **3 cm**

考え方
(2) (1)より，DF=6cm
　△DEFで，中点連結定理より，
　$BG=\frac{1}{2}DF=\frac{1}{2}\times6=3(cm)$

2 答 (1) **1：2**　(2) **4 cm**
(3) **8 cm**

考え方
(1) △APD∽△CPBより，
　AP：CP=AD：CB
　　　　=6：12=1：2
(2) (1)より，EP：BC=AP：AC
　　　　　　　　=1：3
　EP=4(cm)
(3) (2)と同様にして，PF=4(cm)
　EF=EP+PF=4+4=8(cm)

3 答 (1) **1：2**　(2) **2倍**　(3) **6倍**

考え方
(2) △DFEと△DBFにおいて，高さは等しく，底辺の長さの比は(1)より，1：2となる。
(3) △DBC=3△DBF
　　　=6△DFE

4 答 (1) **8 cm**　(2) **3：5**
(3) **3：5**　(4) **6 cm**

考え方
(1) △EAB∽△EGCより，
　AB：GC=BE：CE=3：2
　12：GC=3：2
　GC=8(cm)
(2) $DG=DC+CG=AB+\frac{2}{3}AB$
　$=\frac{5}{3}AB$
(4) BF：BD=3：(3+5)
　BF：16=3：8
　BF=6(cm)

5 答 (1) **10.8 cm**$\left(\frac{54}{5}\text{cm}\right)$
(2) **6 cm**

考え方
(1) △ABCで，
　AE：AB=EP：BC
　EP=$x$cmとすると，
　3：5=x：18　x=10.8
(2) △ABDで，
　EB：AB=EQ：AD
　EQ=$x$cmとすると，
　2：5=x：12　x=4.8
　QP=EP−EQ
　　=10.8−4.8=6(cm)

6 答 ①

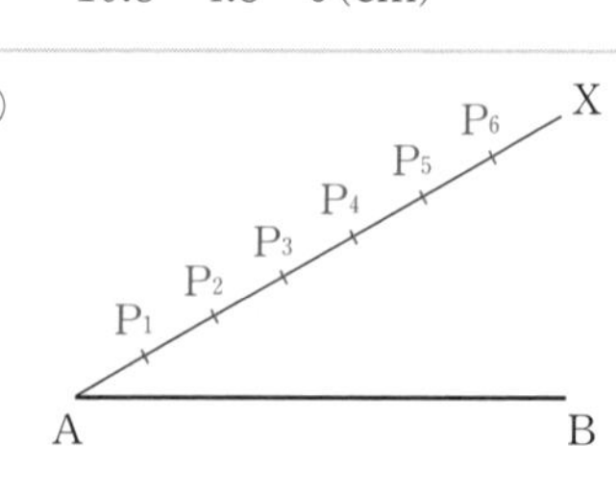

②

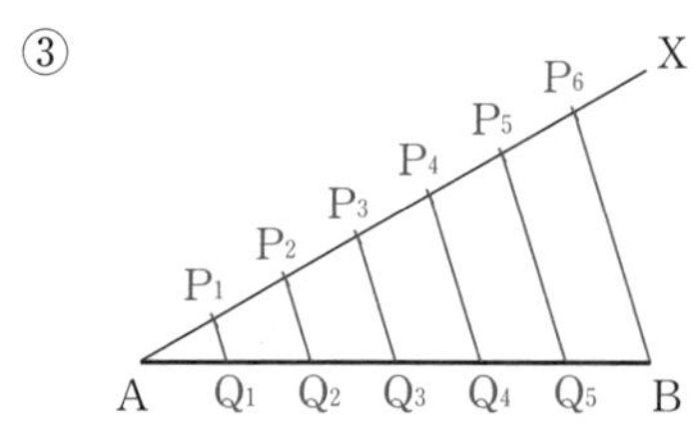

③

考え方
① 点Aを通る半直線AXをひいて，等間隔に点P_1，…，P_6をとる。
② 点P_6とBを結ぶ。
③ 点P_1を通り，直線P_6Bと平行な直線をひき，線分ABとの交点をQ_1とする。
　Q_2，…，Q_5についても同様である。

27 相似な図形の面積比① P.56-57

1 答 (1) **1：3**　(2) **1：9**

2 答 (1) **4：3**　(2) **16：9**

考え方
(2) (1)より，面積の比は，
　$4^2：3^2=16：9$

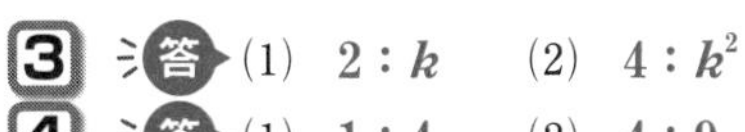

3 答 (1) $2:k$　(2) $4:k^2$

4 答 (1) 1：4　(2) 4：9

5 答 (1) 2：3　(2) 4：9

(3) 4：9　27

6 答 (1) 50 cm^2　(2) 45 cm^2

考え方
(1) 台形A′B′C′D′の面積を S cm^2 とすると，
$8:S=2^2:5^2$　$S=50$
(2) △DEFの面積を S cm^2 とすると，
$5:S=1^2:3^2$　$S=45$

28 相似な図形の面積比② P.58-59

1 答 (1) 3：4　(2) 9：16

(3) 64 cm^2

考え方
(3) △CDOの面積を S cm^2 とすると，△ABOの面積が36 cm^2 だから，
$36:S=9:16$　$S=64$

2 答 2：5

4：25

4：21

4：21

42

3 答 (1) 2：1　(2) 4倍　(3) 3：4

考え方
(1) 中点連結定理より，
$DE /\!/ BC$，$DE=\frac{1}{2}BC$
よって，△ABCと△ADEの相似比は，BC：DE＝2：1
(2) △ABCと△ADEの面積の比は，
$2^2:1^2=4:1$
よって，△ABCの面積は，△ADEの面積の4倍である。
(3) (台形DBCEの面積) ＝ (△ABCの面積) － (△ADEの面積) だから，△ADEの面積を1とすると，台形DBCEの面積は，4－1＝3
よって，台形DBCEと△ABCの面積の比は，3：4

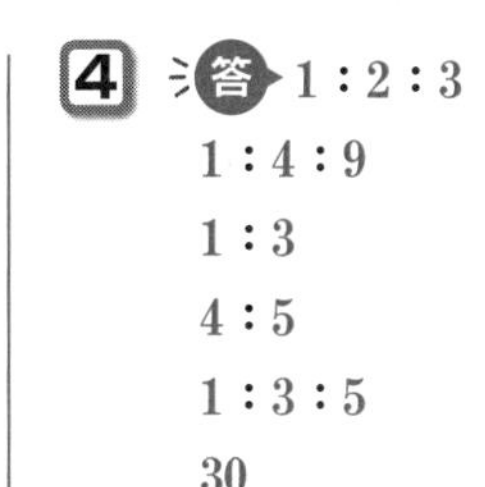

4 答 1：2：3

1：4：9

1：3

4：5

1：3：5

30

29 相似な立体の表面積の比 P.60-61

1 答 (1) 24 cm^2　(2) 54 cm^2

(3) 4：9

(4) 2：3　4：9　2乗

2 答 9：16

考え方
相似比は，3：4であるから，
表面積の比は，$3^2:4^2=9:16$

3 答 (1) 3：4　(2) 9：16

(3) 9：16

考え方
(2) 相似な立体の表面積の比は，相似比の2乗に等しいから，円柱Aと円柱Bの表面積の比は，
$3^2:4^2=9:16$

4 答 (1) $\frac{1}{16}$ 倍　(2) 200 cm^2

(3) 16 cm^2

考え方
(2) GとG′の相似比は2：5だから，GとG′の表面積の比は，
$2^2:5^2=4:25$
Gの表面積が32 cm^2 だから，
32：(G′の表面積)＝4：25
これより，G′の表面積は，200 cm^2
(3) HとH′の相似比は3：2だから，HとH′の表面積の比は，
$3^2:2^2=9:4$
Hの表面積が36 cm^2 だから，H′の表面積は，
$36\times\frac{4}{9}=16(cm^2)$

30 相似な立体の体積比① P.62-63

1 答 (1) $2:3$ (2) $8\,\mathrm{cm}^3$
(3) $27\,\mathrm{cm}^3$ (4) $8:27$

2 答 (1) 相似比…$2:1$，体積の比…$8:1$
(2) 相似比…$1:4$，体積の比…$1:64$
(3) 相似比…$3:4$，体積の比…$27:64$

考え方
相似な立体の体積の比は，相似比の3乗に等しい。相似比が $a:b$ のとき，体積の比は $a^3:b^3$ となる。

3 答 (1) $2:k$ (2) $8:k^3$

4 答 $8:27$
$8:27$
135

考え方
AとBの体積の比は，相似比の3乗に等しいから，$2^3:3^3=8:27$
Bの体積を $V\,\mathrm{cm}^3$ とすると，Aの体積は $40\,\mathrm{cm}^3$ だから，
$40:V=8:27$ $V=135$

5 答 (1) $128\,\mathrm{cm}^3$ (2) $5\pi\,\mathrm{cm}^3$

考え方
(2) 球Cと球Dの相似比は $4:1$
これより，体積の比は，
$4^3:1^3=64:1$
球Dの体積を $V\,\mathrm{cm}^3$ とすると，
$320\pi:V=64:1$ $V=5\pi$

31 相似な立体の体積比② P.64-65

1 答 (1) $4:9$ (2) $8:27$
(3) $270\,\mathrm{cm}^3$

考え方
(1) AとBの相似比は，$2:3$
(3) AとBの体積の比は，$8:27$
Bの体積を $V\,\mathrm{cm}^3$ とすると，
$80:V=8:27$ $V=270$

2 答 (1) $3:4$ (2) $9:16$
(3) $27:64$ (4) $256\,\mathrm{cm}^3$

考え方
(4) Bの体積を $V\,\mathrm{cm}^3$ とすると，(3)より，
$108:V=27:64$ $V=256$

3 答 (1) $3:4$ (2) $27:64$
(3) $640\,\mathrm{cm}^3$

4 答 (1) $4:9$ (2) $8:27$
(3) $270\,\mathrm{cm}^3$

考え方
(1) AとBの水面の面積の比は，
$20:45=4:9$

5 答 (1) $2:3:6$ (2) $4:9:36$
(3) $8:27:216$

考え方
(1) AとBとCの相似比は，
$8:12:24=2:3:6$
(2) AとBとCの表面積の比は，相似比の2乗に等しいから，
$2^2:3^2:6^2=4:9:36$
(3) AとBとCの体積の比は，相似比の3乗に等しいから，
$2^3:3^3:6^3=8:27:216$

32 相似な立体の体積比③ P.66-67

1 答 $1:2$
$1:8$
$1:7$

2 答 (1) $1:27$ (2) $1:7$
(3) $1:7:19$

3 答 (1) $2:5$ (2) $8:125$
(3) $8:117$ (4) $468\,\mathrm{cm}^3$

考え方
(2) 体積の比は相似比の3乗に等しいから，$2^3:5^3=8:125$
(4) (3)より，Qの体積は，もとの円錐の体積の $\frac{117}{125}$ 倍だから，
$500\times\frac{117}{125}=468(\mathrm{cm}^3)$

4 答 (1) $9\pi\,\mathrm{cm}^2$ (2) $\frac{8}{27}$ 倍
(3) $24\pi\,\mathrm{cm}^3$ (4) $57\pi\,\mathrm{cm}^3$

考え方
(1) 容器と水の相似比は，
$12:8=3:2$
水面の半径を r cmとすると，
$9:2r=3:2$ $r=3$
水面の面積は，
$\pi\times3^2=9\pi(\mathrm{cm}^2)$

考え方

(3)　水面の面積が9π cm^{2}だから，

$\frac{1}{3}\times 9\pi\times 8=24\pi$ (cm^3)

(4)　容器の容積は，

$\frac{1}{3}\times\pi\times\left(\frac{9}{2}\right)^2\times 12=81\pi$ (cm^3)

よって，$81\pi-24\pi=57\pi$ (cm^3)

33 相似な図形の比のまとめ P.68-69

1 答 (1)　**4：5**　　(2)　**16：25**

(3)　**25 cm^2**

考え方

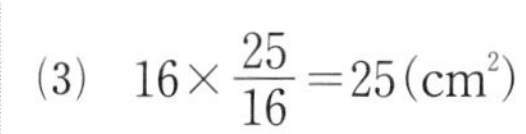

(3)　$16\times\frac{25}{16}=25$ (cm^2)

2 答 (1)　**2：3**　　(2)　**4：9**

(3)　**20 cm^2**

考え方

(3)　(台形BDECの面積)

＝(△ADEの面積)－(△ABCの面積) だから，

$16\times\frac{9}{4}-16=20$ (cm^2)

3 答 **100 cm**

考え方

$16：25=4^2：5^2$ より，AとBの相似比は，4：5 である。よって，長方形Bの周の長さは，

$80\times\frac{5}{4}=100$ (cm)

4 答 (1)　**3：4**　　(2)　**9：16**

(3)　**27：64**

5 答 (1)　**1：27**　　(2)　**4 cm^3**

(3)　**1：7：19**

考え方

(2)　Lの体積は，$108\times\frac{1}{27}=4$ (cm^3)

(3)　LとL＋MとL＋M＋Nの体積の比は，1：8：27 であるから，

L：M＝1：7 ……①

(L＋M)：N＝8：19 ……②

①，②より，

L：M：N＝1：7：19

6 答 (1)　**8 cm**　　(2)　$\frac{8}{27}$

34 図形と相似のまとめ P.70-71

1 答 (1)　**∠BDE，∠CBD**

(2)　**△BDC，△ADB，△DEB，△AED**

(3)　**12 cm**

(4)　$\frac{36}{5}$ **cm**

(5)　**9：16**

(6)　**96 cm^2**

考え方

(3)　△ABC∽△ADB より，

CA：BA＝BC：DB

DB＝x cm とすると，

$25：15=20：x$　　$x=12$

(4)　△ABC∽△DEB より求める。

(5)　△ADB∽△BDCで，相似比は

15：20＝3：4なので，面積の比は，

$3^2：4^2=9：16$

(6)　△ADBの面積＝$\frac{1}{2}$×AB×DE

$=\frac{1}{2}\times 15\times\frac{36}{5}$

$=54$ (cm^2)

△ADB∽△BDCより，△BDCの面積をx cm^{2}とすると，

$54：x=9：16$　　$x=96$ (cm^2)

2 答 (1)　**4：1**　　(2)　**4 cm**

考え方

(1)　対角線ACをひき，対角線BDとの交点をOとする。

BN＝NC，BM＝MA より，

BQ＝QO で，BQ＝$\frac{1}{2}$BO

BO＝$\frac{1}{2}$BD だから，

BD：BQ＝4：1

(2)　△ARB∽△PRD より，

BR：DR＝AB：PD＝2：1

DR：BD＝1：(1＋2)

DR：12＝1：3　　DR＝4 (cm)

3 答 (1)　**3 cm**　　(2)　**6 cm**

(3)　**2：5**　(4)　**4：25**

考え方

(1)　△ABDで，PR＝$x$cmとすると，
5：x＝5：3　　x＝3
(2)　△DBCで，RQ＝$y$cmとすると，
7.5：y＝5：2　　y＝3
PQ＝PR＋RQ＝6(cm)
(3)　RQ：BC＝2：5なので，
△DRQと△DBCの相似比は2：5
(4)　(3)より，面積の比は，
$2^2:5^2=4:25$

4 答 (1)　**2：1**　　(2)　**4倍**

考え方

(1)　中点連結定理より，
$RQ=\frac{1}{2}PC$
$BP=\frac{1}{2}PC$ より，RQ＝BP
RQ//BPより，錯角が等しく，
1組の辺とその両端の角がそれぞれ等しいから，△RSQ≡△PSB
よって，RS＝PS
中点連結定理より，AR＝RPなので，
AR：RS＝2：1
(2)　AS：SP＝3：1より，
△ABS：△BPS＝3：1
BP：PC＝1：2より，
△ABP：△APC＝1：2
△BPSの面積を1とすると，
△ABS＝3，△ABP＝4，
△APC＝8，△ABC＝12
よって，$\frac{\triangle ABC}{\triangle ABS}=\frac{12}{3}=4$

5 答 (1)　**∠BEA(∠AEB)**
(2)　**4.5cm**

考え方

(1)　AE＝ADより，
∠AED＝∠ADE
△AEDにおいて，内角と外角の関係より，
∠BDC＝∠EAD＋∠AED
∠BEA＝∠EAD＋∠ADE
よって，∠BDC＝∠BEA
(2)　(1)と仮定より，
∠BEA＝∠BDC ……①
∠ABE＝∠CBD ……②
①，②より，
2組の角がそれぞれ等しいから，
△ABE∽△CBD
AE：CD＝AB：CB
AD＝AE＝$x$cmとすると，
x：2.5＝6：7.5
7.5x＝15　　x＝2
AC＝AD＋CD＝2＋2.5
＝4.5(cm)

35 円周角①

P.72-73

1 答 **OAP**
OBP
2∠a
2∠b
∠a＋∠b

考え方

△OPAと△OPBは，それぞれ円の半径を2辺とする二等辺三角形である。底角は等しいから，
∠OPA＝∠OAP＝∠a
∠OPB＝∠OBP＝∠b
また，三角形の外角は，それととなりあわない2つの内角の和に等しい。

2 答 (1)　**50°**　　(2)　**55°**　　(3)　**60°**
(4)　**50°**　　(5)　**50°**　　(6)　**130°**

考え方

(1)　円周角∠xの大きさは中心角の大きさの半分である。
よって，$\angle x=100°\times\frac{1}{2}=50°$
(3)　同じ孤に対する円周角の大きさは等しいから，∠APB＝∠AQB
(5)　∠x＝25°×2＝50°
(6)　∠x＝65°×2＝130°

36 円周角② P.74-75

1 答 (1) 80° (2) 105° (3) 260°
(4) 220° (5) 105° (6) 80°

考え方
(3) $\angle x=130°\times2=260°$
(4) $360°-\angle x=70°\times2$
$\angle x=220°$
(5) $\angle x\times2=360°-150°$
$\angle x=105°$
(6) $360°-\angle x=140°\times2$
$\angle x=80°$

2 答 (1) 90° (2) 40°

考え方
(1) 半円の弧に対する円周角は90°
(2) 三角形の内角の和より，
$\angle x=180°-(90°+50°)=40°$

3 答 (1) 70° (2) 60°
(3) 55° (4) 120°

考え方
(1) 点AとDを結ぶと，
$\angle BAD=\angle BCD=20°$
$\angle ADB=90°$
△ABDの内角の和より，
$\angle x=180°-(20°+90°)=70°$
(2) $\angle ABD=\angle ACD$,
$\angle ADB=90°$
(3) 点BとDを結ぶと，
$\angle BDC=\angle BAC=35°$
また，$\angle ADB=90°$
よって，$\angle x=90°-35°=55°$
(4) 点BとCを結ぶと，
$\angle ACB=90°$，$\angle BCD=30°$

4 答

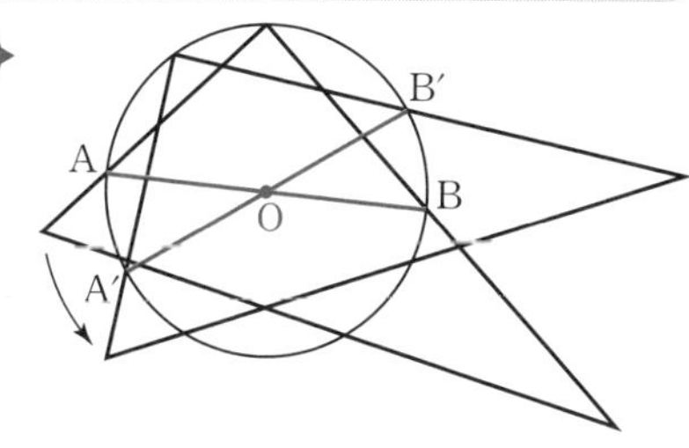

考え方
AとB，A′とB′をそれぞれ結び，線分ABとA′B′の交点をOとする。

37 円周角③ P.76-77

1 答 (1) 円周角 弧
(2) COD
AOB
COD
CQD

2 答 CAD
$\overset{\frown}{DC}$

3 答 (1) $x=5$ (2) $x=30$
(3) $x=48$ (4) $x=12$
(5) $x=18$ (6) $x=24$

考え方
(3) $9:12=36:x$
$9x=12\times36$
$x=\dfrac{12\times36}{9}=48$
(5) $14:x=35:45$
$35x=14\times45$
$x=\dfrac{14\times45}{35}=18$
(6) $4:x=15:90$
$15x=4\times90$
$x=\dfrac{4\times90}{15}=24$

4 答 5：7

考え方
CとO，DとOをそれぞれ結ぶと，
$\angle AOD=30°\times2=60°$
$\angle BOC=25°\times2=50°$
$\angle COD=180°-(60°+50°)=70°$
よって，$\overset{\frown}{BC}:\overset{\frown}{CD}$
$=\angle BOC:\angle COD$
$=50:70=5:7$

38 円周角④ P.78-79

1 答 (1) < (2) ＝ (3) >
(4) > (5) <

2 答 (1) 外部 (2) 円周上 (3) 内部

考え方
(1) $\angle APB<55°$ より，点Pは円Oの外部にある。
(2) $\angle APB=55°$ より，点Pは円Oの円周上にある。
(3) $\angle APB>55°$ より，点Pは円Oの内部にある。

3 答 (1) ×　(2) ○
(3) ×　(4) ○

考え方
(1) ∠BAC＞∠BDC より，1つの円周上にない。
(2) ∠BAC＝∠BDC より，1つの円周上にある。
(3) ∠BAC＞∠BDC より，1つの円周上にない。
(4) ∠CAD＋∠ADB＝75° より，
∠CAD＝35°
よって，∠CAD＝∠CBD より，
1つの円周上にある。

4 答 (1) ∠ACD　(2) ∠BDC
(3) △CBP

考え方
(1) ∠ACB＝∠ADB より，4点A，B，C，Dは同一円周上にある。
よって，同じ弧に対する円周角は等しいから，∠ABD＝∠ACD
(3) 三角形の相似条件のうち，2組の角がそれぞれ等しいことが成り立つ2つの三角形をさがす。

39 円周角⑤　P.80-81

1 答 ABE　DCE
BAE　CDE
ABE　DCE
2組の角

2 答 △ABEと△DBCにおいて，
$\overset{\frown}{AD}=\overset{\frown}{DC}$ より，
∠ABE＝∠DBC ……①
$\overset{\frown}{BC}$ に対する円周角は等しいから，
∠BAE＝∠BDC ……②
①，②より，2組の角がそれぞれ等しいから，△ABE∽△DBC

考え方
1つの円で，等しい弧に対する円周角の大きさは等しいから，
∠ABE＝∠DBC
同じ弧（$\overset{\frown}{BC}$）に対する円周角の大きさは等しいから，∠BAE＝∠BDC がいえる。

3 答 90°
垂直

4 答 点AとO，PとO，P′とOをそれぞれ結ぶ。
△AOPと△AOP′において，
円Oの半径だから，OP＝OP′ ……①
AOは共通 ……②
円の接線は接点を通る半径に垂直であるから，
∠APO＝∠AP′O＝90° ……③
①，②，③より，直角三角形の斜辺と他の1辺がそれぞれ等しいので，
△AOP≡△AOP′
したがって，AP＝AP′

考え方
円の接線は，その接点を通る半径に垂直である。

5 答 △ADBと△ACEにおいて，
$\overset{\frown}{AB}$ に対する円周角は等しいから，
∠ADB＝∠ACE ……①
ADは円Oの直径だから，
∠ABD＝90°
仮定より，∠AEC＝90°
よって，∠ABD＝∠AEC＝90° ……②
①，②より，2組の角がそれぞれ等しいので，△ADB∽△ACE

40 円周角のまとめ　P.82-83

1 答 (1) 50°　(2) 150°
(3) 130°　(4) 70°　(5) 95°
(6) 40°　(7) 95°　(8) 45°
(9) 55°

考え方
(4) 360°－220°＝140°
$\angle x=140°\times\frac{1}{2}=70°$
(5) ∠x は三角形の外角だから，
$\angle x=70°+25°=95°$
(6) $\angle x=90°-50°=40°$
(7) $\angle x+50°+35°=180°$
$\angle x=180°-(50°+35°)=95°$
(8) $\angle x=25°+20°=45°$
(9) $\angle x=30°+25°=55°$

2 答 △ACPと△DCAにおいて，
$\overset{\frown}{AC}=\overset{\frown}{BC}$ だから，円周角の定理より，
∠CAP=∠CDA ……①
また，∠ACP=∠DCA ……②
①，②より，2組の角がそれぞれ等しいから，△ACP∽△DCA

3 答 (1) 40°　(2) 40°　(3) 75°
(4) 25°

考え方
(1) ∠ABD=180°−(90°+50°)
=40°
(2) $\overset{\frown}{AD}$に対する円周角だから，
∠ACD=∠ABD=40°
(3) ∠AEB=∠CED
=180°−(65°+40°)
=75°
(4) ∠BAO=∠ABO=40°
∠AOE=40°×2=80°
△EAOで，
∠EAO=180°−(80°+75°)
=25°

41 三平方の定理① P.84-85

1 答 (1) 16 cm²　(2) 9 cm²
(3) 25 cm²　(4) $S_1+S_2=S_3$
(5) $S_1=a^2$　$S_2=b^2$　$S_3=c^2$
(6) $a^2+b^2=c^2$

考え方
(1) BC=4 cm だから，S_1の面積は，
4×4=16(cm²)
(2) AC=3 cm だから，S_2の面積は，
3×3=9(cm²)
(3) 正方形CDEFの面積は，
7×7=49(cm²)
四すみにある4つの三角形の面積は，どれも
$\frac{1}{2}\times3\times4=6$(cm²)
よって，S_3の面積は，
49−6×4=49−24=25(cm²)

2 答 10

考え方
三平方の定理より，$a^2+b^2=c^2$ が成り立つから，
$8^2+6^2=c^2$　$c^2=100$
$c>0$ より，$c=10$

3 答 $a+b$
$\frac{1}{2}ab$
$\frac{1}{2}ab$
$c^2+\frac{1}{2}ab\times4$　(c^2+2ab)
c^2+2ab
c^2

4 答 (1) 100 cm²　(2) 10 cm

42 三平方の定理② P.86-87

1 答 (1) 三平方の定理
BC²
AB²
BC²
(2) 6
100
10
(3) 7　36
6

2 答 (1) $x=\sqrt{41}$　(2) $y=2\sqrt{3}$
(3) $z=2\sqrt{2}$

考え方
(1) 三平方の定理より，
$x^2=5^2+4^2=41$
$x>0$ であるから，$x=\sqrt{41}$
(2) $y^2=4^2-2^2=12$
$y>0$ であるから，$y=2\sqrt{3}$
(3) $z^2=(2\sqrt{3})^2-2^2=8$
$z>0$ であるから，$z=2\sqrt{2}$

3 答 (1) 15 cm　(2) $2\sqrt{3}$ cm
(3) 4 cm

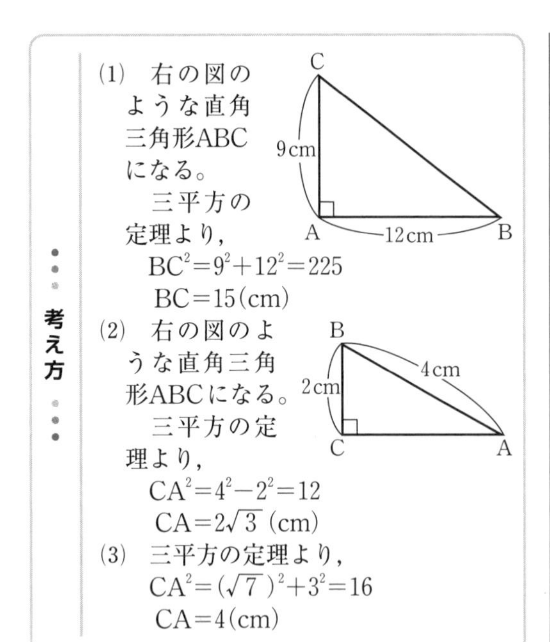

考え方

(1)　右の図のような直角三角形ABCになる。

三平方の定理より，

$BC^2=9^2+12^2=225$

$BC=15$(cm)

(2)　右の図のような直角三角形ABCになる。

三平方の定理より，

$CA^2=4^2-2^2=12$

$CA=2\sqrt{3}$ (cm)

(3)　三平方の定理より，

$CA^2=(\sqrt{7})^2+3^2=16$

$CA=4$(cm)

43 三平方の定理③　P.88-89

1　答 (1)　$x=4$　　(2)　$x=2\sqrt{14}$

2　答 (1)　**25cm**　　(2)　**5：4**

(3)　**12cm**　　(4)　**54cm²**

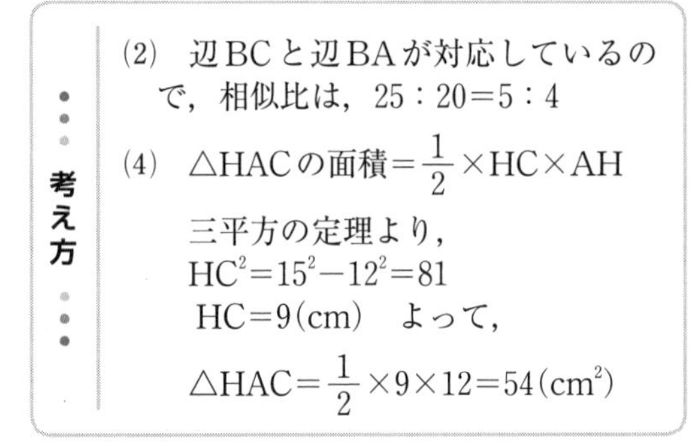

考え方

(2)　辺BCと辺BAが対応しているので，相似比は，25：20=5：4

(4)　$\triangle HAC$の面積$=\frac{1}{2}\times HC\times AH$

三平方の定理より，

$HC^2=15^2-12^2=81$

$HC=9$(cm)　よって，

$\triangle HAC=\frac{1}{2}\times 9\times 12=54$(cm²)

3　答 (1)　**8 cm**　　(2)　**48cm²**

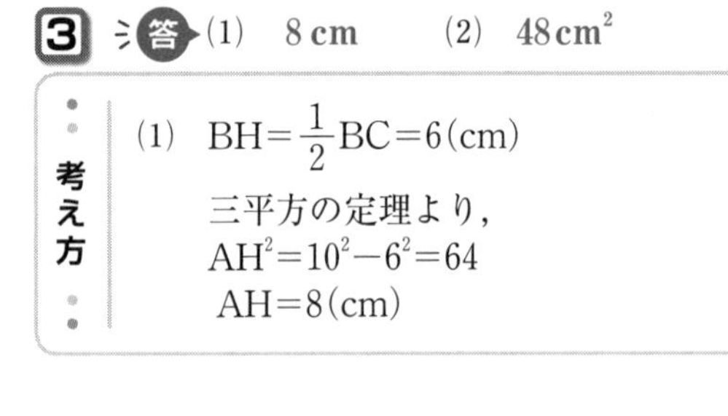

考え方

(1)　$BH=\frac{1}{2}BC=6$(cm)

三平方の定理より，

$AH^2=10^2-6^2=64$

$AH=8$(cm)

4　答 (1)　**8 cm**　　(2)　**10cm**

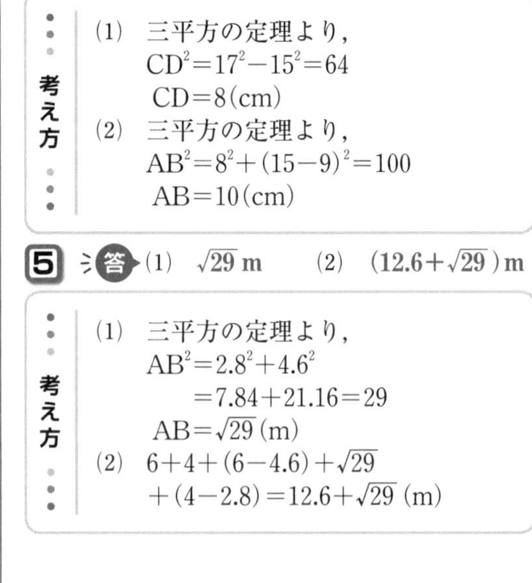

考え方

(1)　三平方の定理より，

$CD^2=17^2-15^2=64$

$CD=8$(cm)

(2)　三平方の定理より，

$AB^2=8^2+(15-9)^2=100$

$AB=10$(cm)

5　答 (1)　$\sqrt{29}$ **m**　　(2)　**(12.6+$\sqrt{29}$) m**

考え方

(1)　三平方の定理より，

$AB^2=2.8^2+4.6^2$

$=7.84+21.16=29$

$AB=\sqrt{29}$ (m)

(2)　$6+4+(6-4.6)+\sqrt{29}$

$+(4-2.8)=12.6+\sqrt{29}$ (m)

44 三平方の定理の逆　P.90-91

1　答 b^2

a^2+b^2

c^2

3 組の辺

90

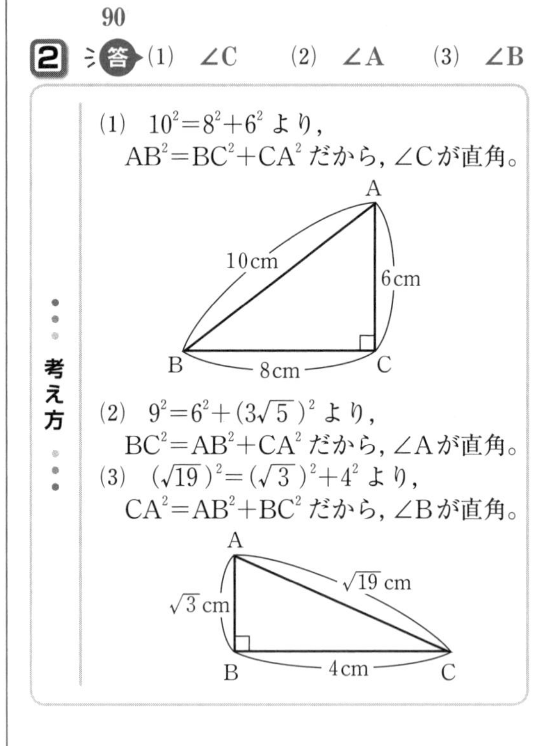

2　答 (1)　**∠C**　　(2)　**∠A**　　(3)　**∠B**

考え方

(1)　$10^2=8^2+6^2$ より，

$AB^2=BC^2+CA^2$ だから，∠Cが直角。

(2)　$9^2=6^2+(3\sqrt{5})^2$ より，

$BC^2=AB^2+CA^2$ だから，∠Aが直角。

(3)　$(\sqrt{19})^2=(\sqrt{3})^2+4^2$ より，

$CA^2=AB^2+BC^2$ だから，∠Bが直角。

3 答 (1) × (2) ○

考え方
(1) $8^2+10^2=164$，$12^2=144$
8^2+10^2 と 12^2 の値が等しくないから，△ABC は直角三角形でない。
(2) $(2\sqrt{3})^2+(\sqrt{13})^2=25$，$5^2=25$
であるから，△ABC は直角三角形である。

4 答 (1) C (2) B

考え方
(1) A. $2^2+3^2<4^2$
B. $5^2+10^2<12^2$
C. $8^2+15^2=17^2$
よって，直角三角形はCである。
(2) A. $(\sqrt{3})^2+(\sqrt{5})^2>(\sqrt{7})^2$
B. $(\sqrt{2})^2+(2\sqrt{2})^2=(\sqrt{10})^2$
C. $(\sqrt{3})^2+2^2>(\sqrt{5})^2$
よって，直角三角形はBである。

45 特別な辺の比の直角三角形① P.92-93

1 答 (1) **30°** (2) **1 cm**
(3) **$\sqrt{3}$ cm** (4) **$2:1:\sqrt{3}$**

考え方
(1) ADは辺BCの垂直二等分線であり，△ABCは正三角形であるから，
∠ABD＝60°，∠ADB＝90°
よって，∠BAD＝30°
(3) 三平方の定理より，
$AD^2=2^2-1^2=3$
よって，$AD=\sqrt{3}$(cm)

2 答 (1) **$x=3$** (2) **$y=3\sqrt{3}$**

考え方
90°，30°，60°の直角三角形の辺の比は，$2:1:\sqrt{3}$ である。
(1) $6:x=2:1$ より，
$2x=6$　$x=3$
(2) $6:y=2:\sqrt{3}$ より，
$2y=6\sqrt{3}$　$y=3\sqrt{3}$

3 答 (1) **$x=10$** (2) **$y=6\sqrt{3}$**
(3) **$z=4$**

4 答 (1) **$x=2\sqrt{3}$** (2) **$y=4\sqrt{3}$**
(3) **$z=5\sqrt{3}$**

5 答 (1) **6 cm** (2) **$6\sqrt{3}$ cm**
(3) **60°**

考え方
点Dから辺BCに垂線DIをひく。
(1) BH＝IC，HI＝AD＝6 cm だから，
BH＝(18−6)÷2＝6(cm) となる。
(3) 直角三角形ABHの辺の比は，
$AB:BH:AH=2:1:\sqrt{3}$
となるから，∠ABH＝60°

46 特別な辺の比の直角三角形② P.94-95

1 答 (1) **45°** (2) **$\sqrt{2}$ cm**
(3) **$1:1:\sqrt{2}$**

考え方
(2) 三平方の定理より，
$AC^2=AB^2+BC^2$
$=1^2+1^2=2$
よって，$AC=\sqrt{2}$(cm)

2 答 (1) **$x=4\sqrt{2}$** (2) **$x=8$**

考え方
45°，45°，90°の直角三角形の辺の比は，$1:1:\sqrt{2}$ である。

3 答 (1) **$x=2$** (2) **$y=\frac{3\sqrt{2}}{2}$**
(3) **$z=2\sqrt{2}$**

考え方
(1) $x:\sqrt{2}=\sqrt{2}:1$ より，$x=2$
(2) $y:3=1:\sqrt{2}$ より，$y=\frac{3\sqrt{2}}{2}$
(3) $4:z=\sqrt{2}:1$ より，$z=2\sqrt{2}$

4 答 (1) **$\sqrt{2}$ cm** (2) **2 cm**
(3) **4 cm**

考え方
(1) 直角三角形ABCで，
$BC=\sqrt{2}$ cm
直角三角形BCDで，
$CD=BC=\sqrt{2}$ cm
(2) 直角三角形BCDで，
$BD=\sqrt{2}\times\sqrt{2}=2$(cm)
よって，DE＝2 cm
(3) $BE=2\sqrt{2}$ cm だから，
$BF=2\sqrt{2}\times\sqrt{2}=4$(cm)

5 答 (1)　**3 cm**　(2)　**$3\sqrt{2}$ cm**
(3)　**$(3\sqrt{3}-3)$cm**

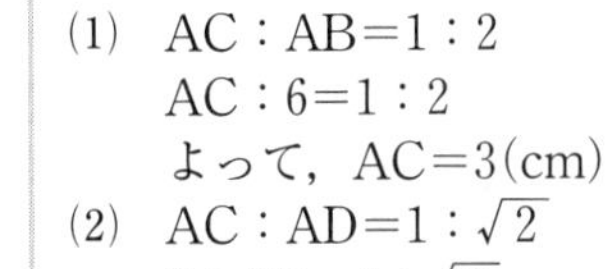

考え方
(1)　AC：AB＝1：2
AC：6＝1：2
よって，AC＝3(cm)
(2)　AC：AD＝1：$\sqrt{2}$
3：AD＝1：$\sqrt{2}$
よって，AD＝$3\sqrt{2}$(cm)
(3)　BC：AC＝$\sqrt{3}$：1
BC：3＝$\sqrt{3}$：1
よって，BC＝$3\sqrt{3}$(cm)
DC＝AC＝3cm より，
BD＝BC－DC＝$3\sqrt{3}-3$(cm)

47 特別な辺の比の直角三角形③ P.96-97

1 答 (1)　$x=4\sqrt{3}$　(2)　$x=3\sqrt{3}$
(3)　$x=5\sqrt{2}$　(4)　$x=3\sqrt{2}$
(5)　$x=\dfrac{9\sqrt{3}}{2}$

考え方
(1)　90°，30°，60°の直角三角形の辺の比は，2：1：$\sqrt{3}$ である。
(2)　△BCHは90°，30°，60°の直角三角形である。
(3)　45°，45°，90°の直角三角形の辺の比は，1：1：$\sqrt{2}$ である。

2 答 **$2\sqrt{6}$ cm**

考え方
CD：BC＝1：$\sqrt{3}$
4：BC＝1：$\sqrt{3}$
よって，BC＝$4\sqrt{3}$(cm)
AB：BC＝1：$\sqrt{2}$
AB：$4\sqrt{3}$＝1：$\sqrt{2}$
よって，AB＝$2\sqrt{6}$(cm)

3 答 (1)　**3 cm**　(2)　**6 cm**
(3)　**26cm**

考え方
(1)　BH＝(10－4)÷2＝3(cm)
(2)　BH：AB＝1：2
3：AB＝1：2
よって，AB＝6(cm)

4 答 (1)　**4 cm**　(2)　**$(6+8\sqrt{3})$ cm^2**

考え方
(1)　直角三角形ABHで，
AB：AH＝2：1，8：AH＝2：1
よって，AH＝4(cm)
(2)　直角三角形ABHで，
AB：BH＝2：$\sqrt{3}$
8：BH＝2：$\sqrt{3}$
よって，BH＝$4\sqrt{3}$(cm)
直角三角形AHCで，
$HC^2=5^2-4^2=9$
HC＝3(cm)
$\triangle ABC=\dfrac{1}{2}\times BC\times AH$
$=\dfrac{1}{2}\times(4\sqrt{3}+3)\times 4$
$=6+8\sqrt{3}$(cm^2)

48 三平方の定理の応用① P.98-99

1 答 (1)　$\sqrt{2}$　(2)　$\sqrt{2}\,a$
2 答 (1)　**$8\sqrt{2}$ cm**　(2)　**6 cm**
(3)　**4 cm**　(4)　**$8\sqrt{2}$ cm**

考え方
(1)　正方形の対角線の長さを x cm とすると，8：x＝1：$\sqrt{2}$
よって，$x=8\sqrt{2}$
(3)　正方形の1辺の長さを y cm とすると，y：$4\sqrt{2}$＝1：$\sqrt{2}$
よって，$y=4$

3 答 (1)　$a^2+b^2=c^2$
(2)　$\sqrt{a^2+b^2}$　(3)　$\sqrt{41}$
4 答 (1)　**$\sqrt{202}$ cm**　(2)　**6 cm**

考え方
縦の長さが a，横の長さが b の長方形の対角線の長さは，$\sqrt{a^2+b^2}$
(1)　$\sqrt{9^2+11^2}=\sqrt{202}$ (cm)
(2)　$\sqrt{(2\sqrt{3})^2+(2\sqrt{6})^2}=\sqrt{36}=6$(cm)

5 答 (1)　**6 cm**　(2)　**$6\sqrt{3}$ cm**

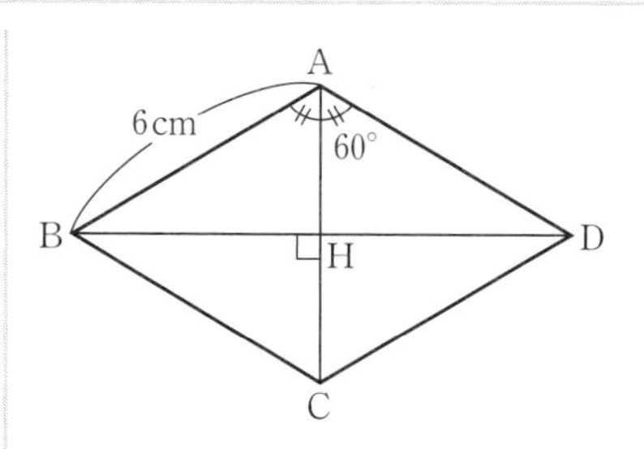

考え方

(1) 対角線ACをひくと，△ABC，△ADCは1辺の長さが6 cmの正三角形である。

(2) 対角線ACとBDの交点をHとし，三平方の定理を用いると，

$BH^2=6^2-3^2=27$

よって，$BH=3\sqrt{3}$(cm)となるから，$BD=3\sqrt{3}\times2=6\sqrt{3}$(cm)

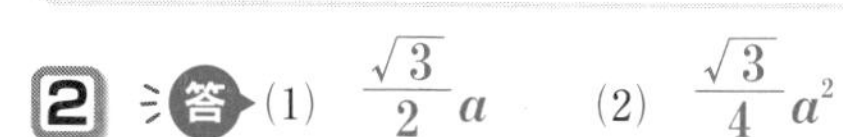

1 答 (1) **30°** (2) $\frac{1}{2}$

(3) $\frac{\sqrt{3}}{2}$ (4) $\frac{\sqrt{3}}{4}$

考え方

△ABHにおいて，
$AB:BH:AH=2:1:\sqrt{3}$

2 答 (1) $\frac{\sqrt{3}}{2}a$ (2) $\frac{\sqrt{3}}{4}a^2$

考え方

(2) $\frac{1}{2}\times BC\times AH=\frac{1}{2}\times a\times\frac{\sqrt{3}}{2}a$

$=\frac{\sqrt{3}}{4}a^2$

3 答 (1) $2\sqrt{3}$ **cm** (2) **3 cm**

4 答 (1) $25\sqrt{3}$ **cm²** (2) $12\sqrt{3}$ **cm²**

5 答 (1) $3\sqrt{3}$ **cm** (2) **6 cm**

(3) $9\sqrt{3}$ **cm²**

考え方

(1) $BO=AO=2\sqrt{3}$ cmだから，

$BO:OH=2:1$

$2\sqrt{3}:OH=2:1$

よって，$OH=\sqrt{3}$(cm)

$AH=AO+OH=3\sqrt{3}$(cm)

(2) 正三角形の高さは，

1辺の長さ$\times\frac{\sqrt{3}}{2}$より，正三角形の1辺の長さは，

$3\sqrt{3}\div\frac{\sqrt{3}}{2}=6$(cm)

50 三平方の定理の応用③ P.102-103

1 答 3

16

4

4 8

2 答 (1) $4\sqrt{66}$ **cm** (2) **4 cm**

考え方

(2) 求める距離をd cmとすると，

$6\div2=3$(cm) だから，

$d=\sqrt{5^2-3^2}=\sqrt{16}=4$

3 答 (1) $10\sqrt{3}$ **cm** (2) $25\sqrt{3}$ **cm²**

考え方

点Oから弦ABに垂線OPをひく。直角三角形OAPで，

$AP:OA$
$=\sqrt{3}:2$

$AP:10=\sqrt{3}:2$

より，

$AP=5\sqrt{3}$(cm)

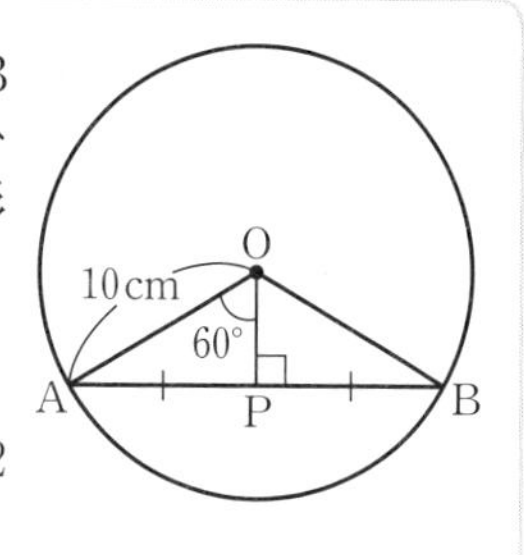

4 答 $5\sqrt{3}$ **cm**

考え方

∠OAP＝90° であるから，△OAPは直角三角形である。よって，三平方の定理より，$PA=5\sqrt{3}$ cm

5 答 (1) **13cm** (2) **8 cm**

考え方

(1) ∠OAP＝90° だから，△OAPは直角三角形である。

(2) 弦ABは小さい円に接するので，円の中心から3 cmの距離にある。

よって，弦の長さは，

$2\times\sqrt{5^2-3^2}=2\sqrt{16}=8$(cm)

51 三平方の定理の応用④ P.104-105

1 答 8

2

10

6

8

2 答 $\frac{20\sqrt{3}-8\pi}{3}$ cm^2

考え方

OとCを結ぶ。OからACに垂線OHをひくと，△AOHと△COHは合同な直角三角形となる。

OA＝4 cmより，

$OH=4\times\frac{1}{2}=2$(cm)

$AH=2\times\sqrt{3}=2\sqrt{3}$(cm)

直角三角形ABDで，AB＝8 cmより，

$BD=8\times\frac{1}{\sqrt{3}}=\frac{8\sqrt{3}}{3}$(cm)

よって，斜線部分の面積は，△ABDの面積から△AOHと△COHとおうぎ形OBCの面積をひいて求められる。

$\frac{1}{2}\times\frac{8\sqrt{3}}{3}\times8-2\times\frac{1}{2}\times2\sqrt{3}\times2-\pi\times4^2\times\frac{60}{360}$

$=\frac{20\sqrt{3}-8\pi}{3}$(cm^2)

3 答 (1) 6 cm (2) $(8\sqrt{3}+6)$ cm^2

考え方

(1) $BD=\sqrt{10^2-8^2}=6$(cm)

(2) AからBCに垂線AHをひくと，△ACH∽△ADBがいえる。

AC：AD＝AH：ABより，

5：10＝AH：8

AH＝4(cm)

よって，三平方の定理より，

$CH=\sqrt{5^2-4^2}=3$(cm)

$BH=\sqrt{8^2-4^2}=4\sqrt{3}$(cm)

したがって，求める面積は，

$\frac{1}{2}\times(4\sqrt{3}+3)\times4=8\sqrt{3}+6$(cm^2)

4 答 144π cm^2

考え方

切り口の円の半径は，

$\sqrt{13^2-5^2}=12$(cm)

したがって，求める面積は，

$\pi\times12^2=144\pi$(cm^2)

5 答 6 cm

考え方

この円錐を球の中心OとB，Cを通る平面で切って考えると，

△ABE∽△AODがいえる。

△AODで，AO＝8－3＝5(cm)，

DO＝3 cmだから，

$AD=\sqrt{5^2-3^2}=4$(cm)

よって，AE：AD＝BE：OD

8：4＝BE：3　　BE＝6(cm)

したがって，求める円錐の底面の円の半径は6 cmである。

52 三平方の定理の応用⑤ P.106-107

1 答 (1) $24\sqrt{3}$ cm^2 (2) $2\sqrt{7}$ cm

考え方

(1) $AH=\sqrt{6^2-3^2}=\sqrt{27}$

$=3\sqrt{3}$(cm)

(台形の面積)

$=\frac{1}{2}\times$｛(上底)＋(下底)｝×(高さ)

$=\frac{1}{2}\times(6+10)\times3\sqrt{3}$

$=24\sqrt{3}$(cm^2)

2 答 (1) $2\sqrt{55}$ cm (2) $6\sqrt{55}$ cm^2

(3) 5.75 cm$\left(\frac{23}{4}\text{cm}\right)$

考え方

(1) $BD=2\times\sqrt{8^2-3^2}=2\sqrt{55}$(cm)

(3) △ABCの面積は，ひし形の面積の半分である。

$\frac{1}{2}\times8\times AH=3\sqrt{55}$

3 答 $2\sqrt{3}$ cm^2

考え方

∠B′OB＝∠A′OA＝60°

OB＝OB′だから，△OBB′は，正三角形である。

4 答 (1) $(x^2+9^2):(x^2+4^2)=9:4$
(2) 6 cm

考え方
(1) $AB^2=AH^2+BH^2$
$AC^2=AH^2+CH^2$
(2) $9(x^2+4^2)=4(x^2+9^2)$　　$x=6$

5 答 5 cm

考え方
$MP=x$ cm とすると,
$BP=MP=x$ cm
$AP=(8-x)$ cm
直角三角形APMで, 三平方の定理より,
$MP^2=AM^2+AP^2$
$x^2=4^2+(8-x)^2$
$x^2=16+(x^2-16x+64)$
$16x=80$　　$x=5$

53 三平方の定理の応用⑥ P.108-109

1 答 7
6
5　3
34

2 答 (1) $\sqrt{34}$　(2) $\sqrt{13}$
(3) $3\sqrt{5}$

考え方
(1) $\sqrt{(4-1)^2+\{3-(-2)\}^2}$
$=\sqrt{9+25}=\sqrt{34}$
(2) $\sqrt{\{1-(-2)\}^2+\{0-(-2)\}^2}$
$=\sqrt{9+4}=\sqrt{13}$
(3) $\sqrt{\{4-(-2)\}^2+(3-0)^2}$
$=\sqrt{36+9}=\sqrt{45}=3\sqrt{5}$

3 答 (1) $2\sqrt{10}$ m　(2) $2\sqrt{10}$ m
(3) $4\sqrt{5}$ m
(4) AB=BC の直角二等辺三角形

考え方
(1) $\sqrt{\{2-(-4)\}^2+\{-2-(-4)\}^2}$
$=\sqrt{36+4}=\sqrt{40}=2\sqrt{10}$ (m)
(2) $\sqrt{(4-2)^2+\{2-(-4)\}^2}$
$=\sqrt{4+36}=\sqrt{40}=2\sqrt{10}$ (m)
(3) $\sqrt{\{4-(-4)\}^2+\{2-(-2)\}^2}$
$=\sqrt{64+16}=\sqrt{80}=4\sqrt{5}$ (m)
(4) 辺の比が $1:1:\sqrt{2}$ より,
△ABCは直角二等辺三角形である。

4 答 (1) A…(3, 9)　B…(−1, 1)
(2) $4\sqrt{5}$　(3) 6

考え方
(2) $\sqrt{\{3-(-1)\}^2+(9-1)^2}$
$=\sqrt{16+64}=\sqrt{80}=4\sqrt{5}$
(3) $\frac{1}{2}\times(1+9)\times4-\frac{1}{2}\times1\times1$
$-\frac{1}{2}\times3\times9=6$
また, 直線ABと y 軸との交点を (0, 3) と求めてから,
$\frac{1}{2}\times3\times(1+3)=6$
と計算することもできる。

54 三平方の定理の応用⑦ P.110-111

1 答 (1) $\sqrt{2}$　(2) $\sqrt{3}$
(3) $\sqrt{2}\,a$　(4) $\sqrt{3}\,a$

考え方
(1) $EG=\sqrt{1^2+1^2}=\sqrt{2}$
(2) $AG^2=AE^2+EG^2$
$AE^2=1$, $EG^2=2$ より,
$AG=\sqrt{1+2}=\sqrt{3}$
(3) $EG=\sqrt{a^2+a^2}=\sqrt{2a^2}=\sqrt{2}\,a$
(4) $AE^2=a^2$, $EG^2=2a^2$ より,
$AG=\sqrt{a^2+2a^2}=\sqrt{3}\,a$

2 答 (1) $2\sqrt{3}$ cm　(2) 3 cm

3 答 (1) $\sqrt{41}$ cm　(2) $5\sqrt{2}$ cm

考え方
(1) $EG=\sqrt{EF^2+FG^2}$
$=\sqrt{16+25}=\sqrt{41}$ (cm)
(2) △AEGは∠AEG=90°の直角三角形だから,
$AG=\sqrt{AE^2+EG^2}$
$=\sqrt{9+41}=5\sqrt{2}$ (cm)

4 答 (1) $\sqrt{a^2+b^2}$　(2) $\sqrt{a^2+b^2+c^2}$

考え方
(1) $EG=\sqrt{FG^2+EF^2}$
$=\sqrt{a^2+b^2}$
(2) $AG=\sqrt{AE^2+EG^2}$
$=\sqrt{c^2+(a^2+b^2)}$
$=\sqrt{a^2+b^2+c^2}$

5 答 (1) $3\sqrt{10}$ cm　(2) 15 cm

考え方
4を参考にする。
(1) $\sqrt{4^2+5^2+7^2}$
$=\sqrt{90}=3\sqrt{10}$ (cm)
(2) $\sqrt{10^2+10^2+5^2}$
$=\sqrt{225}=15$ (cm)

55 三平方の定理の応用⑧ P.112-113

1 答 $8\sqrt{2}$

$4\sqrt{2}$

12　$4\sqrt{2}$　112

$4\sqrt{7}$

64

64　$4\sqrt{7}$

$\dfrac{256\sqrt{7}}{3}$

2 答 (1) $\sqrt{82}$ cm　(2) $12\sqrt{82}$ cm^3

考え方
(1) $AH=\dfrac{1}{2}AC$ である。
$AC=6\sqrt{2}$ cm
よって，$AH=3\sqrt{2}$ cm
$OA^2=OH^2+AH^2$ より，
$OH=\sqrt{OA^2-AH^2}$
$=\sqrt{100-18}=\sqrt{82}$ (cm)
(2) この正四角錐の体積は，
$\dfrac{1}{3}\times(AB\times BC)\times OH$ で求められるので，
$\dfrac{1}{3}\times(6\times6)\times\sqrt{82}=12\sqrt{82}$ (cm^3)

3 答 (1) $3\sqrt{3}$ cm　(2) $9\sqrt{3}$ cm^2
(3) $2\sqrt{3}$ cm　(4) $2\sqrt{6}$ cm
(5) $18\sqrt{2}$ cm^3

考え方
(1) $DM^2=BD^2-BM^2$ より，
$DM=\sqrt{6^2-3^2}=\sqrt{27}=3\sqrt{3}$ (cm)
(2) $\dfrac{1}{2}\times BC\times DM=\dfrac{1}{2}\times6\times3\sqrt{3}$
$=9\sqrt{3}$ (cm^2)
(3) $BH:BM=2:\sqrt{3}$
$BH:3=2:\sqrt{3}$
$BH=\dfrac{6}{\sqrt{3}}=2\sqrt{3}$ (cm)
(4) $AH^2=AD^2-DH^2$ より，
$AH=\sqrt{6^2-12}=\sqrt{24}=2\sqrt{6}$ (cm)
(5) この正四面体の体積は，
$\dfrac{1}{3}\times\triangle BCD\times AH$ より，
$\dfrac{1}{3}\times9\sqrt{3}\times2\sqrt{6}=18\sqrt{2}$ (cm^3)

56 三平方の定理の応用⑨ P.114-115

1 答 (1) $6\sqrt{2}$ cm　(2) $18\sqrt{2}\pi$ cm^3

考え方
(1) 直角三角形AOBで，
$AO=\sqrt{9^2-3^2}=\sqrt{72}=6\sqrt{2}$ (cm)
(2) $\dfrac{1}{3}\times\pi\times3^2\times6\sqrt{2}$
$=18\sqrt{2}\pi$ (cm^3)

2 答 (1) $4\sqrt{3}$ cm　(2) 5 cm

考え方
(1) 直角三角形AOCの辺の比は，
$2:1:\sqrt{3}$
(2) $AC=\sqrt{AO^2+OC^2}$
$=\sqrt{4^2+3^2}=5$ (cm)

3 答 (1) 6 cm　(2) 8 cm
(3) 96π cm^3

考え方
(1) 底面の円周の長さは，
$20\pi\times\dfrac{216}{360}=12\pi$ (cm)
(2) $\sqrt{10^2-6^2}=\sqrt{64}=8$ (cm)
(3) $\dfrac{1}{3}\times\pi\times6^2\times8=96\pi$ (cm^3)

4 答 (1) $2\sqrt{17}$ cm　(2) $4\sqrt{17}\pi$ cm^2
(3) $(4+4\sqrt{17})\pi$ cm^2

考え方
(1) 直角三角形AOCで，
$AC=\sqrt{8^2+2^2}=\sqrt{68}=2\sqrt{17}$ (cm)
(2) $\pi\times(2\sqrt{17})^2\times\dfrac{2\pi\times2}{2\pi\times2\sqrt{17}}$
$=4\sqrt{17}\pi$ (cm^2)
(3) $\pi\times2^2+4\sqrt{17}\pi$
$=4\pi+4\sqrt{17}\pi$
$=(4+4\sqrt{17})\pi$ (cm^2)

57 三平方の定理のまとめ① P.116-117

1 答 (1) $x=20$ (2) $x=8\sqrt{3}$

考え方
(1) $x=\sqrt{16^2+12^2}=\sqrt{400}=20$
(2) $x=\sqrt{16^2-8^2}=\sqrt{192}=8\sqrt{3}$

2 答 (1) $3\sqrt{2}$ cm (2) $3\sqrt{5}$ cm

考え方
(2) $BF=\sqrt{BE^2+EF^2}$
$=\sqrt{6^2+3^2}=\sqrt{45}=3\sqrt{5}$ (cm)

3 答 (1) B (2) A

4 答 (1) $6\sqrt{3}$ cm (2) $18\sqrt{3}$ cm^2

考え方
辺BCの延長線上に，点Aから垂線をひき，その交点をDとする。CD$=x$ cmとする。

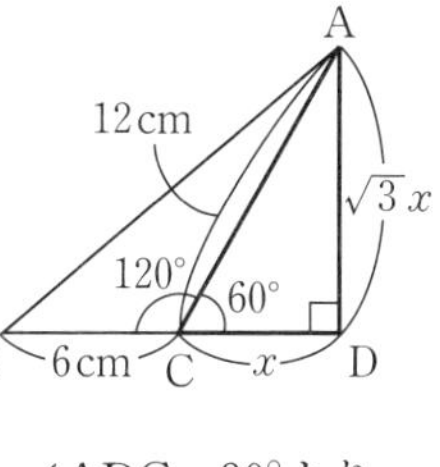

(1) ∠ACD$=60°$，∠ADC$=90°$より，
AC : CD : AD$=2:1:\sqrt{3}$
$12:x=2:1$ $x=6$
AD$=\sqrt{3}x=6\sqrt{3}$ (cm)

5 答 (1) 60° (2) $4\sqrt{3}$ cm

考え方
(1) AO$=$OO′$=$AO′$=4$ cm だから，
△AOO′は正三角形である。
よって，∠AOO′$=60°$
(2) ABとOO′の交点をHとすると，
$OH=\frac{1}{2}OO'=2$ (cm)，
OA$=4$ cmより，
$AB=2\times\sqrt{4^2-2^2}=2\sqrt{12}$
$=4\sqrt{3}$ (cm)

6 答 (1) $6\sqrt{3}$ cm (2) $\sqrt{73}$ cm
(3) $12\sqrt{146}$ cm^3

考え方
(2) 直角三角形OAHにおいて，
$OH=\sqrt{OA^2-AH^2}$
$=\sqrt{10^2-(3\sqrt{3})^2}=\sqrt{73}$ (cm)
(3) $\frac{1}{3}\times(6\times6\sqrt{2})\times\sqrt{73}$
$=12\sqrt{146}$ (cm^3)

58 三平方の定理のまとめ② P.118-119

1 答 (1) $3\sqrt{3}$ cm (2) $\frac{27+9\sqrt{3}}{2}$ cm^2

考え方
(1) △ABDは，90°，30°，60°の直角三角形だから，
AB : DA : BD$=2:1:\sqrt{3}$
(2) 点CからBDに垂線CHをひく。
△CBH≡△BADより，
CH$=$BD$=3\sqrt{3}$ cmだから，
$\triangle CDB=\frac{1}{2}\times3\sqrt{3}\times3\sqrt{3}$
$=\frac{27}{2}$ (cm^2)
$\triangle ABD=\frac{1}{2}\times3\times3\sqrt{3}$
$=\frac{9\sqrt{3}}{2}$ (cm^2)
四角形ABCD
$=$△CDB$+$△ABD
$=\frac{27}{2}+\frac{9\sqrt{3}}{2}=\frac{27+9\sqrt{3}}{2}$ (cm^2)

2 答 (1) $6\sqrt{2}$ cm
(2) $18\sqrt{2}\pi$ cm^3

考え方
(1) 底面の円周の長さは，
$18\pi\times\frac{120}{360}$
$=6\pi$ (cm)
半径は，3 cm
高さOH
$=\sqrt{9^2-3^2}=\sqrt{72}$
$=6\sqrt{2}$ (cm)

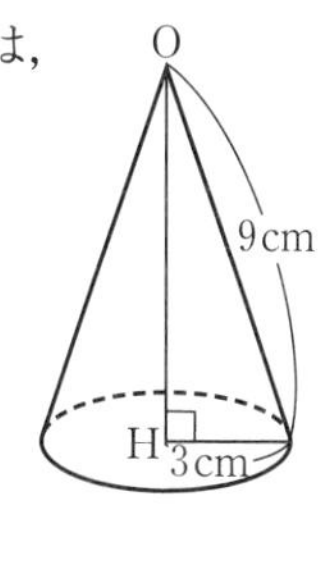

3 答 (1) $10\sqrt{2}$
(2) ∠C$=90°$の直角三角形

考え方
(1) AB$=10\sqrt{2}$，BC$=4\sqrt{10}$，
CA$=2\sqrt{10}$
(2) $(4\sqrt{10})^2+(2\sqrt{10})^2=(10\sqrt{2})^2$
より，$BC^2+CA^2=AB^2$となるので，
△ABCは∠C$=90°$の直角三角形である。

4 答 15　x

13　$14-x$

15　13

9

5 答 (1)　$6\sqrt{3}$ cm　(2)　$2\sqrt{3}$ cm

(3)　$4\sqrt{6}$ cm　(4)　$144\sqrt{2}$ cm^3

考え方

(2)　直角三角形HCMで，
$HM : CM = 1 : \sqrt{3}$
$HM : 6 = 1 : \sqrt{3}$
$HM = \dfrac{6}{\sqrt{3}} = 2\sqrt{3}$ (cm)

(3)　直角三角形AHMで，
$AH^2 = AM^2 - HM^2$
$= (6\sqrt{3})^2 - (2\sqrt{3})^2$
$= 96$
$AH = 4\sqrt{6}$ (cm)

59 標本調査 P.120-121

1 答 (1)　B　(2)　A　(3)　A

(4)　B　(5)　B

2 答 (1)　84578人 (2)　1000人

考え方

標本調査を行うとき，傾向を知りたい集団全体を母集団，母集団の一部分として実際に調べたものを標本という。

3 答 (1)　3：2　(2)　600匹

考え方

(1)　白色のコイの数の平均は，
$(13+10+14+12+11+13+11+10+13+13) \times \dfrac{1}{10} = \dfrac{120}{10} = 12$ (匹)

黒色のコイの数の平均は，
$(7+10+6+8+9+7+9+10+7+7) \times \dfrac{1}{10} = \dfrac{80}{10} = 8$ (匹)

よって，20匹中の白色のコイと黒色のコイの数の比は，
$12 : 8 = 3 : 2$

4 答 1000　20

2

$0.02\left(\dfrac{2}{100}\right)$

20000

20000

考え方

標本中の米粒に対する赤色の米粒の割合は，$\dfrac{20}{1000} \times 100 = 2$ (%)

もとの容器に入っていた米粒をx粒とすると，$0.02x = 400$という関係が成り立つ。

これを解くと，$x = 20000$

60 中学図形の復習① P.122-123

1 答 (1)　8π cm^2　(2)　$(36-9\pi)$ cm^2

考え方

(1)　$\dfrac{1}{2}\pi \times 6^2 - \left(\dfrac{1}{2}\pi \times 4^2 + \dfrac{1}{2}\pi \times 2^2\right)$
$= 18\pi - (8\pi + 2\pi)$
$= 8\pi$ (cm^2)

(2)　$6^2 - \pi \times 3^2 = 36 - 9\pi$ (cm^2)

2 答 (1)　$x = 8\sqrt{2}$　(2)　$x = 4$

考え方

(1)　直角二等辺三角形の辺の比は，$1 : 1 : \sqrt{2}$ である。

3 答 右の図

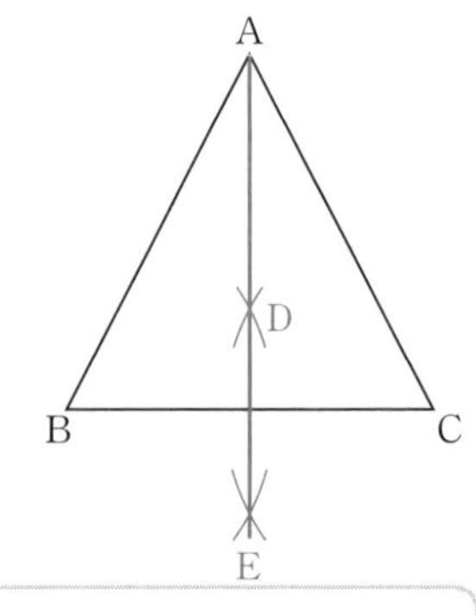

考え方

①　点B，Cを，それぞれ中心として等しい半径の円をかき，その交点をD，Eとする。

②　直線DEをひく。

4 答 (1)　3：2　(2)　3.6 cm$\left(\dfrac{18}{5}\text{cm}\right)$

考え方

(1)　$BF : FD = AE : DE$
$= 9 : 6 = 3 : 2$

(2)　$AB : EF = BD : FD$
EF=$x$cmとすると，
$9 : x = (3+2) : 2$
$5x = 18$
$x = \dfrac{18}{5} = 3.6$

5 答 △ABPと△ACQにおいて，
正三角形の3つの辺の長さは等しいので，
AB＝AC ……①
AP＝AQ ……②
正三角形の3つの角は等しいので，
∠BAP＝∠CAQ ……③
①，②，③より，
2組の辺とその間の角がそれぞれ等しいから，
△ABP≡△ACQ
よって，PB＝QC

6 答 (1) 辺EF，KL，DJ，EK，FL，AG
(2) 面ABCDEF，GHIJKL
(3) 辺BH，AG，FL，EK，DJ
(4) 辺AB，GH，AF，GL，FE，LK，DE，JK

61 中学図形の復習② P.124-125

1 答 (1) $x=6.25\left(\frac{25}{4}\right)$

(2) $x=3.6\left(\frac{18}{5}\right)$

考え方
(1) $4:5=5:x$
$4x=25$　　$x=6.25$

2 答 (1) 32°　　(2) 30°

考え方
(2) 下の図のようになる。

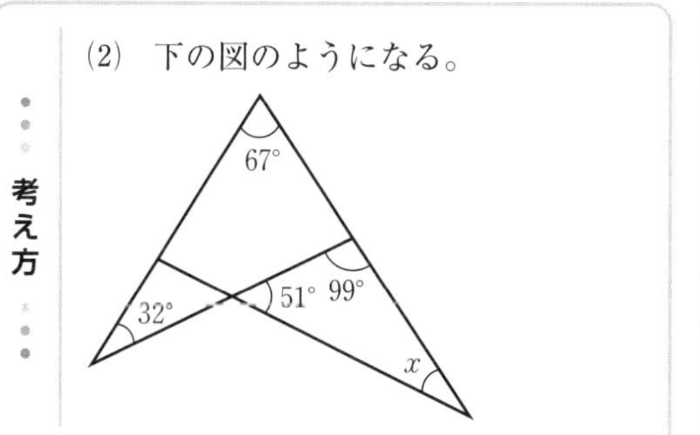

3 答 (1) 120°　　(2) 20°

考え方
(1) $\angle x=75°+45°=120°$
(2) $\angle x=70°-50°=20°$

4 答 (1) 表面積…112π cm^2
体積…160π cm^3
(2) 表面積…$(36+72\sqrt{2})$ cm^2
体積…$36\sqrt{7}$ cm^3

考え方
(1) 側面積は，$8\pi\times10=80\pi$ (cm^2)
底面積は，$\pi\times4^2=16\pi$ (cm^2)
したがって，表面積は，
$80\pi+16\pi\times2=112\pi$ (cm^2)
円柱の体積＝底面積×高さ
したがって，体積は，
$16\pi\times10=160\pi$ (cm^3)
(2) △OABで，
点Oから辺ABに垂線OMをひくと，

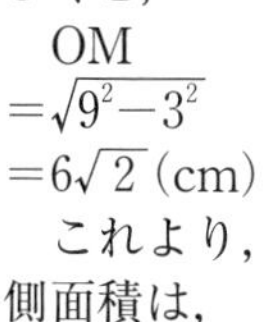
OM
$=\sqrt{9^2-3^2}$
$=6\sqrt{2}$ (cm)

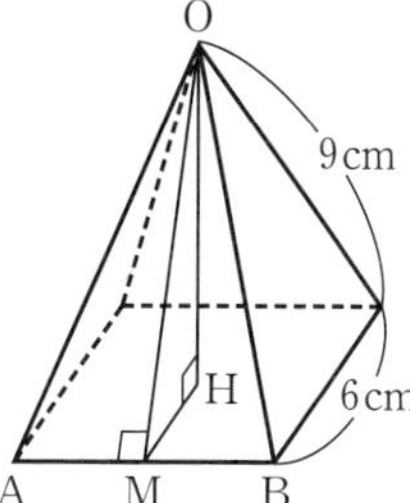

これより，
側面積は，
$\frac{1}{2}\times6\times6\sqrt{2}\times4=72\sqrt{2}$ (cm^2)
底面積は，$6^2=36$ (cm^2)なので，
表面積は，$36+72\sqrt{2}$ (cm^2)
点Oから底面に垂線OHをひくと，
$OH=\sqrt{(6\sqrt{2})^2-3^2}=3\sqrt{7}$ (cm)
四角錐の体積
$=\frac{1}{3}\times$底面積×高さ
したがって，体積は，
$\frac{1}{3}\times36\times3\sqrt{7}=36\sqrt{7}$ (cm^3)

5 答 辺ABを軸とする立体…128π cm^3
辺BCを軸とする立体…96π cm^3

考え方
円錐の体積＝$\frac{1}{3}\times$底面積×高さ
辺ABを軸とするとき，高さは6 cm
$\frac{1}{3}\times\pi\times8^2\times6=128\pi$ (cm^3)
辺BCを軸とするとき，高さは8 cm
$\frac{1}{3}\times\pi\times6^2\times8=96\pi$ (cm^3)

6 答 △CBDと△BCEにおいて，

仮定より，

∠CDB＝∠BEC＝90° ……①

BCは共通 ……②

二等辺三角形の底角は等しいから，

∠DCB＝∠EBC ……③

①，②，③より，

直角三角形の斜辺と１つの鋭角がそれぞれ等しいから，

△CBD≡△BCE

よって，BD＝CE

62 中学図形の復習③ P.126-127

1 答 (1) 40° (2) 45°

考え方

(1) 半円の弧に対する円周角は90°だから，$\angle x=90°-50°=40°$

2 答 (1) $x=12$ $y=12$
(2) $x=10$ $y=12$

考え方

(1) $x:18=16:24$
$24x=288$ $x=12$

(2) $6:x=9:15$
$9x=90$ $x=10$

3 答 (1) ㋑，㋒ (2) ㋔
(3) ㋐，㋔

4 答 (1) 6π cm (2) 3 cm
(3) 27π cm^2 (4) 36π cm^2
(5) $6\sqrt{2}$ cm (6) $18\sqrt{2}\pi$ cm^3

考え方

(1) $\overset{\frown}{AB}$＝円Oの円周$\times\dfrac{120}{360}$

$=18\pi\times\dfrac{1}{3}=6\pi$ (cm)

(2) 底面の円周の長さは$\overset{\frown}{AB}$の長さに等しいから，底面の直径は6 cm

(3) おうぎ形AOBの面積

＝円Oの面積$\times\dfrac{120}{360}$

$=\pi\times9^2\times\dfrac{1}{3}=27\pi$ (cm^2)

(4) 表面積＝側面積＋底面積
$27\pi+\pi\times3^2=36\pi$ (cm^2)

(5) 三平方の定理を使って，円錐の高さを求める。高さをx cmとすると，$3^2+x^2=9^2$
$x^2=72$
$x=\sqrt{72}=6\sqrt{2}$

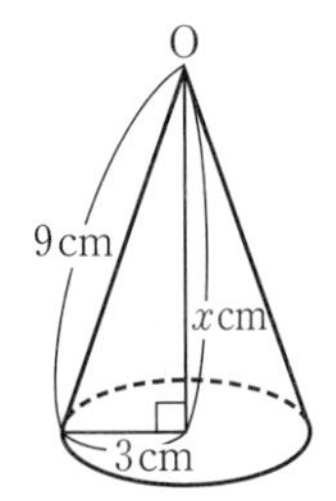

(6) 円錐の体積

$=\dfrac{1}{3}\times$底面積$\times$高さ

$=\dfrac{1}{3}\times9\pi\times6\sqrt{2}=18\sqrt{2}\pi$ (cm^3)

5 答 (1) 31.5 cm^2 (2) $\dfrac{27}{64}$倍

考え方

(1) 容器の円錐と，水の入っている部分の円錐の相似比は，
$12:9=4:3$
面積の比は相似比の２乗に等しいから，$4^2:3^2=16:9$
求める面積をx cm^{2}とすると，
$56:x=16:9$ $x=31.5$

(2) 体積の比は相似比の３乗に等しいから，$4^3:3^3=64:27$
よって，水の体積は容器の容積の$\dfrac{27}{64}$倍になる。

2407R4